种植牧草需水量研究

◎ 程维新　欧阳竹　李　静　著

中国农业科学技术出版社

图书在版编目(CIP)数据

种植牧草需水量研究 / 程维新，欧阳竹，李静著 . --北京：中国农业科学技术出版社，2023. 10

ISBN 978-7-5116-6077-0

Ⅰ. ①种… Ⅱ. ①程…②欧…③李… Ⅲ. ①人工牧草-作物需水量-研究 Ⅳ. ①S540. 7

中国版本图书馆 CIP 数据核字(2022)第 231330 号

责任编辑 马维玲 崔改泵
责任校对 李向荣
责任印制 姜义伟 王思文

出 版 者 中国农业科学技术出版社
北京市中关村南大街 12 号 邮编：100081
电 话 (010) 82109194 (编辑室) (010) 82109702 (发行部)
(010) 82109702 (读者服务部)
网 址 https://castp.caas.cn
经 销 者 各地新华书店
印 刷 者 北京建宏印刷有限公司
开 本 185 mm×260 mm 1/16
印 张 17 彩插 4 面
字 数 372 千字
版 次 2023 年 10 月第 1 版 2023 年 10 月第 1 次印刷
定 价 80. 00 元

纪念中国科学院禹城综合试验站建站40周年

内 容 简 介

本书以试验资料为依据，以人工种植牧草为研究对象，系统总结了华北平原主要人工种植牧草需水量、耗水规律和水分利用效率。

本书是一部应用基础和实用技术相结合的专著，可供牧草栽培学、生态学、农业气象、农田水利和自然地理学等方面的科研人员及高校师生参考。

前　言

本书是中国科学院禹城综合试验站牧草水分试验场2005—2010年牧草需水量与耗水规律试验研究成果的总结。中国科学院禹城综合试验站于2005年建立了牧草水分关系试验场，开始对人工种植牧草需水量与耗水规律进行了系统的试验研究，取得了大量的试验数据。

中国科学院禹城综合试验站自1979年建站以来，系统开展了农田蒸发、作物耗水、水面蒸发、土壤水分运动和热量平衡等方面的研究，为牧草需水量研究奠定了良好基础。

农区是我国畜牧业主产区。我国畜产品95 %以上的供给来自农区。我国的牧草业主要集中在牧区，农区的牧草业发展相对滞后，与农区畜牧业快速发展很不匹配。

随着我国畜牧业的快速发展，饲料粮占粮食比重的增加速度明显加快，饲料粮供需矛盾越来越突出。粮食安全是全球关注的问题。我国粮食安全的真正压力来自饲料用粮。牧草在缓解我国饲料粮紧缺中将会发挥重要的作用。农区种草是保证我国粮食安全的重大步骤。

我国农区牧草业的发展是21世纪初才兴起的，但发展势头非常迅猛，被誉为21世纪的朝阳产业，也成为当前种植业结构调整的首选内容。农区牧草业逐渐成为当地发展畜牧养殖的支柱产业，展示农区草业发展的广阔前景。

华北平原是我国农区畜牧业重要产区。山东禹城是全国农区畜牧业发展重点，也是全国秸秆畜牧业示范县。我们对牧草需水量的研究起步较晚。牧草栽培试验始于1986年，在“七五”国家科技攻关期间，为了适应农区畜牧业发展，我们与中国科学院遗传研究所、植物研究所和中国农业科学院等单位配合，试种了青饲玉米、甜高粱、籽粒苋、碱茅草、鹅尾茅草等种植牧草。

为了适应我国农区畜牧业发展，2005年以来，我们在中国科学院禹城综合试验站牧草水分试验场，系统观测了13种种植牧草的需水量，分析了牧草的耗水规律、作物系数和水分利用效率，测定了牧草的光合速率、蒸腾速率和土壤呼吸等。

本书以试验数据分析为主，系统总结了人工种植牧草的需水量、耗水规律、作物系数和水分利用效率，分析对比了C_3牧草、C_4牧草水分利用效率的基本特征。历经十年，完成本书。

本书共分三部分。第一部分为种植牧草需水量概论，主要阐述牧草需水量研究的意义和决定牧草需水量的主要因素。第二部分为种植牧草需水量各论，是本书重点，主要阐述不同种类牧草的需水量、耗水规律、作物系数和水分利用效率。第三部分为C_3牧草、C_4牧草水分利用效率，主要阐述C_3牧草、C_4牧草光合速率、蒸腾速率和水分利用效率的差异。这些研究成果在我国尚属少见，可供有关教学、科研人员参考。由于作者水平有限，错误与疏漏之处敬请批评指正。

多年来，中国科学院禹城综合试验站的娄金勇、潘国艳、土吉顺等许多工作人员在牧草需水量试验过程中认真、负责地观测和整编资料，在此表示深切谢意。

著 者

2019 年

目　录

第1章　概　论

《种植牧草需水量研究》是以试验研究为主的专著。以华北平原为研究区域，以人工种植牧草为研究对象，以试验资料为依据，对主要种植牧草的需水量、耗水规律及水分利用效率进行了系统研究。

华北平原是我国肉蛋奶主产区。种植牧草发展迅速，但牧草供需矛盾十分突出，种植业结构正在发生变化。华北平原有大量盐碱地和中低产田，冬闲地资源丰富，各类冬闲地约557.5×10^4 hm^2，为牧草业发展提供了基础。

水资源短缺是制约华北平原农业发展的关键因素。华北平原农业水资源供需矛盾十分尖锐，人均水资源占有量为257 m^3/人，仅占世界人均占有量的3.6 %，占全国人均占有量的12 %；耕地水资源占有量2 910 m^3/hm^2。华北平原作物总需水量约为744.3×10^8 m^3，耕地有效降水量为434.9×10^8 m^3，水分亏缺量为309.4×10^8 m^3。其中，冬小麦生育期平均缺水量约300 mm，自然降水量仅能满足冬小麦需水量的31 %~42 %。冬小麦缺水量达121.9×10^8 m^3，占总缺水量的39.4 %。除沿黄两侧靠引黄河水以外，其他地区主要靠抽取地下水灌溉。其中，河北平原80 %以上农田靠地下水灌溉。发展农区草业是节约水资源，提高水分利用效率的一种选择。

我国进行种植牧草需水量的研究还不多，不像作物需水量的研究那么系统。随着农区草业的发展，必将引起区域经济、生态的变化，其中水肯定是关键。牧草需水量的研究可以为华北平原牧草配置提供科学依据。

本章主要论述4个方面的问题：一是牧草需水量研究的重要性；二是华北平原是我国肉蛋奶主产区，草食牲畜占很大比重，人工草地建设和草业必将成为该地区的支柱产业；三是华北平原是我国水资源最紧缺的地区之一，种植牧草需水量的研究，为合理用水、科学用水、提高水分利用效率提供科学依据；四是为华北平原水、土、草资源合理配置提供科学依据。

1.1　研究区概况与测定方法

1.1.1　研究区概况

牧草需水量试验在中国科学院禹城综合试验站牧草水分关系试验场进行。中国科学院禹城综合试验站地处鲁西北黄河冲积平原（36°57′ N，116°36′ E），海拔 23 m，属暖温带半湿润季风气候，多年平均气温 13.1 ℃，多年平均降水量为 538 mm，降水集中在 6—8 月，占全年降水的 68 %左右，年太阳辐射总量 5 215.6 MJ/m^2，日照时数 1 920 h，≥0 ℃积温为 4 951 ℃，无霜期 200 d，光热资源丰富，雨热同期；地貌类型为黄河冲积平原，土壤母质为黄河冲积物，以潮土和盐化潮土为主；土壤质地为中壤，耕层土壤有机质含量为 12.29 g/kg，速效氮 82 mg/kg，速效磷 20.6 mg/kg，速效钾 229.1 mg/kg，土壤容重为 1.33~1.44 g/cm^3，田间持水量 32 %；地下水位变化在 1~4 m，地下水资源丰富，水质较好，矿化度<1 %，宜于灌溉。

1.1.2 供试牧草品种

C_4牧草：

高丹草（*Sorghum bico* Lor × *Sorghum Sudanense* CV）

青饲玉米（*Zea mays* L.）

籽粒苋（*Amaranthus paniculatus* L.）

C_3牧草：

冬牧 70 黑麦（*Secale cereale*. L. cv. *Wintergrazer*-70）

中新 830 小黑麦（*X Triticosecale* Wittmack cv. *Triticate*-830）

多年生黑麦草（*Lolium perenne* L.）

紫花苜蓿（*Medicago sativa* L.）

红花三叶草（*Trifolium pretense* L.）

白花三叶草（*Trifolium repens* L.）

串叶松香草（*Silphium perfoliatum* L.）

菊苣（*Cichorium intybus* L.）

鲁梅克斯（*Rumex patientia* × *Rtinschanicus* cv. ·*Rumex K*-1）

大豆（*Glycinemax* L.）

1.1.3 试验小区布置

牧草水分试验场共设 24 个试验小区，每个小区依据联合国粮食及农业组织（Food and Agriculture Organization of the United Nations，FAO）标准建设，规格为 5 m×10 m（南北向 10 m，东西向 5 m）。经过多年的种植，形成了 5 个不同的牧草种植系统：一年生禾本科牧草轮作系统；一年生苋科—禾本科牧草轮作系统；一年生禾本科牧草与多年生牧草轮作系统；串叶松香草、紫花苜蓿多年生牧草系统；农田冬小麦—

夏玉米轮作系统，作为对照的系统。

1.1.4 牧草需水量测定方法

1.1.4.1 蒸发器测定法

采用注水式土壤蒸渗仪（Lysimeter）测定（程维新 等，1994，2002）。注水式土壤蒸渗仪包括蒸发器和渗漏桶2个部分（图1.1）。蒸渗仪的截面积为3 000 cm^2，深度为80 cm，底呈锥形圆筒，锥形底部设有1个出水口，由导管与渗漏桶连接，用来排泄蒸发器内的渗漏水。为了防止出水口堵塞，锥形口上部采用带网眼的钢板做1个保护罩，其上部铺1层纱布、再铺砾石和粗沙形成1个反滤层，以便排泄渗漏水。渗漏桶内放置1个带柄的集水小桶，小桶沿与出水口接近，渗漏桶上加盖，以防止降水进入和集水桶内水分蒸发，影响观测结果。

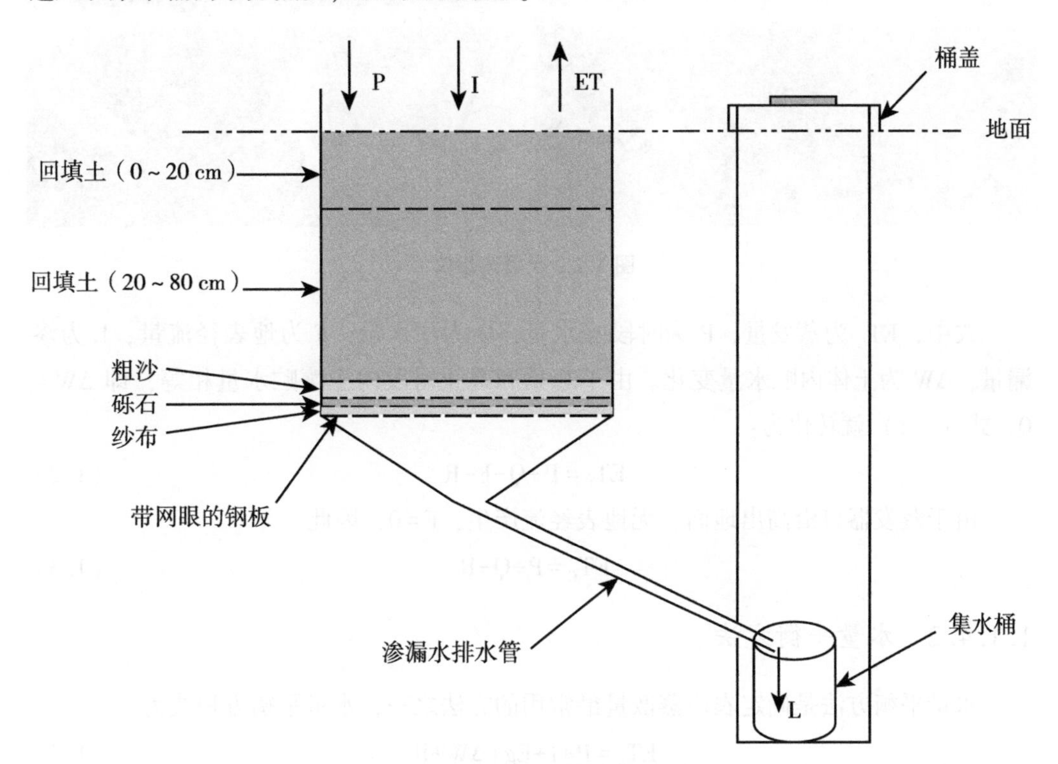

图1.1 注水式土壤蒸渗仪示意图

牧草水分试验场共安装了32套需水量测量装置，每个小区安装3套，即3个重复，测定所有供试牧草的需水量（图1.2）。

注水式土壤蒸渗仪的基本原理是水量平衡方程，即

$$ET_C = P+Q-F-R\pm\Delta W \tag{1.1}$$

图 1.2　土壤蒸渗仪

式中，ET_C 为蒸发量，P 为时段降水量，Q 为注水量，F 为地表径流量，L 为渗漏量，ΔW 为土体内贮水量变化。由于起始和终止时段内土壤贮水量相等，即 ΔW=0，式（1.1）就转化为：

$$ET_C=P+Q-F-R \tag{1.2}$$

由于蒸发器口沿高出地面，无地表经流产生，F=0，因此，

$$ET_C=P+Q-R \tag{1.3}$$

1.1.4.2　水量平衡方法

水量平衡方法是确定农田蒸散量最常用的方法之一，水量平衡方程式为：

$$ET_C=P+I+Eg+\Delta W+R \tag{1.4}$$

式中，ET_C 为农田蒸散量；P 为降水量；I 为灌溉水量；Eg 为地下水对农田蒸散量的补给量；R 为地表径流量；ΔW 为时段内土壤贮水量变化。由于无地表水径流产生，所以 R=0，则式（1.4）为：

$$ET_C=P+I+Eg+\Delta W \tag{1.5}$$

$$Eg=\mu\Delta H \tag{1.6}$$

式中，Eg 为地下水对农田蒸散量的补给量，通常称之为潜水蒸发量；ΔH 为地下水位变化；μ 为给水度，根据测定，m 的变化值为 0.052～0.056，取其平均值为 0.054。

1.1.5 土壤水分测量

土壤水分使用 CNC503DR 型中子仪测量，每个试验小区装根中子管，测量深度 100 cm，测深间隔为 10 cm。观测频度每 7 d 测量 1 次，降水、灌溉、刈割后加测。地下水位测量：采用气象场地下水位观测井，每5 d测量 1 次。

1.1.6 地上部牧草生物量观测

植株高度：牧草生物量每 5 d 观测 1 次。每小区选取 20 株有代表性的植株测定高度。

群体密度：取 3 行×1 m 的样方，调查群体密度，每 5 d 观测 1 次。

生物量：取 20 cm 行长的植株，测定地上部鲜重、干重，每 5 d 观测 1 次。

叶面积指数：使用 LI-3000 便携式叶面积仪观测，测定频度与生物量一致，每 5 d观测 1 次。

1.1.7 牧草作物系数（Kc）的确定

作物系数（Kc）有的叫作物耗水系数或作物耗水特性系数。Kc 通常采用需水量与参考作物需水量之比来确定，即：

$$Kc = ET_C / ET_0 \tag{1.7}$$

式中，ET_C 为测定的不同种类牧草需水量（mm）；ET_0 为参考作物需水量（mm）采用蒸发比的方法确定牧草作物系数（Kc）。ET_C 由土壤蒸发测定器测定；ET_0 采用 E-601 蒸发器的水面蒸发观测数据。根据中国科学院禹城综合试验站水面蒸发场 1985—2010 年 E-601 蒸发器与 20 m^2 蒸发池资料相比较，折算系数为 1.016，表明 E-601 蒸发器观测资料具有代表性。采用 E-601 蒸发器的水面蒸发观测数据还因为 E-601 蒸发器已是我国气象台站和水文观测为常规观测仪器，各地均可获取 E-601 蒸发器的水面蒸发观测数据，便于各地牧草需水量估算。

1.1.8 水分利用效率（WUE）确定

所涉及的牧草水分利用效率（WUE），主要是产量水平上水分利用效率和叶片水平上水分利用效率。

产量水平上水分利用效率（WUEy）：

$$WUEy = Y/ET_C \quad (1.8)$$

式中，WUEy 为产量水平上水分利用效率［kg/（hm^2·mm）］；Y 为生物产量（kg/hm^2）；ET_C 为作物耗水量（mm）。

叶片水平上水分利用效率（WUE）：

$$WUE = Pn/Tr \quad (1.9)$$

式中，WUE 为水分利用效率（μmol CO_2/mmol H_2O）；Pn 为光合速率［μmol/（m^2·s）］；Tr 为蒸腾速率［mmol/（m^2·s）］。

1.1.9 生态指标观测

1.1.9.1 生物量测定

每隔 7 d 测定地上部生物量鲜重、干重。三叶草、紫花苜蓿与冬牧 70 黑麦取样量为每个试验小区取 30 cm 长度的地上部分植株，串叶松香草取长势均匀的 3 个单茎、籽粒苋、高丹草和青饲玉米每个试验小区取 3 株植株。鲜重直接测定，干重的获取是采取的鲜样测重量以后放入烘箱，先 105 ℃杀青 1.5 h，再 75 ℃烘干。鲜重用十分之一天平称量、干重用百分之一天平称量。

1.1.9.2 叶面积测定

使用 Li-3000 便携式叶面积仪与 Li-3050C 透明胶带输送机配件组合测定，观测频度与生物量一致。

1.1.9.3 株高观测

测定频度与生物量一致，每个小区选取 3 行×1 m 具有代表性的植株，测定从地面到最高叶尖（包括花序在内）的高度。

1.1.9.4 产量测定

在牧草的每个收获期，每个重复取 1 个 3 行×2 m 的样方，用磅秤称地上部总鲜重 $B_{总鲜}$，采用比重法测定干重。即将所取样品充分混匀后，采用四分法取出 1/4，茎叶分开，分别称取鲜重 $B_{测茎鲜}$、$B_{测鲜叶}$，然后烘干分别测定干重 $B_{测茎干}$、$B_{测叶干}$，得出样方的总干重 $B_{总干}$为：

$$B_{总干} = \frac{(B_{测茎干} + B_{测叶干}) \times B_{总鲜}}{(B_{测茎干} + B_{测叶干})} \quad (1.10)$$

1.1.9.5 发育期观测

每天观测1次牧草的生长发育状况，记录牧草的各个发育期。

1.1.10 光合观测

选择晴好天气，采用美国Li-COR公司生产的Li-6400便携式光合测定仪对牧草生育盛期叶片的净光合速率（Pn）、蒸腾速率（Tr）和气孔导度（Gs）以及生态环境要素的日变化进行测定，日变化观测时段为夏季6：00—18：00，春季和秋季8：00—18：00，观测频度为每2 h观测1次。Li-6400光合作用测定系统设计了专门测定光合作用——光响应曲线的光发生系统，设定的光量子通量密度（PFD）为3 500 μmol/(m^2·s)、3 000 μmol/(m^2·s)、2 500 μmol/(m^2·s)、2 000 μmol/(m^2·s)、1 800 μmol/(m^2·s)、1 600 μmol/(m^2·s)、1 400 μmol/(m^2·s)、1 200 μmol/(m^2·s)、1 000 μmol/(m^2·s)、800 μmol/(m^2·s)、600 μmol/(m^2·s)、400 μmol/(m^2·s)、200 μmol/(m^2·s)、100 μmol/(m^2·s)、50 μmol/(m^2·s)、0 μmol/(m^2·s) 16个水平。在每种牧草生育盛期选择有代表性的植株3株，每株测定基部（下层）、中部（中层）和上部（上层）叶位的3枚叶片的光合作用日变化和光合作用——光响应曲线。只在2005年做了本项目的观测。

1.1.11 土壤理化及植株养分测定

1.1.11.1 土壤容重测定

采用环刀法测定0~5 cm、5~10 cm的土壤容重，重复3次。使用土钻法测定每个小区10~20 cm、20~40 cm、40~60 cm、60~80 cm的土壤容重，此方法测定土壤容重简单易行，对周围土壤的干扰小。

1.1.11.2 土壤样品取样方法

采用7点混合法，每个小区取0~5 cm、5~10 cm、10~20 cm的土壤样品（2005年春季播种时取0~20 cm、20~40 cm），取样时表层取样以剔除腐殖层和半腐殖层露出表土为准，取出的土样装入事先准备的无菌塑料袋内。取回的土壤鲜样，采回的土样混匀后，采用四分法，1/2土样立即过2 mm筛，剔除植物根和土壤动物及其他杂质，筛新鲜土样过程中注意消毒器具避免污染，并且土样采用无菌塑料袋保存。取过筛的鲜土200 g分析微生物量碳、氮，新鲜土壤立即浸提，浸提液不能立即分析的冷冻保存；再取 50 g 过筛的鲜土，-20 ℃保存，留做微生物群落分析（PLFA）。剩下的 1/2 为过筛的鲜土样风干，分别过 2 mm 与 0.25 mm 筛，留做土壤化学分析。

1.2 相关专业术语

农田蒸散量（Evapotranspiration of Field）：又称腾发量、农田总蒸发量。是作物蒸腾量与棵间土壤蒸发量的总和。在地表径流和渗漏量很小的情况下，农田蒸散量可大致代表农田实际的耗水量。

作物需水量（Crop Water Requirement）：是指作物在适宜的土壤水分和肥力水平下，正常生长发育过程中，获得高产时的植株蒸腾、棵间蒸发以及构成植株体的水量之和。作物需水量的大小及其变化规律，主要决定于气象条件、作物特性、土壤性质和农业技术措施。作物需水量是农业最主要的水分消耗部分，作物需水量的研究也一直是灌溉排水领域中最重要研究课题之一。作物需水量是确定作物灌溉制度和灌溉用水量的基本数据，故为灌溉系统规划设计和管理运用以及水资源平衡分析的重要依据。

作物耗水量（Water Consumption）：是在植物生产过程中植物蒸腾、土壤蒸发、植物表面蒸发及构建植物体消耗的水分数量之和，也称蒸腾蒸发量、腾发量、蒸散量，其常用单位为 mm、m^3等。作为耗水量的特例，需水量是在健康无病、养分充足、土壤水分状况最佳、大面积栽培条件下，植物经过正常生长发育，在给定的生长环境下获得高产情形下的耗水量。

作物系数（Kc）：是反映不同作物与参照作物的区别，是根据参照作物腾发量计算实际作物需水量的重要参数。Kc 与作物种类、品种、生育期、作物的群体叶面积指数等因素有关，反映了作物本身的生物学特性、作物种类、产量水平、土壤水肥状况以及田间管理水平等对农田蒸发蒸腾量的影响。

蒸腾（Transpiration）：指植物体内水分以气态形式向外散失的过程。植物蒸腾是植物重要的生理过程，蒸腾速率与气温、相对湿度、光合有效辐射、叶片气孔导度及土壤含水量等因素关系密切。蒸腾是正常状态下水分近饱和的植株与较干的大气之间的水汽梯度造成的水分交换，蒸腾造成植株体水分移动的水势差是植物吸收和输送水分的动力之一。在相同水分条件下，蒸腾强度反映作物生长势强弱和作物吸收水分、养分能力大小。影响蒸腾量大小的有气象条件、土壤、农业措施、植物生长状况，尤其是叶片气孔的开张程度。

蒸腾速率（Transpiration Rate）：也称为蒸腾强度，是植物在一定时间之内，单位叶面积上散失的水量。常用的单位为 g/（m^2·h），一般植物蒸腾速率为：白天 15~250 g/（m^2·h），夜间 1~20 g/（m^2·h）。由于叶面积测定有困难，也可用 100 g 叶鲜重每小时蒸腾失水的克数来表示（蒸腾速率=蒸腾失水量/单位叶面积×时间）。

蒸腾效率（Transpiration Ratio）：也称蒸腾比率，是植物每消耗1 000 g水所生产干物质的克数，或植物在一定时间之内干物质累积量与同期所消耗的水量之比。植物在一定生育期内积累的干物质与蒸腾失水量的比值，用g（干物质）/kg（水）表示，也可以说是植物每消耗1 kg水所形成干物质的克数。植物的蒸腾效率一般为1~8。

蒸腾系数（Transpiration Coefficient）：是指植物制造1 g干物质所消耗水分的克数。它是蒸腾效率的倒数。一般野生植物的蒸腾系数是125~1 000，大部分作物的蒸腾系数是100~500。蒸腾系数=蒸腾散失的水分的量/光合作用固定的CO_2的量。蒸腾系数是表示植物在光合作用吸收CO_2的同时水分散失的效率。不同类型的植物常有小同的蒸腾系数，木本植物的蒸腾系数较草本植物为小，C_4植物较C_3植物为小。典型的C_3植物的蒸腾系数为500，典型的C_4植物的蒸腾系数约250，适应于沙漠生存条件的CAM植物的蒸腾系数为50左右（表1.1，表1.2）。

表1.1 各种作物的蒸腾系数

作物	蒸腾系数	作物	蒸腾系数
小麦	450~600	向日葵	500~600
玉米	250~300	马铃薯	300~600
水稻	500~800	牧草	500~700
棉花	300~600	蔬菜	500~800
亚麻	400~500	阔叶树	400~600

表1.2 C_3、C_4作物的蒸腾系数

C_3作物		C_4作物	
作物	蒸腾系数	作物	蒸腾系数
小麦	510	黍	293
大豆	744	谷子	310
水稻	710	高粱	322
棉花	646	玉米	368
平均	653	平均	323

水分利用效率（Water Use Efficiency，WUE）：也称水分生产率，是表示作物水分吸收利用过程效率的指标。一是指单位面积上通过蒸发和蒸腾消耗单位水量（mm）所获得的产量；二是指利用单位重量的水分植物所能同化的CO_2，是净光合速率与蒸腾速率的比值；三是指作物消耗单位水分所获得的产量；四是指单位体积水

(包括灌溉水和有效降水量）生产的谷物数量，可以近似用单位面积腾发量与单位面积产量的比值来表示；五是指某作物单位面积的经济学产量与该作物生育期耗水量的比值。

光合作用（Photosynthesis）：即光能合成作用，是植物、藻类和某些细菌，在可见光的照射下，利用光合色素，将 CO_2（或 H_2S）和水转化为有机物，并释放出 O_2（或 H_2）的生化过程。光合作用是一系列复杂的代谢反应的总和，是生物界赖以生存的基础，也是地球碳氧循环的重要媒介。

光合速率（Photosynthetic Rate）：光合作用固定 CO_2 的速率，即单位时间单位叶面积的 CO_2 固定（或 O_2 释放）量。光合作用强弱的一种表示法，又称“光合强度”。光合速率的大小可用单位时间、单位叶面积所吸收的 CO_2，或释放的 O_2 表示，也可用单位时间、单位叶面积所积累的干物质量表示。

第2章 需水量研究的意义

在一个地区所拥有的自然资源中，只有少数几种是缺少不得的，水是最突出的一种。我国农业发展的主要问题是缺水。在干旱、半干旱或半湿润地区，任何限制因素也没有像缺乏水资源所引起的限制作用那样大。即使在水资源条件比较好的地区，也不是所有年份的降水量都能满足作物一年四季的需水要求。所谓“风调雨顺，人寿年丰”，只不过是人们的一种祈望，实际上常常为缺水而苦恼。水资源的缺乏现已成为全球性的一个急待解决的问题。在我国华北、西北地区，水源不足是影响农业发展的重要因素。有的地区，水的问题已达到相当严重的地步。这种状况固然与水在季节上与地域上的分配不均匀有关，也和一个地区的作物布局和农业结构密切相关。

所谓缺水，是相对于作物的需水要求而言的。当土壤水分的供应满足不了作物正常生长所需的水量时，农田便出现旱象，即农田水分支出大于收入，水分供需不平衡。

农田水分的供需问题，主要取决于一个地区的总降水量、降水量的季节分配、农田水分贮存能力和作物需水量。

农业生产效率在一定意义上取决于人们对水的有效利用程度。这就不得不促使人们对作物需水量的关注和作物耗水规律的研究。研究牧草需水量的出发点及其归宿，无不与合理利用现有的水资源与节约用水相联系。

蒸发作为水循环中的一个因子来讲，在量级和重要性方面，应该说同降水不相上下。蒸发作为水量平衡中的一项基本要素，它的数量及其变化，将会引起其他要素的变化，而农业的发展，对水量平衡带来的首要问题便是需水量的增加。因此，蒸发问题无疑是研究水分循环和水量平衡的一个中心环节。

水分蒸发与热量消耗是紧密地联系着的。蒸发要消耗热量。因此，牧草需水量及其变化，对于到达农田的能量将如何分配或将如何利用有着决定性的影响。作为农田水分与热量的主要消耗者的蒸发过程，综合地反映了农田水分与能量的同时供应状况。牧草与环境的关系在很大程度上又决定于地表的热量和水分状况以及它们的对比关系。上述问题的核心是蒸发问题。

人们对蒸发问题的关注首先是实践的需要。随着工农业生产的发展和人民生活水平的提高，水的需求量也相应增加。农田耗水在水资源中所占的比重很大，如何减少农田水分无益消耗，达到合理、经济用水，都有赖于长期而深入的农田蒸发研究。在确定灌溉定额、制订用水计划、规划大型水利工程时都需要蒸发资料，而且往往把它作为一种基本参数来考虑。世界广大地区由于蒸发而返回大气的水分约占 90 %，甚至更多。人们提出了很多改变水分循环的方案，然而用控制水分循环的方法来增加水分供应难度极大，而通过控制蒸散过程就可以非常容易而有效地实现。仅从这点出发，就必须更好地了解蒸散过程。

牧草需水量研究无论在理论上或实践上的重要性是十分明确的。随着水资源供需矛盾的发展，关心蒸发问题的人将会越来越多。其重要性将越来越为人们所认识。

牧草水分蒸发是一个范围相当广泛和十分复杂的课题。它发生于土壤—作物—大气系统中，受到土壤水分、土壤理化性质、牧草种类、牧草生育状况、气候条件和农业技术措施等影响。国际上蒸发研究虽已有200余年的历史，但由于影响的因素太复杂，许多问题尚未得到满意的结果。

近几十年间，蒸发研究有较快的发展，主要表现在两方面：一是对蒸发的物理机制有了较深刻的理解；二是确定蒸发的仪器和方法有了显著的进步。对于前者，以往人们把蒸发现象仅仅作为水汽现象来处理，这就给蒸发过程带来许多悬而未定的问题。随着热量平衡研究的进展，从能量平衡的角度来考虑蒸发问题，这样，既考虑水汽的输送，又考虑蒸发的能量消耗，把两者统一起来，才能对蒸发的物理机制有较深刻的认识。对于后者，主要是成功研制了灵敏度很高的、适用田间应用的大型蒸发器，如大型蒸渗仪和水力称重式土壤蒸发器等，这些仪器的测量精度一般为 0.01～0.03 mm，可以测出蒸发日变化过程，蒸发、凝结和降水的开始与终了时刻，以及它们的量值和最大强度出现的时刻，这就给蒸发的深入研究提供了方便，并且可以对已有的蒸发计算公式的有效性和可靠性问题进行检验和校正。与此同时，蒸发计算有了新的突破，主要是提出了比较完整的关于“蒸发力”的概念和计算“蒸发力”的方法。这两方面是近期蒸发研究进展较快的重要标志。随着遥感技术的发展，采用遥感方法来研究蒸发和土壤水正引起人们的重视。红外技术不仅用于蒸发研究，有的也用来作为农田灌溉预报的一种手段。

以土壤—作物—大气系统为基础是当今研究农田蒸发的主要趋向。在这个系统中，包括水分由土壤进入根系，传导到茎叶，最后与大气进行水汽交换。这一系统在物理上是统一的，在性质上是动态的。虽然不少学者以这个系统为基础，建立了相应的模式，但对这一系统的物理分析还处于开始阶段，定量去说明这一过程还需作很大的努力。应该说，上述系统有坚实的物理基础，它考虑了影响蒸发的主要因素。在这个系统中，各部分不是孤立的、毫不相干的过程，而是在相互影响和相互制约下，共同支配着农田水分消耗过程，不仅在理论上有重要意义，而且对于解决农业生产上的实际问题也相当重要。因此，这一系统应作为我国农田蒸发研究的重要方面。

2.1 我国蒸发研究进展

我国蒸发研究起步较晚，蒸发试验研究始于20世纪50年代。当时由于水利建设的需要，全国建立了11个水面蒸发试验站，开展了对大水体水面蒸发的研究。与此同时，少数研究部门开展了土壤蒸发的试验。

20世纪50年代末和60年代初，国家为了要解决我国西北地区和华北地区的干旱缺水问题，迫切需要农田蒸发方面的资料，当时虽然有200多个农田灌溉试验站，对作物需水量做过试验，积累了一定数量的观测资料，但由于侧重于灌溉制度的研究，对于作物需水的测试仪器、研究方法以及作物需水与环境因子的关系等缺乏深入研究，观测资料给使用带来相当大的困难。基于此，人们才感到蒸发资料的可贵，才引起有关部门的重视。此后，相继建立了一批以研究农田蒸发为主的试验站。其中比较全面、系统地进行农田蒸发研究的是中国科学院地理研究所。在黄秉维教授领导下，自1960年起，中国科学院地理研究所先后在我国华北地区建立了德州水热平衡试验站、石家庄水热平衡试验站以及在延安、北京等地设立了农田蒸发观测场等，进行了农田蒸发、土壤水分运动、热量平衡等项目的观测。在研究方法方面包括热量平衡法、水量平衡法、空气动力学方法和蒸发器测定法等。研究人员包括水文、气象、自然地理等专业。这是我国当时从事蒸发研究人员较集中、学科较全、研究内容较广、试验方法较多、仪器设备较先进、观测资料较系统的兴盛时期，为我国蒸发研究奠定了良好的基础。

20世纪70年代后期，我们又在山东禹城建立了中国科学院禹城综合试验站。它的主要研究目标是水平衡与水循环，其核心是蒸发研究。为此，建立了农田蒸发观测场、水面蒸发观测场、土壤水分观测场、气象观测场和太阳辐射观测场等。从1979年起，农田蒸发等项目已累积了大量的观测资料，并发表了一批论文和专著，为深入研究农田蒸发的基本规律提供了依据。

从2005年起，为了适应华北平原畜牧业快速发展的需要，中国科学院禹城综合试验站建立了牧草水分试验场，对十余种种植牧草进行了耗水量及光合速率、蒸腾速率、水分利用效率等系统研究。

所谓农田蒸发量，系指作物蒸腾量和棵间土壤蒸发量之总和。有的也称之为农田耗水量或作物耗水量，水利部门一般称农田需水量或作物需水量。在大多数著作及文章中，则把农田蒸发量称作蒸散量。这些术语虽然有所区别，但通常被相互交替使用。

就其实质而言，作物耗水量和作物需水量是有区别的。作物需水量为土壤水分条件适宜于作物正常生长发育、具有较高的土壤肥力、获得高额而稳定的产量条件下的作物耗水量。而作物耗水量在颇大程度上决定于土壤水分供应状况。因此，作物耗水量通常小于作物需水量。在充分湿润或过湿条件下，作物耗水量有可能大于作物需水量。

2.2 我国农区草业发展趋势

草业是畜牧业发展的基础，畜牧业发展离不开草业的发展。近 20 年，我国农区畜牧业发展很快，尤其奶牛业发展更快，然而饲草业滞后。从发展战略来说，发展现代草业，是一个生态—经济—社会功能兼优的产业。在华北平原地区，河北低平原、黄河三角洲及沿黄滩地有发展草业的巨大潜力，具有重要意义。

草业发展可以优化种植结构，提高土地利用率。在河北的东南部，如沧州、衡水、邢台、廊坊等地，盐碱地和中低产田占相当大的比例，这些土地粮食生产低而不稳，靠天吃饭现象还相当普遍，严重制约了农业发展和农民增收。按照中央将在保护和提高粮食综合生产能力的前提下，继续推进农业结构调整。调整和优化农业种植结构是实现资源合理配置、增加农民收入的有效方式。因此，因地制宜，拿出适量的土地来生产优质高产的饲料作物，变“粮食—经济作物”二元种植结构为“粮食—经济作物—饲料作物”三元种植结构，尤其是发展高产、优质、高效、生态、安全的紫花苜蓿，即可开拓农业产业结构调整和农业增收增效的空间。通过种植优质牧草，既可有效地改良土壤，增加土壤中有机质含量，培肥地力，提高土地综合生产能力，促进农业的可持续发展，又起到防止水土流失、减少沙尘的作用，具有重大的社会和生态效益。草业的发展是“节粮型”畜牧业发展的基础。

我国畜牧业的发展，对粮食有很大的依赖性，大量的粮食用于畜牧生产，使得人畜争粮的状况日趋严重。因此，国家提出今后畜牧业发展的重点是在稳定生猪和禽蛋生产的基础上，加快发展牛羊肉和禽肉生产，突出发展奶牛和羊毛生产，也就是大力发展草食动物生产，限制“耗粮型”畜牧业的发展。这是符合我国国情的，也是畜牧业发展的必由之路。

“民以食为天，畜以草为本”，要发展“节粮型”畜牧业，就必须首先大力发展草产业。发展优质牧草生产，具有广阔的市场前景。优质紫花苜蓿草产品的粗蛋白在 18 %以上，高的可达 22 %，且矿物质、各种维生素含量丰富，是一种很有开发潜力的蛋白饲料资源。据有关资料介绍，日本、韩国及东南亚地区紫花苜蓿草产品年需求量在 300×10^4 t 以上，主要用于奶牛业生产；国内年需求量约为 500×10^4 t，主要用于高产奶牛和一些珍稀动物饲养。随着国内畜牧业的发展和紫花苜蓿在猪鸡饲料上的广泛应用，年需求量预计为 700×10^4 t 以上，市场空间十分广阔。因此，我们的市场目前主要在国内，不在国外。大力发展优质牧草生产，实行产业化经营，发展商品牧草，具有广阔的市场空间。

河北平原农区的草业发展优势：本地区属暖温带干旱季风气候，大部分地区偏干旱，年降水量 450~600 mm。但地表水缺乏，而地下水咸水面积分布广，淡水层埋藏又较深，且因过度开采，多处出现地下漏斗，水位逐年下降，给依靠机井灌溉带来很大困难，相当部分土地靠天吃饭，种植粮食作物和经济作物只能广种薄收。紫花苜蓿生产对水资源的依赖程度比粮食作物要低得多，发展草业也是节水农业的有效途径。该区域土地轻度盐碱、中度盐碱地及中低产田占有较大比重沙荒闲散地遍布全区。这些地土质瘠薄，土地活性很低，不太适宜作物生长，因而多年来当地农民就有了人工种草的习惯，通过种植优质豆科牧草，3~5 年后改良了土壤，培肥了地力，再就是以草养畜，畜肥还田，之后再轮作其他粮食作物和经济作物。这也是综合治理盐碱、瘠薄地的成功经验。综上所述，河北农区大力发展牧草产业的条件是得天独厚的，我们应该充分利用优势，下大力将牧草这一新兴朝阳产业做大做强。河北平原农业草业的发展，引起了各级领导的高度重视。从不同侧面为河北草业的快速发展注入了新的活力，促进了河北草业的产业发展。针对河北平原草业发展的现状，平原农区要围绕种植结构调整、盐碱荒地开发利用和沙荒地治理，结合奶产业的发展，扩大种植以紫花苜蓿为主的多年生牧草，牧草加工逐步实现标准化，农区草业发展的重点要放在加强优质牧草生产基地建设和培育壮大草产品加工龙头企业上。同时，加大高新技术在草业中的应用力度，逐步使河北草业向知识密集型草产业方向发展。

我国的草地生产力水平不高并远远滞后于许多国家，全国平均每公顷草地仅生产 7 个畜产品单位，相当于世界平均水平的 30 %，仅相当于新西兰的 1/80、美国的 1/20、澳大利亚的 1/10，主要原因是草地资源的分配、利用极不合理，人工草地建设水平差。一般来说，人工草地面积和生产力水平代表着一个国家的畜牧业总体发展水平，因为人工草地产草量是天然草地的 5~10 倍或更多，而且地区之间的差别很大。通常经验是当人工草地的面积占天然草地的 10 %时，草地畜牧业的整体经济效益可提高 1 倍。我国现有人工草地 800×10^4 hm^2，仅占天然草地面积的 2 %左右，而美国占 15 %，新西兰占 75 %以上。

2.3　草业发展区域化格局初步形成

国际市场年需牧草缺口 $1\,000\times10^4$ t，其中北美洲 200×10^4 t、欧盟 100×10^4 t、东南亚地区 250×10^4 t，日本 125×10^4 t，韩国近 100×10^4 t。世界各国中，日本对牧草产品的需求量最大，日本所有牧草产品（草块、草捆、草颗粒）的进口量为 267×10^4 t。美国和加拿大一直保持了对日本主要出口商的地位。在过去的几年里，日本草捆的进口量显著增长，美国提供了绝大部分产品。近年来，美国出口的紫花苜蓿草块数量有所减少，而加拿大则扩大了其市场份额。牧草产品的第二大消费国是韩国，近来韩国草颗粒、草块和干草捆的进口大量增加，市场前景极为可观。估计韩国潜在的市场规模将是日本用量的1/4~1/3，即50×10^4~80×10^4 t的草颗粒、干草、草块和禾本科牧草干草捆。中国台湾是太平洋周边地区的第三大市场。由于作物和天气情况，近年来，中国台湾进口草产品量激增，东南亚一些国家和地区对草产品的需求量也非常大。同时，大多数富裕的国家，如伊斯兰国家农业资源贫乏，也是当今世界的主要消费市场之一；沙特阿拉伯的麦加城，每年宰生节当天就要屠宰200万只羊，短时间内集中这么多只羊所需的饲草主要依靠进口，这也是一个潜在的远期市场。

2.4 草业发展存在的问题

2.4.1 国内牧草产需严重不平衡

我国对牧草的需求巨大，年需牧草1 000×10^4 t，但生产能力只有200×10^4 t，而且，供需之间的缺口还将随着我国畜禽业年均增长10 %以上发展速度继续拉大。据有关专家分析，在各类畜禽的饲喂标准中，草产品在牛羊饲料中可占60 %，猪饲料中可占10 %~15 %，鸡饲料中可占3 %~5 %，按此比例计算，我国直接用于饲喂牛、羊的草产品用量为2 000×10^4 t以上，配合饲料用草至少也应在1 000×10^4 t左右。而随着我国配合饲料的产量以每年10 %左右的速度增加，对草产品的年需求量也将随之增长。可是，我国每年生产草产品为300×10^4 t左右，且主要用于规模较大的奶牛、赛马及特种动物养殖场，配合饲料用草和出口草产品数量很少。

2.4.2 草产业种植规模有限

草产业种植规模有限与国内外旺盛的需求形成强烈反差。自2000年开始，我国河南、河北、山东、北京及一些周边地区的地方政府开始鼓励、引导广大农民种植紫花苜蓿，种植面积已接近200×10^4亩（1亩≈667 m^2，全书同），年产紫花苜蓿干草近100×10^4 t，但大部分用于当地农户养畜之用，形成商品草的量不足50万t。我国能够形成规模化（年产量在10×10^4 t以上）生产的牧草品种只有紫花苜蓿和羊草2种。

2.4.3 我国有大量盐碱化、荒漠化土地等待开发利用

我国荒漠化土地面积已达262×10^4 km^2，约占国土面积的27.3 %；沙化土地的面

积还在以每年 2 460 km^2 的速度扩展；全国退化、沙化、盐碱化草地总面积已达 135×10^4 km^2，占国土面积的 14 %，并且还在以每年 2×10^4 km^2 的速度增长；我国盐碱化土地面积已达 100×10^4 km^2，接近全国耕地面积总和，其中大部分为盐碱化草原，约占国土面积的 10. 4 %。尤其是盐碱地草产业开发成本将会比一般产业开发过程中企业的初始投入低得多。

2. 4. 4 我国食物消费结构提升为草产业发展带来机遇

人类社会发展的历史证明，膳食结构的变化与经济发展密切相关，是社会经济发展的重要特征。随着中国人膳食营养结构的改变和“粮转饲料”的不断推进，我国种植牧草产业的发展迎来了新的机遇，进入了快速发展。

2. 5 农区畜牧业发展与种植牧草建设

2. 5. 1 华北平原是我国肉蛋奶主产区

农区人工种植牧草是草业发展趋势。畜牧业与种植业是农业生产的两大支柱，是农业的主要组成部分，畜牧业占农业总产值的比重往往被用来衡量一个国家农业现代化的发达程度。纵观世界，农业发达的国家均是畜牧业发达的国家，他们将畜牧业作为农业的主导产业来对待，对畜牧业在社会经济发展中的重要作用均给予了高度的重视，畜牧业产值占农业总产值的比重均在 50 %以上，比如美国畜牧产值占农业总产值的 1/2；西欧的德国占 61 %，法国占 70 %以上，英国占 60 %以上；北欧国家则以畜牧业为主，丹麦、瑞典则占 90 %；东欧各国的畜牧业比重均占 50 %以上；大洋洲的澳大利亚为 60 %，而新西兰则高达 80 %；亚洲的日本在第二次世界大战后大力发展畜牧业，现在比重为 30 %以上（胡成波，2004；薛书超，2003；裘望，2006；朱丕荣，2009）。我国畜牧业自 20 世纪 80 年代以来得到了快速的发展，畜牧业产值占农业总产值的比重由 1978 年的 15 %左右，经过 30 年的发展，到 2001 年开始超过 30 %，2008 年畜牧业生产总值约占农业总产值比重的 35 %（中国畜牧业协会，2009；孙政才，2009；李小健，2009），但离世界发达国家的 50 %以上仍有较大差距。对比国外发达国家，我国农区畜牧业仍有很大的潜力可以挖掘。

然而，畜牧业的发展离不开草业的发展。我国从生产结构看，生猪是我国畜产品的主体，2005 年，猪肉产量占肉类总产量的 64. 7 %，而牛羊肉产量只占 14. 8 %

(刘加文，2008)。世界发达国家肉类主要来源于草食动物，牛羊肉产量占肉类总产量一般都在50 %以上，如美国人的肉食中73 %、澳大利亚约90 %、新西兰接近100 %由草转化而来，而我国只有6 %~8 %由草转化而来，其余90 %依靠粮食转换而来。

世界人均奶类年占有量约103 kg，发达国家平均为312 kg，新西兰约2 700 kg；发展中国家平均为36. 5 kg，而中国2007年为26. 7 kg（中国畜牧业协会，2009)。世界上农业比较发达的国家，草地畜牧业都占50 %左右（梁小玉 等，2003）。他们要么拥有得天独厚的天然草地资源，要么种植牧草建设发达。比如澳大利亚，天然草地占国土面积的1/2以上；新西兰，牧草四季常青。我国草地资源调查资料显示，天然草地面积约4×10^{8} km^{2}，占世界草地面积的13 %，小于澳大利亚，大于美国，是世界第二草地大国（殷耀，任会斌，2004)。其中3×10^{8} hm^{2}为北方草原，西藏自治区面积最大，占全国草地面积的21. 4 %；依次是内蒙古自治区、新疆维吾尔自治区、青海省，四省区草地面积之和占全国草地面积的64. 65 %；南方草山草坡面积为1×10^{8} hm^{2}（孟有达，2000)。但是，北方草原大都地处北方的寒冷地带，冷季6~7个月，受无霜期短、寒冷、干旱的威胁，天然草场退化严重，草料普遍缺乏；而南方草山草坡开发利用难度大，潜力有限。我国天然草地的生产力水平很低，资源质量远远低于澳大利亚和新西兰等国。

除了天然草地资源，人工和半人工草地在保障家畜饲草供给和畜牧业生产稳定发展中起着重要的作用。美国从20世纪50年代起就在草原牧区提倡人工种草，不断提高优质牧草（特别是紫花苜蓿）的播种面积比重，人工草地在全部草地面积中的比重已达15 %。加拿大为24 %，英国为59 %，法国为32 %，澳大利亚为6 %（侯武英，2006)；荷兰、爱尔兰等人工牧草种植面积占整个耕地面积的60 %以上（刘加文，2008)。目前，我国人工草地面积占全部草地面积的比例只有3 %。借鉴国外畜牧业发达国家的经验，我国要想畜牧业发展上新的台阶，就要大力发展人工牧草的种植。在保证粮食作物和经济作物的前提下，应努力扩大高产饲料作物的种植，以有限的耕地，生产出更多的饲料。

20世纪90年代至21世纪初，种植牧草的研究主要集中在“三元结构”方面的试验研究和论述（卢良恕，1994，1995，1996，1997；侯满平 等，2003，2004；陈阜，1995)，缺少对种植牧草品种选择、引种、不同牧草在不同地区的适应性，以及牧草的农田生态环境效应等方面的试验研究。随着社会经济的发展和人民生活水平的提高，对畜产品的需求大幅度增加，为满足畜牧业对饲料的需求，发展饲草业成为畜牧业，特别是奶牛业稳定、快速发展的重要途径（刘自学，2002)。因此，开展对种植牧草的生态效应方面的研究，不仅丰富了种植牧草生态系统的研究内涵，而且对促进我国畜牧业的发展具有现实意义。

2.5.2　农区畜牧业发展与种植牧草建设

我国虽然拥有较大面积的天然牧场，但退化超载，生产潜力不大，进一步发展农区畜牧业的重点区域在黄淮海平原。

黄淮海平原泛指黄河，淮河和海河下游冲积平原，总面积 $35×10^4$ km^2，包括京、津、冀、鲁、豫、苏、皖五省二市，316 个县（市），人口 2.138 亿，约占全国总人口的 18 %；耕地 25 343.7万亩，约占全国耕地面积的 13.8 %，人均占有耕地 1.18 亩，低于全国平均水平（2001—2005 年）。但是据黄淮海平原五省二市 2004 年的统计资料，粮食产量、肉类总产量、牛肉产量、羊肉产量、禽肉产量、牛奶产量、禽蛋产量分别占全国总产量的 20.23 %、37 %、49.1 %、41.3 %、43.7 %、31.1 %和 58.6 %。

据资料分析，我国城乡居民口粮总消费量逐年减少，饲料用粮消耗快速增长，饲料用粮与口粮消费的比重由 1985 年的 1：2.63 降至 2002 年的 1：1.06，也就是说，饲料用粮与口粮消费基本持平。随着我国畜牧业的快速发展，饲料用粮将大幅度增长，当今粮食问题的实质即是饲料问题（任继周，2002，2004）。目前，黄淮海平原饲料用粮达 1.6 亿 t，占当地粮食产量的 63.1 %。黄淮海平原农区承受着粮食生产和畜牧业发展的双重压力。减轻粮食压力的途径就是加大草食畜禽的饲养。

近十余年来，黄淮海地区奶牛业发展迅速，肉牛、肉羊等草食牲畜也得到了快速发展，优质饲草的短缺已成为主要制约因素。

长期以来，农区畜牧业主要依靠粮食（精饲料）和秸秆（粗饲料）。按这种传统畜牧业发展模式，饲料营养也达不到要求。用作饲料的谷物的蛋白质含量为 7 %左右，远远低于畜禽蛋白质要求 15 %以上的标准（高德海，1997）。随着我国农业综合生产能力的提高，秸秆资源数量呈增长趋势，成为世界第一秸秆资源大国，毕于运等（2009）估算，2005 年我国作物秸秆总产量达 $8.42×10^8$ t，但作物秸秆饲料利用率很低，不足 30 %（钟华平 等，2003；王秋华，1994）。

牧草是天然的全价饲料，营养全面，饲料转化率高。相同的生长季节，牧草可获得比作物高几倍的营养产量和蛋白质含量。据研究，多花黑麦草的产奶净能和粗蛋白含量分别是小麦（含秸秆）的 1.34 倍和 2.32 倍；紫花苜蓿的产奶净能和粗蛋白产量分别是大豆（含秸秆）的 2.5 倍和 2.12 倍（毛玉胜，1998）。并且牧草饲料作物的养分比作物具有更高的利用率。禹城试验站“十五”国家科技攻关计划—区域持续高效农业综合技术研究与示范对牧草与秸秆配比饲喂效果进行了比较，结果显示，秸秆配以一定量的青绿饲料，其利用效率大大提高；各种青绿饲草对提高奶牛产奶量均表现出显著效果，增产 10 %~15 %。

黄淮海平原是我国重要的乳业基地，奶牛发展很快，发展牧草业已引起广泛关注，在河北黑龙港地区和山东黄河三角洲地区已经建成了两大草业基地。据统计，黄淮海平原冬闲地资源达667.5×10^4 hm^2，这为黑麦草的种植提供了广阔的空间。然而，发展牧草种植，缺乏对牧草需水规律的系统研究，因为黄淮海平原人均水资源占有量仅为257 m^3，仅为全国人均占有量的12.1 %。水资源的缺乏制约了黄淮海农区的粮食生产和可持续发展（Wang et al.，2001；Zhang et al.，2005；Fang et al.，2007，2010），该地区的作物水分利用及灌溉制度等主要集中在小麦、玉米轮作系统中（Zhang et al.，2004；Zhang et al.，2005；Yu et al.，2006；Sun et al.，2006；Fang et al.，2007，2010；Li and Yu，2007），相比之下，牧草系统的研究则较少，更缺乏系统性。

综上所述，种植牧草建设，是黄淮海平原农区畜牧业发展的当务之急，而发展牧草种植，首要解决的问题是水资源合理利用，因此，需要对牧草耗水规律、牧草的环境效应，以及可持续发展进行深入研究。

2.5.3 牧草生态系统是农田生态系统的重要内容

据统计，我国每年粮食种植面积占全国耕地面积的80 %左右，经济作物约为10 %，绿肥占5 %左右，基本上没有形成粮、经、饲作物的三元种植结构。

我国农田生态系统普遍种植结构单一，生物多样性下降，为了维持高产量，而采取高水、高肥、高农药的措施，造成结构功能退化，土壤养分循环比例失调，病虫害数量增加。化肥的过量施用和农药的滥用，对环境造成了污染。

农田生态系统是半自然人工生态系统（李新旺 等，2008），既受人工的控制，也遵循一般自然规律。牧草引入农田生态系统，不仅能从一定程度上解决农区优质青饲料短缺的问题，具有经济效益，而且具有重要的生态价值。牧草种植能改善土壤理化性状，特别是豆科牧草固氮能力，培肥地力；牧草种植能增加农田生态系统生物多样性，打破农田病虫害发生规律，为生物防治提供途径。草田轮作可以减少化肥和农药的施用，减轻对环境的污染，有利于保护生物多样性，为农业的可持续发展提供途径。

长期以来，农区的牧草生产没有被重视，牧草的种植起步较晚，与小麦、玉米、棉花、大豆一类的作物生态系统相比，我国农区牧草生态系统的结构功能研究尚少，生态效应方面的研究比较零散，南方稻田研究主要集中在黑麦草的应用，北方的研究一般只涉及单个牧草的一两年的试验资料，并没有多年的试验资料的支持。对于牧草生态效应的机理等的认识大部分停留在论述的阶段，缺乏长期试验的验证。

国外畜牧业发展的实践可供借鉴，大部分西欧国家都是在人均占有粮食不足350 kg时，进入了以牧草畜牧业为主的时代。自1982年以来，我国人均占有粮食已经超过了350 kg，因此，农区开展高产优质牧草种植的时机已经成熟。

海河低平原和黄河三角洲牧草的种植已有一定的规模，取得了良好的经济效益和生态效益。在这种情况下，应当不失时机开展农区牧草生态系统研究。

综上所述，牧草生态系统的研究不仅对生产实践具有指导作用，也为农田生态系统健康和可持续发展提供新的思路，丰富了农田生态学的理论基础，也对农业结构的战略性调整具有现实的指导作用。

2.6 牧草节水的战略意义

在自然资源中，只有少数几种缺少不得的，水便是最突出的一种。我国农业发展的主要问题是缺水。在干旱、半干旱或半湿润地区，任何限制因素也没有像缺乏水资源所引起的限制作用那样大。即使在水资源条件比较好的地区，也不是所有年份都满足作物一年四季的需水要求。

水资源的缺乏已成为全球性一个亟待解决的问题。在我国华北、西北地区，水的问题已达到相当严重的地步。这种状况固然与水在季节上与地域上的分配不均匀有关，也和一个地区的作物布局和农业结构有关。

水是人类赖以生存和社会经济发展的重要资源和物质基础。随着人口增长和经济发展，水的总需求量和农业用水量将进一步增加。

我国水资源总的特点是总量丰富，人均拥有量少；地域上分布不均匀，水土资源组合很不匹配；年际年内变化大，增加了调控难度；开采利用程度高，用水效率低；利用方式粗放，水资源浪费严重；环保措施欠缺，水体污染严重。这便是我国水资源的现状。

2.7 华北平原不同类型区的种植结构调整方向

山前平原：该地区是我国农业高产稳产区，大中城市密集区，水资源枯竭区。农业主要靠抽取地下水灌溉，粮食产量对地下水的依存度占80 %左右。城市挤压农业用水是本地区水资源配置的一种模式，粮食供大于求的局面长期存在。山前平原正处于高速发展与水资源危机凸显的双重环境之中，种植业乃至整个农业结构调整占据十分重要的位置。

本地区应以发展节水灌溉，提高单位水的产出效益为主，限制高水分消耗作物(小麦、水稻)，扩大耗水低、产量高的玉米、甘薯、马铃薯的种植面积，在口粮保证的基础上建立精饲料生产基地。在奶牛养殖基地和奶牛合作社的乡镇，应大力推广优质高产牧草的种植，提高牛奶的产量和质量，可以推广青绿饲料高效种植模式，如冬牧70黑麦—青饲玉米—青饲玉米，实现青绿饲料一年三种三收，这种模式的绿色营养体产量可达180 t/hm^2，生物产量35.6 t/hm^2，比常规的小麦—玉米模式增产10.3 %，粗蛋白增加66 %，光能利用率提高28.2 %，水分利用率提高16.7 %；冬牧70黑麦—高丹草模式，鲜草产量可达300 t/hm^2，生物产量达40.37 t/hm^2，粗蛋白产量达6 032 kg/hm^2，比小麦—玉米种植模式分别高14.94 %和125.9 %（林治安等，2004）。在大中城市郊区，农业生产结构应以非粮生产为主，发展工厂化农业，集约化畜牧业，发展优质青绿饲草，发展奶牛业和禽肉、禽蛋生产。

海河低平原：本地区农业长期受干旱、渍涝、盐碱和咸水等自然条件制约，作物产量低而不稳，是我国人均淡水资源最少、咸水面积分布最广、深层地下水严重超采、生态环境恶化的地区，存在沙漠化的潜在威胁。

海河低平原历史上主要是两年三作制，一般将粮田平均分为2份，1/2为麦田，1/2为春地。这种种植制度的形成是长期以来受自然条件和社会经济状况双重制约的结果。

本地区近几年牧草生产发展较快，主要分布在中低产田贫瘠地、盐碱地和荒地上。沧州地区牧草种植面积最大，达5.5×10^4 hm^2，衡水地区牧草面积达1.5×10^4 hm^2，以紫花苜蓿种植面积最大，占牧草种植总面积的70 %~80 %。其他牧草种类有冬牧70黑麦、高丹草、三叶草、甜高粱、饲料玉米、鲁梅克斯、籽粒苋、聚合草、沙打旺、草木樨、菊苣、苦荬菜等（刘贵波 等，2004）。当前，在沧州、衡水等地先后建起紫花苜蓿加工企业20余家，紫花苜蓿产品畅销北京、天津、上海、广州等大中城市，以及日本、韩国和东南亚国家。

本地区的乐陵、沧州是金丝小枣主要产区，黄骅是冬枣的故乡。推广枣—草间作模式、有利于枣、草业同步发展和水资源充分利用。

沿黄地区：本区土地资源相对丰富，有引黄灌溉条件，是粮棉高产地区。沿黄地区是我国重要的牛羊生产带，鲁西黄牛、小尾寒羊、青山羊等是我国著名的草食牲畜品种。近几年本地区奶牛业也有较快发展。

本地区应结合中低产田改造，发展饲用玉米、紫花苜蓿、黑麦草、高丹草、冬牧70黑麦、籽粒苋、串叶松香草、菊苣等。利用棉花冬闲地种植冬牧70黑麦和饲草小黑麦，低产田发展紫花苜蓿，实行草粮轮作。本区应以草畜结合，发展饲用玉米生产和加工为主的模式。

黄河三角洲：黄河三角洲土地广袤，资源丰富，地理位置优越，是一块正待开发的宝地。黄河三角洲盐碱地分布广，土壤含盐量高，地下水矿化度高。

黄河三角洲具有大面积连片的天然草场，饲草资源丰富，家畜以牛、羊等草食性动物为主；北部沿海地区适宜发展耐盐碱的饲料饲草作物，如紫花苜蓿、高丹草、多年生黑麦草、籽粒苋、大米草等，逐步建立改良草地和人工草地；南部平原土壤质量较好，应发展饲料玉米和饲草加工业。

黄河三角洲已建立横店草业、绿宝庄园草业和凤祥草业等公司，形成牧草种植、牧草加工和牧草出口的系列开发，黄河三角洲草业产业化已具雏形。该地区应发展草业商品化和草畜相结合的模式。

苏北沿海平原：该地区历史上是易旱易涝、盐碱地分布广的低产地区，长期靠苏南粮食供给。自江都水利枢纽工程建成后，改变了千百年来“淮河水可用不可靠，长江水有水用不到”的局面，基本上解决了苏北平原地区的旱涝洪灾问题，水稻面积由 13.3×10^4 hm^2 发展到了 100×10^4 hm^2，成为稳产高产地区，彻底扭转了历史上“南粮北调”的局面，已成为国家重要的商品粮生产基地。

苏北平原水资源条件较好，光、温、水资源匹配，有利于发展稻麦两熟和粮草轮作。该地区应成为国家商品粮生产基地、精饲料生产基地和草食牲畜生产基地。充分利用冬闲地，种植冬牧 70 黑麦、饲草小黑麦、三叶草等牧草，建立稻—草轮作体系。

淮北平原区：该地区砂姜黑土面积大，盐碱地分布广，土地瘠薄，渍涝严重，产量低，但光、温、水资源条件较好，地势平坦，增产潜力大。本地区应搞好基本农田建设，培肥土壤，发展小麦、玉米、大豆和饲草生产，建立玉米、豆粕等精饲料生产加工基地。

安徽蒙城和河南周口地区是中原肉牛生产带主产区之一，适当扩大优质青饲料的生产。主要模式有粮—饲模式，以小麦—饲料玉米（大豆）为主，玉米、豆粕作为配合饲料喂猪，玉米秸秆青贮喂牛；豫东沙区发展经—饲模式，种植黑麦草—花生、西瓜。

2.8　奶牛业应与饲草业同步发展

黄淮海平原牛奶业发展较快，牛奶产量由 1980 年的 17.2×10^4 t 增至 2004 年的 689.9×10^4 t，增长了 39 倍，占全国牛奶总产量的 30.52 %（表 2.1）。

黄淮海平原地区奶牛业快速发展的特点之一是集团带动作用。河北、山东奶牛业的发展与石家庄三鹿乳业集团和上海光明乳业集团迅速扩张密切相关。近些年来这两个集团每年都以 40 %的发展速率迅速扩张。2004 年，河北牛奶产量达 266.5×10^4 t，占全国牛奶总产量的 11.79 %，比 1980 年增长 98.7 倍，比 1990 年增长 23.8 倍。山东 2004 年的牛奶产量分别比 1980 年和 1990 年增长了 123.8 倍和 23 倍。

表 2.1　黄淮海平原地区牛奶生产情况　　单位：10^4 t

年份	北京	天津	河北	山东	河南	江苏	安徽	黄淮海	全国	黄淮海/%
1980	6.8	2.2	2.7	1.3	0.8	2.7	0.7	17.2	114.1	15.12
1985	13.5	4.3	7.3	3.5	2.3	7.5	1.8	40.2	249.9	16.09
1990	21.7	7.6	11.2	7	2.7	8.7	2.5	61.4	415.7	14.77
1995	20.6	10.7	32.5	17.9	5.5	10	2.5	99.8	576.4	17.31
2000	30.3	16.5	84.2	45.7	16.1	25.5	4.1	222.4	827.4	26.88
2002	55.1	33.6	136.9	90.1	36	45.3	7.4	404.4	1 299.8	31.11
2004	70	54.2	266.5	160.9	74.5	53.6	10.2	689.9	2 260.6	30.52

我国奶业正处在调整发展时期。各地在农业产业结构调整中，把发展奶牛生产作为调整的主攻方向和发展重点，因此出现牛源紧张，奶牛价格居高不下的局面，反映出发展速度超过奶畜增长的承载能力。

总体上看，我国奶产品产值在农业总产值中的比重占 3 %左右，与发达国家的 20 %相比，有相当大的发展空间。奶业完全有可能成为我国经济发展的支柱产业之一。奶牛业可以成为调整我国农业结构的突破口。

在制约我国奶牛业进一步发展的诸多因素中，饲料资源数量和饲草质量是重要因素之一。奶牛业的发展需要加快牧草业的同步发展。

2.9　黄淮海平原粮食—饲料（草）种植结构调整

我国农业生产历史悠久。自秦汉以来，农业生产逐渐演化为以粮食生产为主体的生产体系。明清以后由于人口大量增加，进一步提高了粮食生产的主体的地位。中华人民共和国成立后，在“以粮为纲”的思想指导下，畜牧业被作为副业对待，我国的种养业处于极不平衡状态，养殖业处于低水平，由于人口的增长较快，粮食生产居于农业生产中压倒一切的地位。改革开放以来，我国畜牧业得以快速发展，特别是黄淮海平原农区畜牧业飞速发展。我国现在正处在由传统农业向现代农业转型时期。但是，长期以来，由传统农业形成的粮食作物和经济作物为主的“二元结构”始终占据统治地位，专家们虽然呼吁在我国推创“三元种植结构”却很难实现。目前，农区饲料、饲草种植已有一定规模，且呈上升趋势。饲料的紧缺要求加快我国种植结构的调整。我国种植业由“三元种植结构”取代“二元种植结构”是社会经济发展的必然趋势，是农业生产发展到一定历史阶段的必然产物。

自 1990 年以来，黄淮海农区畜牧业超常规发展，成为农村经济的支柱产业。究其原因主要得益于当地丰富的粮食资源优势。时至今日，饲料资源紧缺成为畜牧业发展的约束因素，对粮食安全已构成真正的压力。

我国饲料资源相对匮乏，表现在精饲料缺乏、蛋白饲料缺乏、优质粗饲料缺乏和饲料总量不足，“三缺一不足”是制约农区畜牧业发展的主要因素。

从发达国家的农业生产发展历史来看，玉米对发展畜牧业作用巨大，是生产肉、蛋、奶的主要饲料。我国的饲料粮也主要集中在玉米上，玉米产量的 80 %被用作饲料。因此，应把原来属于饲料作物的玉米从粮食作物中分离出来，成为“三元结构”中的一部分。另外把粮食种植面积中的一部分换成高产、优质饲料和饲草作物，这是调整种植结构的重要内容。

在“三元种植结构”中，饲料作物不仅指玉米等传统的饲料作物，还应包括适应当地种植的优良牧草。饲料玉米也不仅以收获籽粒为目的，而且是以收获包括籽粒在内的整体生物产量，改变过去玉米作为粮食作物的生产方式。

牧草比粮食作物能更有效地利用光能、土地等自然资源。研究资料表明，多花黑麦草的产奶净能和粗蛋白含量分别是小麦（含秸秆）的 1. 34 倍和 2. 32 倍，紫花苜蓿分别是大豆的 2. 5 倍和 2. 12 倍。

河北平原的黑龙港地区种植饲草作物已有一定规模，主要分布在海河低平原的中低产地区及盐荒地上，2002 年沧州地区牧草面积达 5.5×10^4 hm^2，衡水地区 1.5×10^4 hm^2。2003 年河北紫花苜蓿种植面积达 10×10^4 hm^2。主要种植的牧草有紫花苜蓿、冬牧 70 黑麦、高丹草、三叶草、甜高粱、饲用玉米、籽粒苋、鲁梅克斯、聚合草、沙打旺、草木樨、菊苣、苦菜等、饲草小黑麦（刘贵波 等，2004）。

2. 10 黄淮海平原可供选择的饲用作物类型

一年生饲料作物及牧草：是指一个生长季内能完成其生命周期的饲用作物和牧草。主要品种有饲用玉米、饲用高粱、燕麦、小黑麦、箭筈豌豆、苦荬菜、籽粒苋、苏丹草、高丹草等。其特点是生长速度快、产量高、占用农田时间短、能充分利用当地的水分、热量和光照条件。

黄淮海平原可供选择的饲用作物类型如下。

越年生的饲料作物及牧草：是指在两年内完成其生命周期，在第一年内只进行营养生长，很少开花结果或不结实的饲料作物和牧草。主要品种有冬牧 70 黑麦、饲草小黑麦、草木樨、紫云英等，其特点是能充分利用冬闲时间、生长迅速、产量高等。便于草田轮作，有利于用地养地。

多年生牧草：是指生长数年或数十年的牧草，一年内可以刈割数次，如紫花苜蓿、红豆草、沙打旺、聚合草、菊苣、串叶松香草、鲁梅克斯、多年生黑麦草、披碱草、高羊草、苇状羊茅等。

块根块茎类：在我国作为补充饲料已有悠久历史，主要有饲用甜菜、甘蓝、胡萝卜、甘薯等。其特点是产量高，营养丰富。

根据综合各地的试验资料和对 7 种牧草光合速率，蒸腾速率和及水分利用效率的观测结果（表 2.2），本地区高丹草、饲料玉米和籽粒苋等 C_4 牧草具有产量高、光合利用率高和水分利用效率高的特征，冬牧 70 黑麦也具有 C_4 牧草的特征，这些牧草适宜于该地区推广应用。多年生牧草中的菊苣和串叶松香草需水量大、水分利用效率低，但产量较高，适宜在水分条件好的地区推广种植。鲁梅克斯由于病虫害严重难以推广。紫花苜蓿虽然耗水较多、水分利用效率较低，但比较耐旱，耐盐碱，在京津和河北东部平原已大面积种植。

表 2.2　不同种类牧草生物学特性比较

牧草名称	鲜草量/（t/hm²）	生物量/（t/hm²）	粗蛋白/%	净光合速率/［mmol/（m²·s）］	蒸腾速率/［mmol/（m²·s）］	水分利用效率/（mmol/mmol）	生育期
高丹草	150~300	30.7	14.2	11.09	3.13	3.54	拔节期
饲料玉米	300~450	25.7	10.6~13.2	10.73	3.38	3.18	拔节期
籽粒苋	300~450	37.2	16~18	9.52	3.18	2.99	现蕾期
冬牧 70 黑麦	75~150	9.7	17.3	8.01	3.64	2.2	孕穗期
紫花苜蓿	144.5	19.1	21~23.3	14.93	9.85	1.52	现蕾期
菊苣	300~450	23.6	16~27	10.64	6.91	1.54	现蕾期
串叶松香草	300~450	26.3	11.8~18.2	8.3	6.21	1.34	抽薹期
鲁梅克斯	225	19.8	19~34	7.65	5.3	1.44	现蕾期

2.11　农田生态结构转型与功能转型

根据黄淮海平原水资源短缺、粮食有余、饲料资源严重不足的形势，该地区农田生态结构转型和功能转型的时机已经成熟。

黄淮海平原人均粮、棉、油占有量（除北京、天津外）均高于全国人均平均水平。缺水最严重的河北自 1993 年以来，小麦年年有余，供大于求的现象十分严重。到 1999 年，小麦供给量是消费量的 2.6 倍，农户储存的小麦是消费量的 2.5 倍。2000—2002 年，年均外调小麦数量达 202.8×10^4 t（邢素雨 等，2004）。从 1990 年起，由于我国东南沿海地区粮食缺口严重，需要从北方地区调入粮食，历史上长期形成的“南粮北调”被“北粮南运”所取代，黄淮海平原成为“北粮南运”主要粮食供应地之一。每年大量粮食外调，实际上是调走了大量的水资源。河北每年调出的小麦数量，相当于每年向外调走 $20.3\times10^8\ m^3$ 的水资源，这部分水资源，又相当于每年占地下水超采量的 71.4 %。无疑这种不合理粮食生产格局，进一步加剧了该地区水资源的压力。过去几十年，为了满足社会的快速发展，华北平原地区对水资源进行毫无约束的索取，甚至是掠夺式的开发，导致华北平原严重的水危机和生态恶化。以高昂的代价，营造了目前粮食供给的宽松局面，这是不符合我国国家利益的。这种警示值得反思：一是小麦这种高耗水作物的种植面积需不需要压缩？二是近十余年来，我国粮食增产的 70 %产自我国最严重缺水的黄淮海地区是否合理？三是“北粮南运”从资源配置角度来讲是否科学、合理？这是黄淮海平原自 1988 年进行农业综合开发以来值得反思的几个问题。

纵观世界农业种植业结构调整的历史，世界上许多发达国家是在人均占有粮食不很高的情况下，就在农区大力发展种草养畜，走种植业为畜牧业服务、农牧并重的道路。大部分欧洲国家，都是在人均占有粮食不足 350 kg 时进入以畜牧业为主的时代。他们以高效益的牧草替代低效益的粮食。2022 年，中国人均粮食占有量达 486.1 kg，农区逐渐推创“三元结构”发展高产、高效、优质饲草（料）的时机已经成熟。

在水资源缺乏和饲料资源缺乏双重压力下，种植业结构调整已刻不容缓。在传统的二元结构中加入饲料作物，形成以“粮—经—饲”三元结构体系。种植业结构调整是涉及当前粮食生产问题、食物结构改变及发展优质高效农业总体布局的一项举措，将成为我国农业发展史上的一场深刻变革（洪绂曾，2000）。

综上所述，黄淮海平原地区，应建设 1 个青绿饲草产业带（山前平原），促进奶牛业发展，提高牛奶质量和产量；建立 2 个饲草业出口基地（海河低平原和黄河三角洲），以大城市和亚洲市场的对象，发展外向型草业经济；建立 3 个精饲料生产，加工基地（山前平原、沿黄地区、淮北平原），生产优质高产饲用玉米，发展精饲料加工业和秸秆加工业。

黄淮海平原，除引黄灌区和淮北平原水资源条件相对较好外，整个华北平原缺水严重。一是人均水资源占有量少，人均水资源占有量仅为 257 m^3；二是水资源开发利用程度高，淮河流域为 71 %，黄河下游为 80 %，海河流域为 92 %；三是地下水超采严重，据估算，1958—2004 年地下水超采量达 $1\,090.7\times10^8\ m^3$，其中浅层地下水超采量为 $557.6\times10^8\ m^3$，深层地下水超采量为 $553.1\times10^8\ m^3$，超采面积达 $9.73\times10^4\ km^2$，地下水漏斗区面积达 $3.54\times10^4\ km^2$。

按照现在的补给和开采速度计算，已经被开采的含水层（组）将在 10～15 年内严重超采，将面临地下水资源枯竭的危险。

畜牧业的快速发展，饲料用粮剧增。2004 年，该地区饲料用粮达 $10\,105.7\times10^4$ t，占粮食总产量的 63.1 %，其中北京市的饲料用粮超过粮食产量的 2.16 倍以上，天津也超过 168 %。畜牧业发展较快的河北和山东，饲料用粮分别占本省粮食总产量的 94 %和 73.6 %。

据资料分析，我国城乡居民口粮总消费量逐年减少，饲料用粮消耗快速增长，2002 年分别为 1985 年的 98.49 %和 224.7 %，饲料用粮与口粮消费的比重由 1985 年的 1∶2.63 降至 2002 年的 1∶1.06，也就是说，饲料用粮与口粮消费基本持平。表明我国粮食压力并非来自人的口粮，而是饲料用粮的不断增加。饲料用粮的短缺已构成对我国粮食安全的严重威胁。

2.12 为发展饲料作物生产提供科学依据

近年来，我国农业有了长足的发展，农业综合生产能力有了很大提高。过去主要是解决人民的吃饭穿衣问题，而现在要解决的是吃好穿好和可持续发展的双重问题。随着小康目标的逐步实现，人们对动物性食品的需求在不断地增长。只有大力发展畜牧业才能满足人们对肉、蛋、奶等动物性产品的需求。长期以来，我国农区畜牧业是建立在粮食生产发展基础上，精饲料与秸秆饲料是我国传统畜牧业生产的基本饲料来源。这种传统的畜牧业发展模式至少从 2 个方面制约着农区畜牧业的发展：一是饲料数量的约束，二是饲料质量的约束。按传统的作物生产配置方式，饲料数量问题不可能根本上解决。从长远发展看，精饲料是以人均粮食占有量为上界的，这就是说，只有随着人均粮食占有量的提高，人均精饲料占有量才能不断增加；换句话讲，只有随着我国人均口粮需求的下降，人畜争粮的矛盾才会缓解。由于人均粮食占有量在较长一段时间内难有较大突破，因此单靠精饲料来满足畜牧业的高速发展是不现实的。也就是说粮食问题的实质就是饲料问题，饲料问题不解决，粮食问题将始终存在。虽然我国的农区年产作物秸秆 6 亿~7 亿 t，为发展农区草食畜牧业提供了重要的饲料资源，但 21 世纪初，作物秸秆饲料利用率很低，不足 30 %（钟华平 等，2003；王秋华，1994）。按传统的以粮食和秸秆发展畜禽养殖，营养也达不到要求。用作饲料的谷物的蛋白质含量为 7 %左右，远远低于畜禽蛋白质要求 15 %以上的标准（高德海，1997；农业部畜牧业发展研究，1988），秸秆饲料的质量更差。牧草是天然的全价饲料，营养全面饲料转化率高。相同的生长季节，牧草可获得比作物高几倍的营养产量和蛋白质含量。据研究，多花黑麦草的产奶净能和粗蛋白含量分别是小麦（含秸秆）的 1.34 倍和 2.32 倍；紫花苜蓿的产奶净能和粗蛋白产量分别是大豆（含秸秆）的 2.5 倍和 2.12 倍（毛玉胜，1998）。并且牧草饲料作物的养分比作物具有更高的利用率。由此可见，青绿饲料从数量和质量 2 个方面克服了畜牧业发展的饲料缺陷，在农区增加牧草的种植是解决农区青绿饲料短缺问题的关键所在。为农区发展三元种植结构提供依据我国在改革开放以来，畜牧业取得了突破性进展。我国畜牧产品主要产自农区。

我国牧区天然草场由于生产力低，发展人工草场受自然条件和资金投入的限制，广泛推广有很大难度，而农区牧业长期以来成为我国人民畜牧产品的主要供应地，并且具有极大的潜力。农区畜牧业在我国畜牧业中占有非常重要的地位，我国 90 %以上的肉类、80 %的奶类、90 %以上的禽蛋产量都来自农区（高德海，1997）。华北平原的高产农区畜牧业在我国农区畜牧业发展中占有重要地位。华北平原既是我国重要的粮食生产优势地区，也是重要的畜禽养殖优势地区。华北平原是我国肉蛋奶的主要产区，据该地区五省二市 2004 年的统计资料，肉类总产量、牛肉产量、羊肉产量、禽肉产量、牛奶产量、禽蛋产量分别占全国总产量的 37 %、49. 1 %、41. 3 %、43. 7 %、31. 1 %和 58. 6 %（欧阳竹 等，2005）。近十余年来，该地区奶牛业发展迅速，肉牛、羊肉等草食牲畜也得到了快速发展，优质饲草的短缺已成为主要制约因素。从现实情况看，农区畜牧业主要依靠粮食（精饲料）和秸秆（粗饲料），饲草作物面积很小。据统计我国每年粮食种植面积占全国耕地面积的 80 %左右，经济作物约为 10 %，绿肥 5 %左右（陈宝书，2001），基本上没有形成粮、经、饲作物的三元种植结构，此种情况严重制约着畜牧业的发展。随着粮食产量的提高以及人均口粮需求的逐年下降，饲料种植已逐步成为需要和可能。饲料作物的推广应用，将从根本上解决农区牧业饲料的数量和质量需求。因此，深入研究饲料作物，就成为一项十分紧迫的任务。为此，应对牧草进行深入细致的研究。

为节水种植提供科学依据。我国水资源贫乏，并且分配不均。人均淡水占有量仅为 2 140 m^3，约为世界人均占有量的 1/4，居世界第 110 位；在耕地和人口分别占全国总量 64 %和 46 %的北方地区，水资源只占全国的 19 %，而这一地区恰是我国小麦、玉米的集中生产区。由于诸多原因，我国灌溉用水的利用率为 40 %左右，每立方米生产粮食不足 1 kg，一些发达国家为 2 kg 以上，以色列已达到 2. 32 kg。随着我国水资源短缺形势日趋严峻，实现作物节水灌溉与合理调配是我国农业持续发展的重大课题。华北平原水资源严重匮乏，整个华北平原缺水严重：人均水资源占有量仅为 257 m^3，仅为全国人均占有量的 12. 1 %；海河流域水资源开发利用程度达 92 %；地下水超采严重，据估算，1958—2004 年地下水累计超采量达 1 090. 723 108 m^3，河北平原地下水超采面积占平原区总面积的 91. 6 %（欧阳竹 等，2005）。因此，对于华北平原而言，三元种植结构的关键是水资源合理利用的问题。本研究将对华北平原主要优质牧草的耗水量进行测定，确定其作物系数；研究牧草的耗水特性，确定其水分利用效率；并对华北平原主要优质牧草的适应性进行评价，提出华北平原不同类型区的牧草种植模式。为华北平原农区节水种植饲料作物提供科学依据。深化对农区牧草生态系统的研究比之小麦、玉米、棉花、大豆一类的作物生态系统，我国农区牧草生态系统的结构功能研究尚少，这是可以被理解的。为农区的牧草生产没有被重视，牧草的种植也就是星星点点。现在到了一个适当的时机，牧草的重要性不言而喻，三元种植结构也提上了日程。国外畜牧业发展的实践可供借鉴，大部分西欧国家都是在人均占有粮食不足 350 kg 时，进入了以牧草畜牧业为主的时代。自 1982 年以来，我国人均占有粮食已经超过了 350 kg，在农区开展高产优质牧草代替低产低效的粮食的时机已经成熟。在我国海河低平原和黄河三角洲牧草的种植已有一定的规模，取得了良好的经济效益和生态效益。在这种情况下，应当不失时机开展农区牧草生态系统的研究，而这种研究无疑对牧草生产实践具有指导作用。

2.13 “粮改饲”我们该做些什么

卢良恕先生提出的由“粮食作物—经济作物”二元结构转变为“粮食作物—经济作物—饲料作物”三元结构已有几十年，一直只是专家的建议。直至 2015 年中央 1 号文件明确提出了“粮改饲”的试验，正式把三元结构农业变成一种国家行为。

“粮改饲”的前提是一定要种养结合，为养而种，以养改种，养为主体，确保改种生产出来的青贮玉米等饲草料有人收、有牛羊吃，实现就近转化增值，同时，草食家畜养殖场粪便经过处理后，就近消纳利用，既可以培肥地力，又可以减轻环境压力。

我国畜产品的供给，95 %以上来自农区（张存根，2009），而牧草业主要集中在牧区。与农区畜牧业快速发展相比，农区的牧草业发展相对滞后。

随着我国畜牧业的快速发展，饲料粮占粮食比重的增加速度明显加快，饲料粮供需矛盾越来越突出。粮食安全是全球关注的问题。我国粮食安全的真正压力来自饲料用粮（潘耀国，2007）。牧草在缓解我国饲料粮紧缺中将会发挥重要的作用（王宗礼，2009）。农区种草是保证我国粮食安全的重大步骤（任继周 等，2009）。

长期以来，制约我国草食畜牧业发展的一个重要因素，就是优质饲草料有效供给不足。从我国种养业区域布局看，草食畜牧业主产区很大一部分与玉米等粮食主产区相吻合，在玉米主产区发展玉米全株青贮，可以有效减少牛、羊等草食家畜饲草料供需缺口，大幅降低生产成本。

自 2005 年在中国科学院禹城综合试验站牧草水分试验场开展种植牧草栽培试验以来，有了形成系统的人工种植成果；供试牧草品种已有十几个，形成多年生牧草与一年生牧草相结合的种植结构；在观测内容方面，涉及牧草需水、光合特征、土壤养分、土壤微生物等，具有建立我国一流牧草生态试验场基础和条件，为“粮改饲”作出应有的贡献。

第3章　决定牧草需水量的主要因素

牧草需水量及其变化规律，基本上取决于到达农田的能量况和可供蒸发的水分条件。同时，土壤条件、牧草种类、牧草不同发育阶段、栽培技术和耕作保墒措施等，都对农田蒸发有很大影响。从理论上讲，一个地区的牧草需水量，不可能超过可供蒸发的水分数量，也不会超过可供蒸发消耗的热能的数量，最终决定于水分和热量两者同时供应状况。

要使农田蒸发持续进行，必须具备的外部条件：一是热量来源能够满足蒸发所需汽化热的要求；二是蒸发面与大气间存在水汽梯度，使蒸发的水汽能不断地输送到大气中去；三是要有充分的土壤水分供给，以满足蒸发对水分的要求。前两项条件属于气象因素，它们受到太阳辐射、空气温度、空气湿度、风速等影响，综合起来决定大气的蒸发能力。第3项条件则有赖于土壤的水势和含水量，它们共同决定了土壤向蒸发面传导水分的速率。

牧草生物学特性是导致农田蒸发差异的重要内因。由于各种牧草耗水特性的差异，其耗水量存在很大差异。关于牧草生物学特性对耗水量影响的问题，至今尚未引起人们足够的重视。

归纳起来，气象条件、土壤水分状况、牧草生物学特性是决定农田蒸发的主要因素。因此，本章主要从3个方面来进行阐述：一是气象条件是影响牧草水分蒸发的基本因素（外因）；二是土壤水分供给状况是影响牧草水分蒸发的制约因素（条件）；三是牧草生物学特性是影响牧草水分蒸发的关键因素（内因）。

3.1　气象条件是影响牧草水分蒸发的基本因素

蒸发是一种水分消耗过程，也是一种热量消耗过程，水分消耗与热量消耗是紧密相连的。在水分不受限制条件下，牧草水分蒸发量与耗热量成正比例，这一特征已为许多学者所证明。

蒸发过程本身是增热与冷却的结果。增热越多，蒸发量越大，冷却也越多。冷却的结果又抑制了蒸发。

农田水分的消耗量，一般不可能超出作为基本因子的热量所规定的最高限度。也就是说，面积广阔而下垫面均一的农田，最大可能蒸发量应当受热量平衡数值的制约。

从农田蒸发出来的水汽，需借助于水汽梯度和风的涡动传送到大气中去，使近地层的水汽压经常保持低于蒸发面的水汽压，才能使蒸发持续地进行。上述2个方面的因素，综合起来决定了大气的蒸发能力。

所谓蒸发能力（或称潜在蒸发、蒸发力），通常定义为在一定气候条件下，供给蒸发面的水分不受限制，以使土壤水分经常保持在不低于田间持水量，在此条件下的农田总蒸发量。它是表征一个地区气候特征的综合指标。国内外许多学者在论述气象条件对蒸发的影响时，都普遍采用“蒸发力”这一概念。

自从提出蒸发力概念以来，表示蒸发力的方式多种多样，大致可分为2类：即水面蒸发力和陆面蒸发力。陆面蒸发力又可分为农田蒸发力和土面蒸发力。在农田蒸发力中，也有按作物划分的，比如小麦蒸发力、水稻蒸发力、牧草蒸发力等。

陆面蒸发力：基于蒸发力的研究对象主要是陆面，外国一些学者在论述蒸发力时大多指的是陆面蒸发力。陆面蒸发力至少应包含下面2个内容：植物覆盖下的陆地表面（对象）；具有充分的水分保证（条件）。具有上述对象和条件的自然条件下的下垫面蒸发量才能称之为陆面蒸发力。彭曼在研究水面蒸发力的基础上，根据水面蒸发与充分供水条件下的草地和裸地蒸发量的比例关系，推导出草地蒸发力和裸地蒸发力。他认为：在土壤充分供水条件下，草地和裸地的蒸发，与土类、作物种类及根系范围关系不大，而与同一气候条件下的自由水面蒸发有简单的比例关系。布德科认为：在陆面充分湿润的条件下，陆面蒸发力可用确定水面蒸发力类似的方法来计算，即水面或潮湿表面的蒸发与按计算出来的空气饱和差成正比。布德科还赞同阿尔巴捷夫这样的观点：在有作物的农田上，当土壤含水量不低于田间持水量的70 %~80 %时，农田蒸发量接近于蒸发力。

在我国，裸地蒸发力研究的现实意义不大。因为在自然条件下的下垫面，裸地是很少的，但也有少数单位用来估算流域的水分平衡。土面蒸发虽然不如栽培有作物的农田那样复杂，然而由于土壤的地带性分布，耕作土壤与非耕地的区别，加之土壤的机械组成、土壤结构和粗糙度等差别，土面蒸发的研究也有一定的难度。

彭曼根据在英国洛桑的试验：充分供水条件下的土面蒸发量与水面蒸发量的比值，一年四季均为0.9。在我国华北试验的结果为干燥少雨的春秋季节，其比值为0.9，多雨的7月、8月比值大于1。这可能由于气候条件的差异，英国的降水量和我国山东德州地区差不多，但英国的降水日数在200 d以上，而山东德州地区只有80 d左右。

农田蒸发力：把土壤含水量不低于田间持水量的70 %~80 %时的农田蒸发量作

为农田蒸发力。我们认为这样定义缺乏令人信服的试验数据。1963年和1965年，我们曾对不同土壤含水量的冬小麦蒸发量进行过测定，占田间持水量70 %~80 %的冬小麦蒸发量为充分供水条件下的81 %（1963年）和60 %（1965年）。

应当指出，当土壤含水量为田间持水量的70 %~80 %时，对作物生长发育和产量无疑是有利的，但并非获得农田最大蒸发量的土壤水分条件。

直接测定农田蒸发力是相当困难的。按照彭曼关于农田蒸发力的4项条件：其一，土壤有充分的水分供应，作物耗水量不因供水不足而减少；其二，地面有致密的植物覆盖，作物高度均一，高度不超过1 m；其三，作物生长旺盛，叶片尚未衰老；其四，周围广大面积条件相似。上述4项条件，一般都很难具备。

农田蒸发力大多是在小面积上采用仪器测定的。对于湿润不足地区来讲，具有最充分湿润条件下的小型蒸发器的热状况与周围地区不发生热量交换是不可能的。根据中国科学院地理研究所在北京郊区的测定（1971—1973年），湿润秧田的蒸发耗热量要超过辐射平衡值的12.2 %，大气水平输送的热量约占秧田辐射平衡值的32 %。即使在大面积条件相似的灌溉麦田，这种情况也会同样发生，只是数值大小有所差别而已。这也许是许多学者对农田蒸发力概念持有不同看法的原因之一。

根据在山东禹城的观测，随着小麦的生长发育，热量平衡各分量也随之变化，麦田所获得的辐射平衡值主要消耗于农田蒸发。在小麦拔节至开花期间，麦田蒸发耗热量约占辐射平衡值的95 %；从开花至乳熟期，蒸发耗热量均超过辐射平衡值，为107 %~110 %；从孕穗以后，麦田的乱流热交换的方向发生了改变。即由大气层指向作用面，麦田从空气中获得热量补充，童庆禧等（2011）也得到类似的结果，他们在石家庄地区进行的灌溉地与非灌溉地小麦田热量平衡的测定结果表明；在小麦生长盛期，灌溉麦田的蒸发耗热量可超过辐射平衡值，就平均状况而言，前者约为后者的105 %。此时的蒸发耗热决定于辐射平衡值和空气流向地面的热量收入量。由于蒸发耗热大于辐射平衡值，这就导致植物附近气温降低，而使逆温分布形成。灌溉麦田逆温形成的日期在拔节以后。小麦生长最旺盛时期，逆温分布也最明显。

农田蒸发力由于作物的存在变得十分复杂。首先是选择什么作物定为指示植物，这是确定农田蒸发力的前提。国外选择紫花苜蓿或矮草作为指示作物，以它作为标准来推求农田蒸发量。而我国又以什么植物作为标准？如何确定具有我国特点的农田蒸发力？这些问题都值得深入探讨。不仅如此，问题还在于：即使确定了某种作物作为农田蒸发力的指标，那么计算出来的农田蒸发力值是否能代表整个农田蒸发力状况？这又是有待深入探讨的重要问题。

虽然农田蒸发力存在这样那样的一些问题，但作为衡量一个地区气象要素的综合指标，还是可以找到一个象征性的适宜的数值。应该把农田蒸发力作为一个假想的数字，这样，农田蒸发力的问题就没有那么复杂了。

水面蒸发力：由于水面蒸发比较单纯，不像农田受到多种因子的影响，因此，许多学者都以水面蒸发量作为蒸发力的指标，这样就避开了农田的复杂性。实际上，著名的彭曼公式也是以水面蒸发作为基础，先导出水面蒸发力的计算公式，然后再根据草地蒸发量求出一系数而获得的。根据我国自然地理条件的特点，我国湿润不足区面积广阔，作物布局十分复杂，土壤水分状况差异较大，在我国，采用水面蒸发量作为蒸发力的指标是适宜的。

蒸发力（ET_0）的计算：ET_0 的计算估算方法很多，应用最广的当属 FAO 推荐的 Penman-Monteith 公式。Penman-Monteith 公式有坚实的理论基础，但在我国应用仍有许多等待解决的问题，例如净辐射量的估算值与实际测定值偏大等，采用 Penman-Monteith 公式估算的作物需水量，一般均有偏大的倾向。我国很多学者都在应用 Penman-Monteith 公式，作为研究作物需水量变化趋势还是一种首选方法。

我国通过长期水面蒸发试验研究，推导出一批适用于我国不同自然条件下的蒸发力计算公式。这些公式的主要形式是以道尔顿蒸发定律为基础，即 $ET_0 = (e_0 - e_{200})\ f(u)$，许多试验都证实了 ET_0 与（$e_0 - e_{200}$）呈线性关系，ET_0 与风速 f（u）呈函数关系。基于此，施成熙（1964），广州水文总站（1968），重庆水文总站（1972），江苏水文总站（1976），毛锐（1981），孙芹芳（1981）和洪嘉琏（1982）等都相继确立了以道尔顿蒸发定律为基于大面积蒸发力的计算还有待进一步完善。

在我国，以空气湿度为基础的水面蒸发计算公式。应用上述公式时，必须解决在没有水汽压力差（$e_0 - e_{200}$）和 2 m 高处的风速 f（u）观测资料情况下，如何运用气象观测台站的资料进行间接计算的问题。因为计算水汽压力差所需的水面温度的资料相当少，2 m 高处的风速资料也非常缺乏。因此，上述公式虽然有它的理论依据和试验基础，但应用湿度饱和差（d）为主要指标，建立了一批比较简便适用的蒸发力计算公式。

众所周知，空气中的饱和水汽压与实际水汽压之差，是反映空气干湿程度的重要指标。空气越干燥，饱和差越大，蒸发速率也越大。试验资料表明，水面蒸发与空气饱和差的关系极好。根据重庆水面蒸发站的测定，100 m^2 蒸发池的蒸发量和饱和差（d）建立起来的 ET_0-d 关系是良好的线性关系，这与我们在山东德州的试验结果是一致的。由于水面蒸发与空气湿度饱和差有着这样密切的关系，仅仅考虑这样一个气象因素来建立蒸发力计算公式是完全可能的。

空气湿度饱和差公式系为经验公式，由于受到当地气候条件的制约，有一定地域局限性。以德州和重庆两地为例，水面蒸发量和空气湿度饱和差的相关系数都相当好，分别为 0.99 和 0.98，计算值与实测值比较，平均误差为分别 5.2 % 和 5.7 %，均优于其他计算方法。但两地处于不同的气候类型区，经验系数不相同。由此可见，任何一种经验公式都有一定的局限性，在选用时必须认真审查，选择适宜于本地区的计算方法。

我国学者建立的水面蒸发计算公式，有牢固的试验资料为依据，用于计算我国的蒸发力时，计算误差一般要小于外来公式。根据洪嘉琏（1993）对有关公式的计算值和我国广州、东湖、太湖、宜兴、官厅和营盘等地 20 m^2 池的实测蒸发资料比较，国内公式平均误差和最大误差都优于外来公式。根据中国科学院地理研究所德州试验站试验资料推导的五种水面蒸发计算公式和国外普遍采用的几个公式的比较，外来公式的计算误差同样较大。在我们的公式中，以空气饱和差公式最佳，其次是气温—相对湿度差公式，月蒸发计算相对误差分别为 5.4 %和 7.8 %。外来的几个关于估算蒸发力公式，其计算结果与实际水面蒸发值相比较，无论是平均误差或是相对误差，都比我国确立的计算蒸发力的公式大，故在引用未经检验的外来公式时应当慎重。

无论是国内或是国外，即使是 Penman-Monteith 公式，到目前为止，还没有一个公式计算出的数据能够全面地反映各种自然地理条件下的蒸发特征，每个公式都有其长处和不完善的地方。由此看来，蒸发力的计算问题尚未得到根本解决。

对于某一特定地区来说，在众多的计算蒸发力的公式中，选用哪个公式计算出来的数值才能代表该地区的蒸发特征，这是大家所关心的。对于我国半干旱或半湿润地区而言，根据德州试验资料而建立的饱和差公式和气温—相对湿度差公式是适用的。这 2 个公式的计算值比较接近大型蒸发池的蒸发量。将饱和差公式和彭曼公式计算的结果与官厅和三门峡 20 m^2 蒸发池的蒸发资料进行比较，饱和差公式的计算值更能代表该地区的水面蒸发情况。4—10 月，官厅蒸发站 20 m^2 蒸发池的总蒸发量为 911 mm，和差法为 885.8 m，差 25.2 mm，而彭曼法为 1 015 mm，差 104.7 mm。2 个公式的计算结果分别三门峡蒸发站 20 m^2 蒸发池的总蒸发量为实测值的 97.3 %和 120.2 %。也就是说，采用饱和差公式，其计算值比实测值平均偏小 2.5 %～3 %，而彭曼公式则偏大 15 %～20 %，况且，饱和差公式比彭曼公式稳定。

蒸发力应用相当广泛。在实践上应用的一个重要方面是估算需水量。由于作物需水量受气候条件件的制约，因此，年际变化较大，一般不采用实际需水量，最常用的是相对蒸发量，即用作物需水与开阔水面蒸发量（蒸发力）的比值来表示，以此来推求作物的需水量。

3.2　土壤水分状况是牧草水分蒸发的限制因素

土壤水分状况是农田蒸发量大小及其变化的一个限制因素，因此，土壤水分的物理性质及其运动规律引起许多学者的极大关注。

土壤水分状况取决于下列 3 个方面：土壤水分的补给来源、土壤水分的消耗途径和土壤水分的保蓄能力。前 2 项主要视气象条件和作物因素而定，后者取决于土壤性质。气象条件和作物因素在任何地区均随季节变化而不同。土壤水分状况实质上是土壤水量平衡的结果。本节主要以试验资料为主，着重讨论土壤水分的补给来源和土壤水分的变化特征。

3.2.1 土壤水分补给来源

土壤水分的收入项主要包括降水、地下水、凝结水、地表径流汇入和灌溉水等。通常降水是主要的。地势低洼地区，地表径流汇集也占有一定比重。在有灌溉条件的地区，灌溉水也是重要的土壤水分来源。地下水补给只有当潜水位较高，地下水能借助于土壤毛细管作用上升到作物根系层才有意义。水汽在土壤中的凝结，可以来自土壤底层的水汽，也可以来自大气，需要在一定的气象条件下才能发生。一个地区的土壤水分补给状况必须综合评价各种补给条件及补给程度。

3.2.1.1 降水对土壤水的补给

一个地区的降水量，既规定了对土壤水分补给程度，又规定了旱作农业可利用水分的上限。降水对土壤水分补给的有效性取决于降水量、降水强度、降水频率和降水季节分配，还取决于植被冠层的截留量、径流损失量和渗漏损失量。扣除上述损失而滞留在土壤中的水分，才是影响土壤水分状况的量。对农田土壤水分状况影响最大的当然是降水本身。如果降水量稍有变化，就会给土壤水分补给产生非常大的影响。降水量的波动对于农业来说是异常敏感的。

3.2.1.2 关于降水测量误差问题

关于降水量的测量误差，国外一般采用大型集水器或蒸渗仪的测量结果进行校正。日本采用水量平衡法进行校正，校正后的降水量比实测值要大 10 %左右。苏联学者发现在山区和高纬度地区，由雨量计测得的雨量偏低，以致不少山区河流出现年径流量超过年降水量的不合理现象。

我国现有的降水资料，是根据 20 cm 口径雨量计测定的。许多学者研究证明，用这种雨量计测得的降水量，普遍存在偏小的倾向。造成测量误差的原因主要表现在下列几个方面：其一，用于湿润降水器的水量，湿润雨量器的水量，每次降水过程约损失 0.24 mm，假如某地区有 100 次降水的话，那么这种损失量可达 24 mm；其二，雨滴溅泼引起的损失；其三，降水期间的蒸发损失；其四，翻斗式或虹吸式雨量计在翻斗或虹吸时引起的误差，据研究，每翻斗 1 次需 0.3 s，在降水量为 125 ~ 150 mm/h

的情况下，每6~7 s就要翻斗1次，记录值要比实际偏低5 %；其五，风引起的误差，在所有误差中，风是重要影响因素。由于雨量计上空气被迫向上运动，使降水有1个向上的加速度，影响雨滴进入筒内，雨点越小误差越大，微雨尤甚。当风速为4~5 m/s时，误差可达3 %；在9 m/s时，误差可达5 %。在大风时，降水量误差最大可达20 %，风对降雪影响更大，最大误差可达70 %。由此可知，测雨仪器所导致的测量误差相当大。

根据北京官厅水面蒸发站和广州水面蒸发站面积为3 000 cm^2测量器和20 cm口径雨量计的降水量资料分析，由20 cm口径雨量计测得的降水量，在北京地区约偏小10 %，在广州地区约偏小4. 2 %。

为了要获得真实的降水量（P），必须对所测量的降水量（P_0）进行订正，这种订正主要有雨量器湿润订正（P_t），雨期蒸发量订正（P_e）和风力订正（P_u），即：$P=P_0+P_t+P_e+P_u$。

3. 2. 1. 3 关于植被截留降水的蒸发损失

当地面有植物覆盖时，降水的一部分为作物枝叶截留，直接蒸发到大气中去，这部分水量损失称为截留蒸发。被植物冠层截留的这部分水量，既不能补充给土壤，对植物也无多大益处。降水植物截留是水分循环过程中最不利的阶段之一。

研究结果表明，截留水量的多少与降水量关系不大，主要取决于降水频率、植物覆盖度和植物的生长习性。间歇性降水截留量较多，集中性暴雨截留量少。此外，截留量还随作物种类而不同。

在美国中部平原地区，草原与作物区的降水截留损失量占降水量的20 %~70 %不等。诺顿在爱奥华州进行了截留量的测定，1935年8月10日至10月7日，降水量共201. 2 mm，玉米截留量为22 %，紫花苜蓿为21. 2 %，三叶草为18. 6 %。由此可见，一个地区的降水量为植物截留的数值是相当可观的。它决定了有多少降水可以到达地面。

3. 2. 1. 4 关于降水渗漏损失

降水入渗是一个中枢性的水文过程。一方面它决定了到达地表的水分有多少能进入土壤，维持作物的生长和补给地下水；另一方面对它改变的范围相当大，很多因素制约着水分进入土壤的速度。一部分取决于降水强度，降水强度同水分入渗大体成反比例；另一部分取决于植被，因植被能减弱雨水的力量，削弱它的强度，而起了缓冲作用；还取决于土壤特性。

降水入渗补给地下水的数量，除与降水量、降水强度有关外，也决定于降水入渗系数。所谓降水入渗系数，是指降水通过包气带渗入补给地下水的那部分水量与降水量之比，它反映了降水对潜水层补给量的大小。

由于降水入渗系数受降水量、降水强度、地下水埋深、地表和包气带土壤性质、植被和地形等因素的影响，确定此值是一项相当复杂的工作。

根据我国河南、安徽、江苏等地采用地下水位动态观测资料分析，在没有地表径流、灌溉和开采的情况下，降水后引起地下水位上升程度是由降水入渗引起的，其值等于入渗量：$\mu\Delta h = ap$，式中，μ 为给水度，Δh 为一次降水后地下水位的变化，p 为一次降水量，a 是入渗系数。

入渗系数因土壤质地而不同，不同岩性土质的 a 值相差很大。在黄淮海平原，有 20 %~30 %的降水量补给地下水。在浅层地下水地区，这部分水量最终还是要补充给土壤，为作物所利用或由地表蒸发所消耗。在深层地下水地区，作为可开采资源而储存于地下。因此，在平原地区由降水入渗补给地下水的损失量，最终还是要补偿给土壤，成为土壤水资源的一部分。

3.2.1.5　关于地下水对土壤水的补给

地下水对土壤水的补给量：在水分平衡要素中，作物对地下水利用量的数量很难精确计算。它取决于地下水位埋深、土壤性质、地下水化学性质和作物种类等。研究资料表明，在地下水浅埋区，地下水是作物水分利用的重要水分来源，Namken et al.（1969）用蒸渗仪研究棉花耗水量时发现，在地下水埋深 0.91 m、1.83 m 和 2.74 m 时，地下水利用量分别占棉花总耗水量的 54 %、26 %和 17 %。Benz et al.（1984）研究了不同灌溉条件下地下水对紫花苜蓿的贡献，发现随着灌溉次数的增加，作物对地下水利用量的比例由 38.4 %降至 0.6 %。中国科学院禹城试验站测定了冬小麦生育期对地下水的利用量，当地下水位 1.5 m 时为 273.7 mm，2 m 时为 234.1 mm，2.5 m 时为 90.5 mm。根据地下水动态分析，鲁西北地区冬小麦生育期的地下水利用量为 140 mm，占冬小麦总耗水量的 1/3 以上（杨建锋 等，1999）。程维新（1994）根据试验资料，分析了山东德州主要作物对地下水的利用情况（表 3.1）。

表 3.1　华北平原主要作物对地下水的利用量及占总需水量的百分率

作物	地下水埋深					
	<1.5 m		1.5~2.5 m		≥2.5 m	
	利用量/mm	占需水量比例/%	利用量/mm	占需水量比例/%	利用量/mm	占需水量比例/%
冬小麦	111~195	20~35	56~139	10~25	28~56	5~10
夏玉米	54~108	15~30	18~72	5~20	18~36	5~10
春玉米	61~122	15~30	20~81	5~20	20~41	5~10
棉花	299~359	50~60	209~267	35~45	120~179	20~30

地下水是土壤水的重要补源之一。地下水对土壤水的补给量取决于多种因素，它与地下水位深浅、作物种类、作物生育期和土壤性质密切相关，此外还决定于大气蒸发能力和农业耕作措施等。地下水中与土壤关系最为密切，能够经常补给土壤水的是浅层地下水（或称潜水）。潜水系指埋藏于地表以下第一个蓄水层中的自由重力水。

潜水作为土壤水的补源，必须了解其埋藏深度和土壤结构，以判断它能否借助于毛细管作用上升到适宜的高度。还应当知道地下水位的变幅，地下水位升降的高低决定了它对土壤潜水位的变幅视地下水的补源而异。潜水的补源最主要的是降水。因此，雨季潜水位普遍上升。在黄淮海平原，降水集中在6—9月，所以地下水位自6月以后便逐渐上升，至8月最高，而后又缓慢下降，直至1月接近低水位。2月由于冻土层开始融化，少量冻结水下渗，使地下水位略有回升，但为期很短，以后又继续下降，直至5—6月降至全年的最低点。

河流、湖泊、海洋也是地下水重要的补源。河流两侧的地下水位随河水的洪枯而有显著的变化。黄河在汛期以后的几个月内，有大量的水分补充给地下水。在黄河两侧5~10 km的范围内，地下水位变幅较小，在1 m以内。在田间持水量左右，本次降水历时又不太长的条件下，由降水量和地下水位上升的数值，即可求出μ值。根据中国科学院地理研究所在山东德州的试验，在亚砂土地区，用这种方法求得μ值变化为0. 052~0. 056，与计算值大体相同。当知道了不同土壤性质的μ值和地下水位的变化资料后，便可求出地下水对土壤水的补给量。

在潜水位比较浅的地区，作物对地下水的利用量是相当可观的。根据1963—1964年在山东德州郊区的测定，潜水位变化在1. 5~2. 5 m的情况下，冬小麦生长期间，地表以下60 cm处的土壤水分通量为180 mm，相当于冬小麦总耗水量490 mm的37 %。1961—1962年冬小麦全生育期内，地下水对土壤水的净补给量为104 mm。根据安徽省水利科学研究所1976—1977年在淮北平原地区的测定，冬小麦对地下水的总利用量为173. 2 mm。

3. 2. 1. 6 关于凝结水补给

凝结水包括露、霜、水淞和雾凇等，是在地表面形成了一种特殊的降水，通常出现在土壤和植物表面上的凝结水主要是露和霜。

水汽在土壤上层和作物表面的凝结，是农田水分的来源之一，在水分平衡中占有一定的比重。因此，关于凝结水的研究，对于正确评价一个地区的水资源，对于深入研究区域水分平衡都有一定的意义。

关于凝结水在水分平衡中的作用及其对植物的意义，曾有不同的评价。一些研究者认为，水汽的凝结量很小，对土壤水分状况的影响微不足道。另一些研究者认为，凝结水对土壤水分状况有决定性意义，是土壤水分的重要来源。列别捷夫强调水汽的凝结作用，曾提出过“凝结学说”，认为地下水也是由水汽凝结形成的，必须看作是水分平衡的重要因素之一。近几十年来，大多数学者通过研究，确认了水汽凝结能补充给土壤水分，但它不是主要的水分补给来源。

不同自然类型地区，水汽对土壤水分的补给作用是不一样的。水汽凝结量与降水量相比不算太多。在雨水较充沛地区，它在水分平衡各要素中所占的比重较小，对作物不起太大的作用。然而在干旱时期则可减轻作物的受害程度，在干旱的沙漠地区，这种水分对于植物是有价值的，有些植物能充分利用它来生长。一些学者指出，生活在干燥气候中的一年生浅根性沙生植物，依赖凝结水可能比依赖雨水更多些。在无雨的秘鲁海岸，露水成为植物唯一的水分来源。凝结水还可以调节作物体内的盐分浓度，夜间可阻止呼吸作用，减少作物体内的消耗量，因而可减轻外界不利环境对植物的影响。此外，由于植物表面上有露的存在，缩短了白天蒸腾作用的时间，这样就减少了土壤水分的消耗。

关于凝结水在水分平衡中的作用及其在总水分收入中所占的比重还很不清楚。在我国，有关凝结水的研究几乎没有开展。因此，进行凝结水的试验研究，是开展水分平衡研究不可忽视的要素之一。

自然条件下的凝结水量测定方法，包括间接测定法和直接测定法。间接测定法可分为以下 3 类：其一，利用吸湿物质吸收露水，如滤纸或石膏之类，由这些吸湿物的重量变化求得；其二，简易称量法，将植物的叶片放在尼龙网上，称其重量变化求得；其三，陶面吸湿器，采用半球形陶面蒸发器测定夜间的露量，由标尺读出吸湿量。上述方法的优点是简便易行，缺点是误差较大。直接测定法一般采用大型精密仪器直接测定自然条件下土体重量的变化，它是测定凝结量的基本方法。根据夜间土体的重量的增值，可以算出凝结水量。这类仪器包括大型蒸渗仪（Lysimeter）和水力称重式土壤蒸发器等。它们的测量精度高，都可达到±0. 02 mm，能测出凝结水量微小的变化，完全可以满足露量的测定要求。

采用水力称重式土壤蒸发器测定凝结水量的。水力蒸发器的土柱是与地下水隔绝的，所以测得的凝结水实属空气中的水汽凝结量。在华北平原，每年的凝结水量也相当大。根据 1981—1982 年夏玉米、冬小麦生长年的测定，凝结水接近 100 mm。所测的凝结水比实际值要偏小很多。即使这样，凝结水的水分收入量也相当可观。如果在水分平衡估算中不予考虑，势必导致较大的误差。凝结水是水资源的一个组成部分，有一定的利用价值。

凝结水量的年变化因气象条件而异，决定于大气的水分条件、温度和风速等因素。从测定结果来看，黄淮海平原地区冬季凝结水量较大，大致从 11 月至翌年 2 月，平均每日凝结量为 0. 33~0. 64 mm，这部分水量大部分储积在土壤中，在正常年份，解冻期可使耕作层的土壤含水量达到田间持水量，这对于冬小麦返青和春播作物是有利的。

在黄淮海平原地区，春季由于干燥多风，蒸发力大，除灌区外一般不具备凝结的水汽条件。从4月开始，凝结水量明显降低，到5月达最低值；6月下旬至9月上旬为多雨季节，水汽条件较好，凝结水量较大。凝结水量年内变化有2个峰值：一个出现在冬季，一个出现在夏季。

凝结水量也与下垫面性质有关，作物种类不同，凝结量有差异。露量的多少也因叶片的大小、厚度、表面粗糙度、倾斜度和有无毛孔等而不同。根据国外对几种作物的测定，其露水量关系为：水稻＞谷子＞甘蔗＞花生＞大豆。

凝结量的分布受各种条件的影响而不同。从裸地的露量垂直分布来看，近地面处较多，距地面25~75 cm的高度最多；从农田内的露量垂直分布来看，因栽培的作物种类而不同，结露的时间随高度而推迟，地表处日落后便开始，3 m处半夜才结露。

在一部分土层和作物表面在发生凝结现象的同时，另一些土层和作物表面则发生蒸发现象。自然界的夜晚，农田就这样与大气进行着不断的交换。

凝结水在水分平衡中的作用：凝结水是一种特殊的降水。产生凝结水的天数随天气状况而变化。在华北平原的灌溉农田，夏季和冬季产生凝结水的天数较多。根据1981—1982年的资料，在夏玉米83 d的生育期间，能测出露量的天数为56 d，占全生育期的67.5 %。在冬季，大致也有70 %的天数能测出凝结水。

凝结水在不同的自然地带差别很大。在温带夜间露量最多相当于0.1~0.3 mm的降水量，但在许多热带地区却很可观，在多露之夜相当于3 mm的降水量，平均相当于1 mm的降水量。根据美国采用蒸渗仪测定，年露量相当于230 mm的雨量。在华北平原年凝结水量约100 mm。

根据在中国科学院禹城综合试验站农田蒸发场采用蒸渗仪测定，1981年夏玉米生育期凝结水量为24.2 mm，为同期降水量的7.8 %；1981—1982年冬小麦生育期的凝结水量为75.2 mm，占同期降水量的75 %。夏玉米—冬小麦生长年度的凝结水总量为99.4 mm，占同期降水量的24.1 %（表3.2）。由此可见，华北平原地区的凝结水量在水分总收入中占有相当的比重。它虽不能作为开采资源加以利用，但应作为调节资源加以考虑。

表3.2　夏玉米—冬小麦生长年凝结水与降水量（1981—1982年）

水量	夏玉米	冬小麦	夏玉米+冬小麦
凝结水量/mm	24.2	75.2	99.4
降水量/mm	311.1	100.9	412
凝结水/降水/%	7.8	75	24.1

在我国有关水分平衡和水资源的计算中，虽然也提及凝结水的问题，但都把它作

为零项处理而忽略不计，这样必然会导致估算误差。

根据对禹城试验区农田水分平衡的估算，考虑与不考虑凝结水，计算出入很大。在水分收入部分中，降水量（1951—1980年平均）为616 mm，地下水对土壤水的补给量为130 mm，凝结水量为99 mm。支出部分：小麦耗水量为479 mm，夏玉米为350 mm，合计为828 mm；降水入渗补给地下水量为154 mm；径流深为43 mm，收支差为灌溉水量或农田缺水量。由此可见，2种估算方式中支出部分的数值是一样的，只是在收入部分中相差99 mm的凝结水量，而这部分水量加在灌溉水中，实际上增加了灌水定额，水分亏缺量就会增大，禹城试验区年缺水量为233 mm。当考虑到凝结水量时，农田实际缺水量只有134 mm。这个数值和关于灌溉农田与非灌溉农田的小麦耗水量差值的计算结果非常接近。

综上所述，凝结水是农田水分总收入的一部分，在水分平衡中起着一定作用，因此，进行水分平衡估算时，应将这部分水量考虑进去。

3.2.2 土壤水分变化特征

土壤里的水分数量是作物生长发育期最重要的因子之一。土壤水分含量因地点不同而有巨大差别，即使在同一地点亦因时间不同而有很大差异，自然条件和栽培因素在任何自然区均随时间而变化，所以，土壤水分含量不仅随土层的深浅而不同，也随季节而变化。

土壤水分在周年中随季节和土层的变化过程称为土壤水分状况，它是土壤水平衡的结果，由土壤状况、自然条件和栽培因素共同决定。在我国，农民通常将土壤水分状况称为墒情。

就农业土壤而言，1 m土层以内，特别是地表至30~50 cm土层内的水分状况直接决定着作物的生长、发育和产量。当然，更深层的土壤含水量对作物的利用以及对上层土壤水分的补给也很重要。我国学者把0~20 cm土层含水量称为表墒，20~50 cm土层含水量为底墒，50~100 cm土层含水量为深墒。表墒、底墒和深墒相互补给，构成了土壤水分状况的主要特征。

土壤水分的变化规律，主要是土壤水分的积蓄和土壤水分的消耗，也即是在一定条件下土壤水分平衡的结果。土壤水分的消长变化在很大程度上还受其他因素的影响，比如土壤质地、土壤肥力、土壤持水能力、种植制度和耕作措施等。这些生产条件和人为措施的改变也直接影响土壤水分的变化。因此，通过人为措施，适时而有效地加以控制与调节，使有限的土壤水分发挥作用是十分重要的。

大多数植物都必须依靠它们庞大的根系从土壤中吸取水分，以此来维持自身的生命。植物从土壤中吸取的水量大，就大多数作物来说，每生产1 kg籽粒和茎秆，就要消耗 100 kg 以上的水。这样大量的水分几乎全部都来自土壤。人们可以想象，土壤好比一个水库，能贮存大量的水分。经过计算，1 m^3的土可以贮存 0.1~0.3 m^3的水。1 亩土地如果按表土 30 cm 计算，可以贮存 50 m^3以上的水。由此可见，土壤的贮水能力在农业生产上具有重要意义。

3.2.2.1　土壤持水能力

土壤持水能力是一项重要的土壤物理性质，一般用田间持水量来表示。所谓田间持水量，是在降水充分或灌溉后，在土面上覆盖物防止水分蒸发，2~3 d 后测定的土壤含水量，便是土壤本身能够保持的最大水量。此时的土壤吸力在 0.1~0.3 大气压。田间持水量在灌溉上是一个很有用的参数，习惯上作为植物有效水的上限，是决定土壤有效水库的一个重要因素。在计算灌溉量时，应使灌溉能达到但又不超过田间持水量为准则，以免多灌了造成水的浪费，灌少了又达不到应有的效果。

我国黄淮海平原及黄土丘陵区，大部分土壤属轻壤和中壤，少部分属砂壤和重壤。从黄土丘陵区沙壤到重壤，田间持水量范围为 13 %~22.4 %。由于土壤质地和物理黏粒的不同，不同土壤的持水能力有较大差别。黄土丘陵区 2 m 土层田间持水量可积蓄 403.2~487.6 mm 的水量，相当于该地区年平均降水量，黄土丘陵区土壤具有较大的持水能力（李开元 等，1991）。

在黄淮海平原，从砂壤到重壤田间持水量的范围为 22 %~30 %，黏土为 25 %~35 %，持水能力高于黄土丘陵区。无论是黄土丘陵区还是黄淮海平原地区，土层深厚，结构良好，具有很大的持水库容。

3.2.2.2　凋萎湿度

当土壤对水的吸力很大，而且水的移动速度来不及补充到根部，满足不了植物对水分的需要时，植物就会因吸收不到水分而发生凋萎现象。植物发生凋萎时的土壤含水量称为凋萎湿度。此时的土壤吸力在 15 个大气压。凋萎湿度被普遍视为土壤有效水分的下限。

凋萎湿度与土壤质地密切相关。一般质地越重，凋萎湿度越高。砂壤土为 4 %~6 %，轻壤土为 4 %~9 %，中壤土为 6 %~10 %，重壤土为 6 %~13 %，黏土大于 13 %。

3.2.2.3　土壤有效水

从田间持水量到凋萎湿度间的土壤含水量，通常称为有效水。土壤能够贮存多少水供植物利用，常以有效水来表示。土壤有效水是土壤持水性能好坏的一个重要指标（表 3.3）。

表 3.3　华北平原土壤质地与持水特性　　单位：%

特性	砂壤土	轻壤土	中壤土	重壤土	轻黏土	中黏土
田间持水量	22~30	22~28	22~28	22~28	28~32	25~35
凋萎湿度	4~8	4~9	6~10	6~13	15	12~17

不同的土壤有效水的范围差别很大。一般而言，中壤土、轻壤土由于有较高的田间持水量和较低的凋萎湿度，有效水范围相对较宽。从已有的研究结果表明，轻壤土、中壤土的有效水范围最宽，重壤土和砂壤土次之，砂壤土最窄。

虽然说从田间持水量到凋萎湿度范围内的土壤水都可以被植物利用，但是植物利用起来也还有难易之分。因为植物根系要从土壤中吸取水分，必须克服土壤对水的吸力，植物从吸力小的土壤吸水，自然要比从吸力大的土壤中吸水容易得多。事实上，土壤湿度从田间持水量开始逐渐减少时，土壤吸力就迅速增大，在土壤湿度还没有达到凋萎湿度之前，植物吸水便受到很大限制。在实践中，农田灌溉决不能等到土壤水分下降到凋萎湿度时才灌溉。

冬小麦各生育期适宜土壤水分一般认为占田间持水量的 70 %左右为宜（100 cm 土层内），若要获得高产，应稍大于 70 %，但不同生育期应有所差别，通常苗期和分蘖期为 70 %，返青期—拔节期为 60 %~70 %，拔节期以后应保持 70 %~80 %。

3.2.2.4　土壤导水性能

非饱和土壤的导水性能与土壤质地密切相关。一般砂性土壤导水率比黏性土壤大，但当吸力很高时，砂性土壤导水率反而比黏性土壤低。据李玉山等（1991）对黄土高原 3 种质地土壤的导水率研究，中壤土导水率低于紧砂土，低吸力段时远高于重壤土，高吸力段时又低于重壤土。表明土壤在低吸力段时具有较高的导水率，这对于作物吸水是一种有利的性质，但不利于土壤保墒，低吸力段较高的导水率使土壤水分更易蒸发损失。

3.2.3　不同植被条件下的土壤水特征

不同植被覆盖条件下的农田土壤水分状态差异很大。弄清不同作物覆盖条件下的农田土壤水分变化规律，对于分析农田水分消耗具有重要意义。于 1982 年 4 月至 1983 年 6 月，同期测量裸地、盐碱荒地、冬小麦、夏玉米农田以及棉花地、牧草地、苗圃和果园的土壤含水量的资料。由于植物覆盖的差异，作物种类的不同，土壤水分的消耗与保蓄差别甚远。

在观测期的 15 个月中，降水总量为 590.3 mm，其中主要的几次大的降水分别是：1982年5月12日，20.5 mm，6月7日，49.7 mm，7月9日，44 mm，8月16日，33.1 mm；1983年4月25日和26日共降水65.7 mm。在观测期间的15个月中，地下水位的平均深度是271 cm。其中最大深度可达310 cm以下，而最小深度仅为100 cm左右。土壤类型均属于砂壤土。

3.3 生物学特性是影响牧草水分蒸发的重要内因

3.3.1 不同种类作物的耗水特性

通过生长在田间条件下，对不同作物的耗水特性的研究，明确了冬小麦、大豆等C_3作物和玉米、谷子等C_4作物的耗水特性有很大的区别，耗水量日变化过程，基本上表现为2种变化趋势。对于小麦、大豆之类C_3植物说，耗水速率一直是很大的，自日出以后，蒸发量便迅速递增，到日落前仍保持较大的蒸发速率，显示为较宽的峰值带。相反，玉米、谷子等C_4植物的耗水量日变化过程线上的峰值带较窄，大致从11：00开始剧增，到16：00左右又急剧下降，耗水量日变化过程属于剧增骤降型。上述耗水特性表现于作物的全生育过程（程维新等，1994）。

不同种类的作物显示出不同的耗水峰型，C_3植物属宽峰值带型，C_4植物属窄峰值带型。各类作物耗水峰值带的窄宽，也许是导致C_3植物和C_4植物耗水量差异的症结所在。

程维新等（1985）还分析了C_3植物和C_4植物生育盛期的平均日耗水量和最大日耗水量的资料，在耗水量方面的差异也是相当明显的。C_3植物平均日耗水量为11.2 mm/d，C_4植物为5.1 mm/d；最大日耗水量也具有类似的情况，小麦和大豆的最大日耗水量约为谷子、玉米的178 %，棉花为谷子和玉米的2.7倍。从C_3植物和C_4植物的最大日耗水量的平均情况来看，两者也相差1倍左右。

大量试验资料表明，C_3植物和C_4植物在蒸腾系数方面的区别。美国学者布里格斯和肖兹在科罗拉多州的阿克龙试验站的试验包括有55个品种，表明C_3植物的蒸腾系数同样比C_4植物大1倍左右。

从水分的利用来看，C_3植物和C_4植物也将近相差1倍。根据有关试验资料表明，双子叶植物中的C_4植物的蒸腾效率为3.44，C_3植物为1.59；禾本科植物中的C_4植物为3.14，C_3植物为1.49。由此可见，C_4植物的水分利用率较高，C_3植物则较低。

综上所述，作物种类不同，其耗水特性有明显差异。这就决定了各种作物对水分的消耗状况和利用程度不同。

3.3.2 作物不同发育阶段的耗水特性

作物不同发育阶段对耗水量的影响，国内外已有较多的研究。作者在分析作物不同发育阶段的耗水特性时，采用蒸发比的方法，即 $Kc = ET_C/ET_0$，式中，ET_C 为耗水量，ET_0 为蒸发量，Kc 为作物系数。

牧草发育阶段的作物系数（Kc）经过试验求得的。不同种类牧草的作物系数差异较大（图 3.1），例如，三年生菊苣自返青后 Kc 迅速增大，现蕾期—始花期达最大值，而后又逐渐下降。这主要是菊苣为多年生牧草，返青期后生长较快，加之华北平原春季气温回升快，空气干燥，需水量较大，至现蕾期—始花期，菊苣的株高也达最大值。而籽粒苋为一年生牧草，Kc 进入始花期达最大值。从 2 种牧草 Kc 变化趋势来看，籽粒苋的需水峰期较晚，菊苣的需水峰期较早。由于菊苣为 C_3植物，籽粒苋为 C_4植物，两者 Kc 差异很大。籽粒苋和高丹草虽然同属于 C_4植物，由于 2 种牧草生育特性不同，发育阶段的 Kc 变化趋势也不一样。高丹草 Kc 从苗期至拔节期逐渐增加，进入拔节期后期，Kc 差异很小；而籽粒苋从苗期至现蕾逐渐增加，进入盛花期后，Kc 逐渐下降。

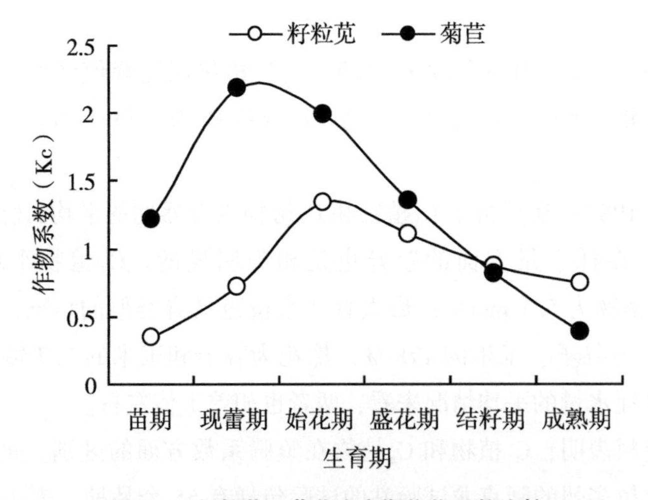

图 3.1　籽粒苋、菊苣生育期作物系数比较

图 3.1 是牧草 Kc 变化曲线。随着牧草生长和叶面积系数的增加，Kc 不断增大。在作物幼苗期，Kc 较小，表示作物所需要的水分较少。当作物进入发育盛期，需水量增加很快，曲线出现生理需水高峰。到作物成熟期，Kc 又迅速下降。这样，这条曲线在时间分布上可以近似地将它看成一条作物生理需水曲线。

在田间条件下，农田蒸发所消耗的总水量，既包括作物的蒸腾耗水，又包括棵间土壤蒸发耗水。目前，还不能精确地将这2个部分的量值分割开来。因此，Kc包含棵间土壤蒸发的一些特性，特别是在作物幼苗期和成熟期，Kc有较大波动，不如其他生育期稳定。

由于牧草种类不同，作物系数（Kc）也存在很大差异。一般而言，C_3植物比C_4植物大（表3.4）。

表3.4 牧草全生育期需水量与作物系数

植物特性	C_4植物			C_3植物		
牧草名称	籽粒苋	高丹草	青饲玉米	菊苣	串叶松香草	鲁梅克斯
需水量/mm	308.9	345.5	367.9	457.7	441.1	440.2
作物系数（Kc）	0.97	1.08	1.15	1.43	1.38	1.36

注：E-601水面蒸发量为319.9 mm。山东禹城，2006-06-07—09-01数据。

不同种类的作物生理需水曲线有很大的差异。在上述牧草中，菊苣的生理需水量最大，其次是鲁梅克斯，菊苣和鲁梅克斯均为三年生牧草。其他第1年种植的多年生牧草需水量较少。

每种牧草都有相应的生理需水峰期。籽粒苋需水峰期在现蕾期，苗期气温较低，耗水量较少，至现蕾期，此期正值籽粒苋生育盛期，饲料玉米生理需水峰期为抽雄乳熟期，高丹草生理需水峰期为拔节期至拔节期后期需水峰期也正好与华北地区的降水峰时相吻合。

多年生牧草返青期后需水较大，这在华北是4月和5月，降水少，气温高，空气干燥，蒸发能力较大，自然降水通常都不能满足需水要求。

在上述几种牧草中，黑麦草和小黑麦生育期的降水条件较差外，其他几种作物的自然供水条件尚好。当然，在少数年份或个别发育阶段里，降水量也不能充分保证作物的需水要求，必须由灌溉水加以补偿，但比之小麦，无论是灌水定额或灌水次数则要少得多。

在生育期的某些阶段里，作物耗水量可能超过水面蒸发量。在华北平原，生长茂盛的大豆地全生育期的总耗水量大约要超过水面蒸发量的50 %，在开花结荚期，耗水量为水面蒸发量的2.9倍。小麦在灌浆期的耗水量为水面蒸发量的150 %。即使像谷子和玉米这类C_4植物，在灌浆期的耗水量也要比水面蒸发量大30 %左右。

在华北平原，各种作物不同阶段E_p/E_0大于1的天数有很大差别。根据试验资料分析，大豆为75 d，小麦60 d，玉米45 d，谷子为35 d，分别占全生育期天数的70 %、25 %、45 %和27 %。

特别要指出的是，C_3植物在生育盛期的耗水量要超过水面蒸发量很多。例如，大豆在盛花期的Kc为2.95。棉花在结铃期（叶面积系数为3.32~3.93，1983年7月15日至8月6日）的耗水量为257.6 mm，水面蒸发量为106.5 mm。

作物生育期某些阶段的Kc大于1的现象不仅在华北湿润不足地区存在，即使在湿润的南方稻区也同样存在。根据王铁生（1980）的资料，水稻需水量（全生育期）要大于水面蒸发量的10 %~20 %。

造成上述情况的原因很多，主要有气候因素和下垫面性质。我国属于季风气候区，干湿季节分明，容易导致大范围的平流热交换。下垫面性质不均一，主要决定于作物布局。在同一季节里，农田里并存有休闲地、春播作物地和秋播作物在同一地区又并存有灌溉地和非灌溉地等。这样，热量与水分条件造成地区间的差异，容易导致局部的平流热交换。这就是所谓的“绿洲效应”或“晒衣绳效应”。不言而喻，在自然界平流热交换是一种正常现象。由于平流热的影响，灌溉农田的作物耗水量大于水面蒸发量的现象是容易理解的。

作物不同发育阶段的耗水量与水面蒸发量的比值可以看作为一条作物生理需水曲线。每种作物都有相应的生理需水峰值区。作物生理需水峰值区可以看作作物需水关键时期。作物生理需水峰值区的确定，在灌溉上具有重要意义。

3.3.3 牧草种类对农田蒸发的影响

不同种类牧草对水分的要求及其消耗状况，是植物长期适应自然的结果，具有较为稳定的遗传性。因此，每种牧草都有与之相适应的生理需水要求。

虽然把牧草大体上分成C_3植物和C_4植物两大类，但每一类中的牧草耗水特性仍然存在着不小的差别。

农田蒸发和同一气候条件下的自由水面蒸发之间的关系，如果只存在简单的比例关系，那么用这种方法估算我国农田蒸发量就是最简便的一种方法。只要能求出ET_0值，采用同一作物系数（Kc），便可求得种植不同作物农田的蒸发量数值。事实上，问题远比人们想象的要复杂得多。许多试验结果表明，对于同一种作物而言，作物系数（Kc）具有较为稳定的特性，作物耗水量与同期水面蒸发量的比值趋近于一常数（程维新，1985）。例如，不同年份玉米蒸发量年际间差异很大，但与同期水面蒸发量之比值，Kc为0.98~1。这是由于同一种作物的农田蒸发量与水面蒸发量同时制约于气象条件。但对于不同种类的作物来讲，农田蒸发量除受制于气象因素外，在很大程度上又取决于作物本身的耗水特性。由于每种作物都有自己的耗水特性，因此，作物系数也随作物种类而异。不同种类作物的作物系数不可能相同，在估算作物耗水量时，不能采用同一作物系数。根据在华北平原试验测定的资料表明，由于作物种类不同，作物系数（Kc）差别很大。

确定作物系数，在一定程度上比确定 ET_0 更为重要。这是因为对于 ET_0 研究较为深入，并且有一些比较成熟的计算 ET_0 方法（例如彭曼法-蒙梯斯模型等），各种计算方法获得的结果有一定误差，但不是太大。而作物系数对于农田蒸发量的影响则重要得多，比如在水分不受制约条件下，大豆的 Kc 要比谷子大 1 倍左右，菊苣的 Kc 比籽粒苋大 50 %。如果不加选择地采用同一系数进行农田蒸发量估算，误差之大是可想而知的。

作物水分消耗过程一方面遵守物理学上关于蒸发的基本定律，另一方面蒸腾作用又是从活着的植物表面进行的。植物体无论在形态上或生理上对水分消耗都有所调节，有所适应，因此，农田蒸发是一种复杂的、综合性的物理与生理过程。农田蒸发既受外界气象因子的影响，又受作物生理生态因子的调节。只有综合考虑这 2 个方面的因子对农田蒸发的影响，才会对农田水分消耗状况做出较为符合实际的评价。综上所述，可以得出以下结论。

各种作物具有不同的耗水特性。耗水量日变化过程，C_3 植物为宽峰值带型，C_4 植物为窄峰值带型。作物在不同发育阶段的耗水量与同期水面蒸发量的比值，可视为一条生理需水曲线。每种作物都有相应的生理需水峰值区。作物需水峰值区的确定，在灌溉上具有重要意义。

每种作物都有相应的作物系数。不同种类作物的作物系数相差甚远。在估算农田蒸发量时，必须注意到作物种类及作物系数的差异。

第4章　人工种植牧草需水量研究概述

本章主要论述3个方面内容：一是2005年牧草需水量，这一年是人工种植牧草需水量试验研究开局之年，各种资料相对比较齐全，包括不同牧草的需水量、作物系数和耗水强度，叶片的蒸腾速率和水分利用效率资料也比较齐全；二是不同水分年牧草需水量估算（潘国艳，2010），从中可以大致了解不同降水年份、不同牧草种类的需水量情况；三是不同种植模式的需水量。从2005年4月26日播种至2009年5月19日黑麦草收获，历时4个生长周年，形成了5个种植模式，根据蒸渗仪的实际观测资料，统计了5个种植模式的需水量、生物量和水分利用效率。

既是概述，只能使读者对人工种植牧草需水量有一个大概了解。有关各种牧草需水量更详细内容，后面将分别加以论述。

人工种植牧草需水量的研究区域为华北平原。华北平原是我国农区畜牧业重要产区。发展牧草业，建立三元种植结构，对该地区畜牧业发展具有重要意义。牧草需水量的研究材料为11种优质牧草。牧草需水量的研究目标是通过试验研究，揭示华北平原主要人工种植牧草耗水量及耗水规律，为华北平原地区人工牧草种植提供科学依据。

4.1　牧草需水量研究进展

所谓作物需水量，是指农田充分供水条件下作物蒸腾量和棵间土壤蒸发量之总和（左大康，1992）。有的也称之谓农田耗水量或作物耗水量，水利部门一般称农田需水量或作物需水量。程维新等（2002）把通常测定蒸发量的方法归纳为液态水分消耗测量与水汽传输测量两类，前者包括水量平衡法、蒸发器与蒸发池法、蒸发仪渗透法和植物生理测定技术等；后者分为空气动力学法、热量平衡法、空气动力学数量平衡联立法和涡度相关法等，随着计算机技术的发展，遥感技术也被运用于蒸发的测量。

中国科学院禹城综合试验站从事农田蒸发与作物需水量研究已有30多年历史，在农田蒸散与作物耗水规律方面进行了系统的研究，出版了一系列的研究著作和论文。中国科学院地理科学与资源研究所早在 20 世纪 60 年代就开展了农田蒸发、水面蒸发与作物需水量研究（程维新 等，1994）。我国许多研究单位和高等院校也相继开展了作物需水量的试验研究，大部分集中在我国华北、西北地区，主要研究冬小麦、夏玉米、谷子、大豆、棉花等作物的需水量与耗水量规律。

牧草需水量研究是农田蒸发与作物需水量研究的重要组成。我国有关牧草耗水研究主要集中在黄土高原、内蒙古、青藏高原高寒草甸区和辽西北等草地资源丰富和人工牧草地集中的地区，测定牧草种类以紫花苜蓿居多（杨启国 等，2003；陈曦 等，2005；侯刚 等，2005；万素梅 等，2005），对农区牧草的需水量研究较少。

20 世纪 90 年代，我国已有关于草地牧草耗水的研究报道（卢宗凡 等，1995；周立华 等，1997；杜世平 等，1999）。梁一民等（1990）研究发现，在黄土丘陵区人工沙打旺草地的总耗水量稍大于降水量，其中蒸腾量占 72 %，随生长年限增长其根系每年向下延伸 1 ~ 2 m，对土壤水分的利用能力很强。李英年等（1996）在研究高寒草甸植被一年中耗水量呈单峰型曲线变化，返青期的 5 月最低，7 月最高。魏广祥等（1999）对辽西北丘陵漫岗区不同土壤湿度与沙打旺产量、生长速度的关系的研究表明，沙打旺对水分盈亏十分敏感，是需水量较多的种植牧草，其产量及生长速度与土壤湿度成正比例关系，并且需水强度最大的是初花期，日耗水强度 5 ~ 7 mm，阶段需水量最多是盛花期，占全生育期需水总量的 20 % ~ 35 %，需水临界期为分枝期。

早期的耗水量研究，主要依靠的是测量土壤含水量的变化，根据水量平衡估算的结果来确定耗水量。土壤含水量都是采用土钻取土烘干法，这种方法测定土壤含水量有一个最大的局限，就是不能连续在同一个地方测定土壤含水量。

随着中子仪、TDR 等测定土壤含水量技术的采用，逐渐将测定土壤含水量由烘干法和中子仪、TDR 等多种方法结合使用。比如周立华等（1997）就采用中子仪测定小麦、水稻、玉米 3 种主要作物的土壤含水量，并根据内蒙古牧区水科所研究成果中的 Kc 和联合国《作物需水量》一书中提供的作物系数，用彭曼公式计算出银北地区主要牧草和果树需水量值，求得紫花苜蓿全生育期需水量 484.06 mm，高丹草 640 mm 的初步结果。关于周立华等（1997）的估算结果，由于采用的是联合国《作物需水量》一书中提供的作物系数，缺乏试验数据，紫花苜蓿全生育期需水量可能偏小，而高丹草的需水量可能偏大。

21 世纪初，我国牧草耗水研究仍然集中在黄土高原地区，测定方法和技术上有了进步。光合测定仪器的使用使得牧草光合、蒸腾、生理生态特性研究多了起来，试验上也设计了丰富的内容，不单纯研究牧草的耗水，还将耗水研究与环境因子、灌溉等因素结合研究为生产实践服务。谢田玲等（2004）对甘肃红豆草、沙打旺、东方山羊豆和多年生香豌豆牧草地的研究，采用中子仪测定土壤含水量，用光合仪测定其净光合速率、蒸腾速率的日变化进程等生理生态特征。温达志等（2004）用便携式LCA4光合—蒸腾仪测定广东曲江县粤北第二示范牧场的墨西哥玉米、矮象草、杂交狼尾草、皇草4种禾本科牧草的光合、蒸腾特性，指出4种牧草具有忍受或适应华南夏季炎热高温气候的能力或潜力，其中墨西哥玉米、杂交狼尾草、皇草通过维持气孔扩张最大限度地蒸腾水分以降低叶温，矮象草则通过关闭气孔以减轻因水分过度消耗带来的伤害来适应正午前后高光强高温。熊伟等（2003）利用盆栽试验，土钻取土烘干测含水量，每天用电子天平称重，计算蒸散量，对宁夏南部地区3种主要牧草紫花苜蓿、长芒草和芨芨草的蒸散量进行了对比研究，结果表明，在生长季中后期人工种植牧草紫花苜蓿蒸散量的日平均值为4.15 mm，分别比芨芨草和长芒草高出24.34 %和29.88 %，3种草本植物的蒸散量与土壤含水量呈高度相关。孙泽强等（2003）运用水分平衡原理，研究了河北坝上地区天然草地、人工草地和农田等3种土地利用方式的耗水规律，分析了水分利用效率、经济效益和生态效益，得出人工草地耗水量为213.2 mm，比天然草地少14 mm；人工草地水分利用效率最高为0.78 kg/m^3，是农田的1.7倍；人工草地的经济效益产投比是农田的4.6倍。

耗水研究与气候年型、经济效益结合研究。郭海英等（2007）2004—2005年在甘肃西峰农业气象试验站试验地对冬小麦、紫花苜蓿、黄花菜的耗水量、水分利用率及经济效益进行了对比分析，认为陇东塬区紫花苜蓿种植经济效益较高，为冬小麦和黄花菜经济效益的2.4~2.5倍，冬小麦种植气候风险最大，经济效益较差，在底墒较差的偏旱年份（有春旱），冬小麦耗水量接近紫花苜蓿，全生长季耗水量386 mm，春季生育期耗水量210 mm，但基本没有经济效益。

耗水研究与灌溉结合研究。1996—2000年在河北的吴桥试验站对青刈黑麦进行了系统的试验研究，结果表明每次灌水后均出现一次耗水高峰，水分利用效率不浇水＞浇1水＞浇2水，灌水次数越多，灌水量越大，水分利用效率越低（胡跃高 等，2000）。而也有研究2003—2005年在甘肃武威凉州区对人工灌溉牧草草地不同深度不同时间灌水前后的水分变化特征进行研究，发现0~40 cm含水率变化大而且快，称为多变层，40~80 cm牧草水分利用层，80~100 cm稳定贮水层；用土壤水分平衡法估算美国大叶、沙打旺的全年耗水量表明，在干旱缺水地区种植美国大叶是发展草产业的较好品种（马兴祥 等，2009）。

耗水与不同播种密度和模式的结合研究。2004—2005年在长武农业生态试验站研究了不同播种密度和模式的人工草地（紫花苜蓿、沙打旺和达乌里胡枝子）在建植次年对土壤水分的消耗利用情况，在田间完全旱作条件下采用不同密度和单、混播种方式观察土壤水分的消耗利用情况，土壤水分的消耗量和水分利用效率均是紫花苜蓿＞沙打旺＞达乌里胡枝子，水分消耗量分别为紫花苜蓿249.9 mm、沙打旺180.2 mm、胡枝子136.6 mm，全生育期平均水分利用效率为三混播＞双混播＞单播（张晓红 等，2007）。

国外对干旱和半干旱地区人工牧草耗水的试验研究比较多，并且多与种植制度相结合研究，耗水量研究有试验测定与模型估算等方法。牧草种植较多的国家早已经将牧草引入了种植系统，在澳大利亚西部穆拉地区发现紫花苜蓿的种植为澳大利亚州西部小麦种植带更大的利用水资源提供了机遇（Latta et al.，2001）。接着他们又比较了澳大利亚西部紫花苜蓿（二年生）与一年生豆科牧草在牧草—小麦轮作沙地酸性土壤的适应性，试验测定了土壤水分含量、产草量、土壤养分等，与一年生牧草相比，紫花苜蓿能利用夏季的降水从而获得了较高的生物产量，更适合在澳大利亚西部种植，其中土壤水分的测定是借助于中子仪（Latta et al.，2002）。也有研究更深入的，与免耕相结合进行研究，例如 Latta J. 和O’ Leary对澳大利亚的 Mallee 长期试验站半干旱地区休耕—小麦（FW），牧草—小麦（PW）和牧草—休耕—小麦（PFW）3 种不同的轮作模式的长期研究的分析发现：在相同的条件下 PFW 系统获得的小麦不论是干旱年份还是湿润年份产量都是最高的，水分利用效率也是最高的，除个别年份外 PFW 的产量都显著高于 FW 和 PW，并且 PFW 的 0~100 cm 土壤含水量显著高于 PW（Latta and O’ Leary，2003）。在这个长期试验中 140 cm 土壤含水量是也是用中子仪测定的，表层是采用烘干法测定（O’ Leary and Incerti，1993；Latta and O’ Leary，2003）。耗水是用播种与收获时的土壤贮水量差值加上生育期内的降水量计算得来。

Lothar Mueller et al.（2005）用德国柏林附近的蒸渗仪的方法测定了不同质地的土壤上的地上生物量、蒸发量、地下灌溉水比例和水分利用效率。蒸渗仪内用 TDR 监测土壤湿度，结果表明春大麦消耗 10~60 mm 的地下水，冬小麦 20~250 mm，牧场和草场牧草 80~300 mm，玉米 100~400 mm，玉米水分利用效率最高。

对于大草原的蒸散量的估算，主要是借助于气象数据，采用模型的方法。例如由美国航天局和美国农业部发起的，1997 年 6 月和 7 月在俄克拉何马州，美国南部大平原的水文试验（SGP97），从记录结果看 0.71~0.91 的几个草原网站的能量平衡闭合，建议用能量平衡闭合来支持波文比，这些对长期的水量平衡有重要意义（Twine et al.，2000）。有研究采用涡度相关方法，测定了美国佛罗里达州中部的一个无灌溉牧场草地，自 2000 年底至 2002 年 19 个月每半小时的实际蒸散量（ETa），比较了 Penman-Monteith 模型（PM），Priestley-Taylor 模型（PT），参考蒸散量（ET_0）以及水面蒸发模型（Ep）发现，PT 模型是一个将叶面积指数和太阳辐射与实际蒸散量相关很好的模型，与 ETa 相比标准误差仅为0.11 mm/d，准确计算 ETa 旨在为水资源的合理规划做依据（Sumner et al.，2005）。一般用来计算土壤水分限制条件下的蒸散量（Flint and Childs，1991）。作者还提出牧草的蒸散量计算可以与遥感相结合（Sumner et al.，2005），这对计算大面积草场的耗水很实用。牧草水分利用效率与氮素利用相结合研究，例如有研究发现小麦与豆科（小扁豆）轮作，氮素的增加不仅能获得产量的持续增加，而且由于水氮耦合规律使得系统的水分利用效率得到了提高（Pala et al.，2007）。

近年来，我国许多学者开始重视对牧草需水量的试验研究（胡跃高，1997，1998；陈曦，2005；赵风华，2004；马兴林，1995；孙洪仁，2005，2006，2007，2008，2009），但多数偏重于紫花苜蓿。随着奶牛业的发展，加之华北平原水资源紧缺，需要对适应该地区的主要优质牧草进行耗水规律进行深入研究。

4.2 试验区概况

试验在中国科学院禹城综合试验站牧草生态试验场进行（36° 49′ 52″ N，116°34′19″ E，海拔 23 m）。

经过 5 年的试验，牧草生态试验场的土壤养分状况和盐分状况都有了很大的改善（表 4.1），土壤有机质和土壤养分逐渐提高，土壤盐分逐渐下降。

表 4.1 牧草生态试验场 2005 年与 2009 年 0~20 cm 土壤养分和盐分比较

年份	有机质/%	全氮/%	全磷/%	全钾/%	碱解氮/(mg/kg)	速效磷/(mg/kg)	速效钾/(mg/kg)	pH 值	含盐量/%
2005	1.32	0.08	0.19	2.35	48.12	21.96	144.21	8.5	0.11
2009	1.41	0.09	0.2	2.32	72.37	14.29	77.9	8.7	0.06

注：2005 年土壤养分和盐分资料为本底值，2009 年土壤养分和盐分资料为试验小区平均值。

4.3 主要观测项目与观测方法

4.3.1 供试牧草品种

C_4牧草：

高丹草（*Sorghum bico* Lor × *Sorghum Sudanense* CV）

青饲玉米（*Zea mays* L.）

籽粒苋（*Amaranthus paniculatus* L.）

C_3牧草：

冬牧 70 黑麦（*Secale cereale*. L. cv. *Wintergrazer*-70）

中新 830 小黑麦（*X Triticosecale* Wittmack cv. *Triticate*-830）

多年生黑麦草（*Lolium perenne* L.）
紫花苜蓿（*Medicago sativa* L.）
红花三叶草（*Trifolium pretense* L.）
白花三叶草（*Trifolium repens* L.）
串叶松香草（*Silphium perfoliatum* L.）
菊苣（*Cichorium intybus* L.）
鲁梅克斯（*Rumex patientia* × *Rtinschanicus* cv. · *Rumex K*-1）
大豆（*Glycinemax* L.）

4.3.2 牧草播种情况

试验牧草的品种和播种情况，主要引用 2005—2009 年的实际情况。2009 年至今仍然进行各项试验研究（表 4.2）。

表 4.2 试验牧草的品种和播种情况（2005—2009 年）

牧草名称	品种	播种日期（年-月-日）	播种方式	播种行距/cm	刈割时期	留茬高度/cm
紫花苜蓿	WL323HQ	2005-04-27	条播	30	初花期（10 %开花）	4~5
串叶松香草	普通品种	2005-04-27	条播	50	50~70 cm 高	5~10
鲁梅克斯	鲁梅克斯	2005-04-27	条播	40	入冬前	0
菊苣	普那	2005-04-27	条播	40	入冬前	0
白花三叶草	普通品种	2006-09-06 2009-04-23	条播	30	入冬前	0
红花三叶草	普通品种	2006-09-06 2009-04-23	条播	30	入冬前	0
高丹草	润宝 润宝 超级 2 号 超级 2 号 超级 2 号	2005-04-27 2006-06-03 2007-05-18 2008-05-20 2009-05-24	条播	40	140 cm 高	5
籽粒苋	普通品种	2005-04-27 2006-06-03 2007-05-18 2008-05-20 2009-05-24	条播	40	60~80 cm 高	20~30

续表

牧草名称	品种	播种日期（年-月-日）	播种方式	播种行距/cm	刈割时期	留茬高度/cm
青饲玉米	新青1号	2005-04-27	点播	60	蜡熟期	0
	科多4号	2006-06-03				
	科多4号	2007-05-18				
	饲宝1号	2008-05-20				
	饲宝1号	2009-05-24				
黑麦	冬牧70	2005-10-18	条播	20	拔节期	5
	冬牧70	2006-09-14				
	冬牧70	2007-10-17				
	冬牧70	2008-10-11				
	冬牧70	2009-09-23				
小黑麦	中新830	2005-10-18	条播	20	拔节期	5
	中新830	2006-09-14				
	中新830	2007-10-17				
	中新830	2008-10-11				
	中新830	2009-09-23				

4.3.3 需水量测定方法

牧草需水量测定采用水量平衡法，估算试验小区的耗水量，试验期间，只估算了中新830小黑麦和冬牧70黑麦的耗水量。其他需水量资料均由注水式土壤蒸发器测定。

该仪器的基本原理是水量平衡方程：

$$ET_C = P + Q - F - R \pm \Delta W \tag{4.1}$$

式中，P为时段降水量，Q为注水量，ET_C为蒸发量，F为地表径流量，R为渗漏量，ΔW为土体内贮水量变化。

试验过程中，蒸发器内的土壤水分维持在田间持水量的70 %以上。当第1次（T1时刻）注水器内土壤含水量W1达到田间持水量FC，当器内土壤水分含量降低到W2（FC＞W2＞70 %FC）时，第2次（T2时刻）向器内注水，直到超过田间持水量，出现渗漏水，这时器内土壤含水量W3＝FC，因此，T1与T2时间段内的总的土壤贮水量变化为0，即$\Delta W=0$，式（4.1）就转化为：

$$ET_C = P + Q - F - R \tag{4.2}$$

由于蒸发器口沿高出地面，无地表经流产生，F=0，因此，

$$ET_C = P + Q - R \tag{4.3}$$

根据式（4.3）即可计算出牧草的需水量，式（4.3）中各个变量的单位均为mm，P为观测时段内的降水量，Q为注入蒸发器的水量，R为蒸发器排出的水量。

该仪器可观测每天的蒸发量，也可以测时段的蒸发量。每天的测定值为充分供水条件下的蒸发量，一般在傍晚向器内注水，第2天清晨测量渗漏量。种植牧草时，一般测量时段的蒸发量，灌溉量的多少视土壤性质、牧草种类、天气状况和水面蒸发量来而定。总体上讲，器内的土壤水分维持在田间持水量的70%以上，每次的灌水量超过田间持水量，出现渗漏水。由注水式土壤蒸发器测定的蒸发量可视为作物的需水量。

4.3.4　作物系数（Kc）的确定方法

牧草作物系数（Kc）的确定采用蒸发比的方法：

$$Kc = \frac{ET_C}{ET_0} \tag{4.4}$$

式中，ET_C 为测定的不同种类牧草需水量；ET_0 资料采用试验站水面蒸发场E-601蒸发器的水面蒸发观测数据。根据中国科学院禹城综合试验站1986—2006年水面蒸发的试验的结果，E-601蒸发器与20 m^2 水面蒸发池测得的蒸发量关系最好，折算系数为1.014。E-601蒸发器观测资料具有代表性。

4.3.5　产量水平水分利用效率（WUEy）确定

$$WUEy = Y/ET_C \tag{4.5}$$

式中，WUEy为产量水平水分利用效率［kg/（hm^2·mm）］；Y为生物产量（kg/hm^2）；ET_C 为作物需水量（mm）。

4.3.6　土壤含水量测量

每个试验小区装根中子管，使用CNC503DR型中子仪测定土壤体积含水量，测深100 cm，测深间隔为20 cm。频度是每7 d观测1次，冬季（黑麦收获以后，10月30日左右）每10 d观测1次，降水、灌溉、刈割后加测。

4.3.7 生态指标观测

4.3.7.1 生物量测定

每隔 7 d 测定地上部生物量鲜重、干重。三叶草、紫花苜蓿与冬牧 70 黑麦取样量为每个试验小区取 30 cm 长度的地上部分植株，串叶松香草取长势均匀的 3 个单茎、籽粒苋、高丹草和青饲玉米每个试验小区取 3 株植株。鲜重直接测定，干重的获取是采取的鲜样测重量以后放入烘箱，先 105 ℃杀青 1.5 h，再 75 ℃烘干。鲜重用十分之一天平称量、干重用百分之一天平称量。

4.3.7.2 叶面积测定

使用 Li-3000 便携式叶面积仪与 Li-3050C 透明胶带输送机配件组合测定，观测频度与生物量一致。其中紫花苜蓿叶面积采用比叶重法测定，即将全部叶片充分混匀后，按四分法，取出 1/4（m'）测定其面积 $S_{m'}$，并分别测定 1/4（m'）和剩下的 3/4（m''）叶烘干重，根据叶面积与叶干重的比例关系，所取样的叶面积即为：

$$S = S_{m'} \times \frac{m' + m''}{m'} \tag{4.6}$$

式中，S 为 30 cm 行长的紫花苜蓿叶面积，$S_{m'}$为四分法测量的叶面积，$m' + m''$为 30 cm 行长的紫花苜蓿叶总干重，m'为四分法的分得的 1/4 的紫花苜蓿叶干重，m''为剩下的 3/4未测定叶面积的紫花苜蓿叶干重。

4.3.7.3 株高观测

测定频度与生物量一致，每个小区选取 3 行×1 m 具有代表性的植株，测定从地面到最高叶尖（包括花序在内）的高度。

4.3.7.4 产量测定

在牧草的每个收获期，每个重复取一个 3 行×2 m 的样方，用磅秤称地上部总鲜重 $B_{总鲜}$，采用比重法测定干重。即将所取样品充分混匀后，采用四分法取出 1/4，茎叶分开，分别称取鲜重 $B_{测茎鲜}$、$B_{测鲜叶}$，然后烘干分别测定干重 $B_{测茎干}$、$B_{测叶干}$，得出样方的总干重 $B_{总干}$为：

$$B_{总干} = \frac{(B_{测茎干} + B_{测叶干}) \times B_{总鲜}}{(B_{测茎干} + B_{测叶干})} \tag{4.7}$$

4.3.7.5 发育期观测

每天观测 1 次牧草的生长发育状况，记录牧草的各个发育期。

4.3.8 降水类型划分

根据 2005—2009 年试验期间的自然条件，按照降水的特征划分为不同的类型，寻求在不同降水类型条件下牧草的生长和需水规律。

潘国艳（2010）根据禹城市 1951—2005 年的降水量资料，把年降水量的特征划分为 3 个类型（表 4. 3），年降水量≥580. 4×（1+20 %）mm 的年份为湿润年，≤580. 4×（1−20 %）mm 定为干旱年，其他的为平水年。

表 4. 3 1951—2005 年年降水量特征划分

年型	年降水量/mm	年数/年
湿润年	≥ 696. 5	13
平水年	464. 4~696. 5	28
干旱年	≤464. 4	14

冬牧 70 黑麦和中新 830 小黑麦为越冬一年生牧草，生长季节在 10 月到翌年 4 月。1951—2005 年，有 54 个麦季的平均降水量为 107 mm。将降水量≥107×（1+25 %）mm 定为湿润季节，≤107×（1−25 %）mm 定为干旱季节，其他的为平常季节（表 4. 4）。

表 4. 4 黑麦草季降水量特征划分（10 月至翌年 4 月）

年型	降水量/mm	季节数量
湿润季节	≥ 133. 8	10
平水季节	80. 3~133. 8	24
干旱季节	≤ 80. 3	20

玉米、高丹草和籽粒苋为一年生牧草，生长季节在 5—9 月。1951—2005 年，有 55 个玉米季平均降水量是 474. 3 mm。将降水量≥474. 3×（1+25 %）mm 的季节定为湿润季节，≤474. 3×（1−25 %）mm 定为干旱季节，其他的为平常季节（表 4. 5）。

表 4. 5 玉米季降水量特征划分（5—9 月）

年型	降水量/mm	季节数量
湿润季节	≥ 592. 9	13
平水季节	355. 7~592. 9	15
干旱季节	≤355. 7	27

上述降水量特征划分方法，由于试验资料系列较短，存在不足之处。但作为粗略评价不同雨型下的耗水特征，还是有一定参考价值。

4.4 结果与讨论

4.4.1 牧草的需水量与需水规律

4.4.1.1 2005 年牧草全生育期需水量

表 4.6 是 2005 年牧草全生育期需水量观测结果。供试牧草中，籽粒苋、高丹草、青饲玉米为一年生 C_4牧草；串叶松香草、紫花苜蓿、菊苣和鲁梅克斯为多年生 C_3牧草，其中串叶松香草、紫花苜蓿为第 1 年种植牧草，菊苣和鲁梅克斯为三年生牧草。

由于观测时段、牧草生物学特性的差异，牧草全生育期需水量差异很大。从观测结果来看，三年生牧草菊苣和鲁梅克斯需水量较大，菊苣全生育期需水量达 825.6 mm，鲁梅克斯全生育期需水量达 806.2 mm；当年种植的牧草中，需水量以紫花苜蓿最大，达 645 mm，籽粒苋最小，为 427 mm。

作物系数差距很大。作物系数大于 1 的有菊苣（1.28）、鲁梅克斯（1.23）、高丹草（1.21）和青饲玉米（1.15）；小于 1 的有串叶松香草（0.83）、籽粒苋（0.87）和紫花苜蓿（0.99）。

表 4.6 牧草全生育期需水量与作物系数（山东禹城，2005 年）

牧草名称	需水量/mm	水面蒸发量/mm	作物系数（Kc）	观测时段
籽粒苋	427	488.1	0.87	4.27~9.2
高丹草	570	471.6	1.21	4.27~8.28
青饲玉米	544	471.6	1.15	4.27~8.28
紫花苜蓿	645	650.2	0.99	4.27~10.31
串叶松香草	540	650.1	0.83	4.27~10.31
鲁梅克斯	806.2	654.1	1.23	4.27~10.31
菊苣	825.6	654.1	1.28	4.27~10.31

4.4.1.2 不同雨型牧草需水量

不同种类牧草的耗水量受土壤理化性质、气象因子和作物生物学特性的影响，是一个相当广泛而又复杂的过程。在土壤和气象因子相同条件下，不同牧草的耗水特性，决定了各种牧草对水分的消耗状况和利用程度。

气候变化是近几年研究的热点问题，以往对牧草耗水量的试验研究只涉及 1 年或者 2 年的资料，很少有人进行连续多年的试验研究牧草在不同的气候条件下的耗水规律。

潘国艳（2010）划分的降水特征，并估算了 3 种雨型生长季不同种类牧草的需水量。不同雨型的牧草需水量只选择供试牧草中的 7 种，均为生育期需水量。

不同种类牧草期的需水量有如下特征（表 4.7）：其一，不同种类牧草需水量差异很大。多年生牧草需水量大于一年生牧草。以平水年为例，多年生牧草紫花苜蓿的需水量为 842 mm，串叶松香草为 652 mm。一年生牧草需水量为 300~400 mm。其二，C_4牧草需水量较小。以平水年为例，C_4牧草高丹草、籽粒苋、青饲玉米的需水量，分别为 329 mm、354 mm 和 372 mm，均低于 C_3牧草的需水量。其三，从不同雨型需水量来看，通常是干旱年＞平水年＞湿润年。

表 4.7 不同的降水年型下的需水量 单位：mm

牧草名称	湿润年	平水年	干旱年	平均值
籽粒苋	311.8	354.4	333	333.1
高丹草	381.9	328.6	378.4	363
青饲玉米	354.7	372.1	402.3	376.4
小黑麦	394.8	423.2	468.7	428.9
黑麦草	421.6	396.2	484.4	434.1
串叶松香草	517.2	652	667.6	612.3
紫花苜蓿	721	841.7	820.9	794.5

从不同的降水年型下的平均需水量来看，多年生牧草由于生育期长，需水量比一年生的牧草普遍要高。图 4.1 比较直观反映各种牧草需水量的差异。平均需水量以紫

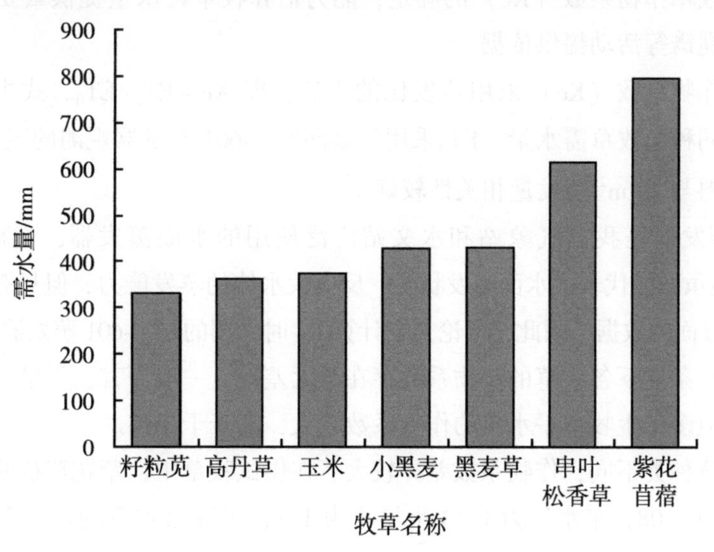

图 4.1 不同牧草的平均需水量

花苜蓿最多，需水量达 795 mm，其次是串叶松香草，需水量达 612 mm，籽粒苋的需水量最少，仅为 333 mm。值得一提的是，越冬牧草中新 830 小黑麦和冬牧 70 黑麦刈割 2 次的需水量也较少，分别为 342 mm 和 370 mm。

牧草在不同降水类型的日均耗水量，即总的需水量与生育期天数的比值。在干旱季节，一年生牧草的日均耗水量比其他季节要大，一年生牧草的日均耗水量，干旱季节最高。对于一年生的牧草，除冬牧 70 和高丹草外，其他牧草均是湿润季节的日耗水量最小。对于多年生牧草串叶松香草和紫花苜蓿，平常季节的日均耗水量最高，其次是干旱季节，湿润季节的最低。

气候变化会影响牧草的生育期，干旱会造成一年生牧草的生育期提前，冬牧 70 黑麦和中新 830 小黑麦在干旱季节成熟期比其他季节要提前 2～10 d，高丹草和青饲玉米生育期比其他季节提前 2～13 d，而籽粒苋则提前 28～76 d，这说明籽粒苋对气候变化，特别是降水量响应敏感。

4.4.1.3 不同雨型牧草作物系数

植物对水分要求及其消耗状况，是植物长期适应自然的结果，具有较为稳定的遗传性。因此，每种牧草都有与之相适应的生理需水要求。已有的研究表明，对于同一种作物而言，作物耗水量与同期水面蒸发量的比值趋近于一常数（程维新 等，1994），这是由于某种作物覆盖下的农田蒸发与水面蒸发受制于同一气象条件。但对于不同种类的牧草来讲，农田蒸发除受制于气象因素外，很大程度取决于牧草本身的耗水特性。由于每种牧草都有相应的耗水特性，因此，牧草的作物系数也因牧草种类而异。不同牧草作物系数（Kc）的确定，能为估算牧草耗水量提供重要的参考，为种植布局和灌溉等活动提供依据。

牧草的作物系数（Kc）采用蒸发比的方法：即 $Kc = ET_C/ET_0$，式中，ET_C 为试验测定的不同种类牧草需水量，ET_0采用的是同期 E-601 蒸发器观测的蒸发量。E-601 水面蒸发资料与 20 m^2 蒸发量相关性较好。

E-601 蒸发器是我国气象站和水文站广泛使用的水面蒸发器，资料容易获取。20 m^2 蒸发池虽然能代表大水面蒸发状况，反应大水体的蒸发能力，但只有少数水面蒸发场才有这方面的数据。因此，本论文在计算 Kc 时采用的是 E-601 蒸发器的蒸发量。

不同降水条件下各牧草的作物系数存在很大差异。一般而言，干旱年牧草的作物系数较大。但多年生牧草平水年的作物系数较大，高于干旱年。

由于牧草种类不同，作物系数差异较大。在供试牧草中，紫花苜蓿的作物系数最大，湿润年为 1.08，平水年为 1.14 干旱年为 1.1；串叶松香草的作物系数最小，分别为 0.78、1.01 和 0.9。

从作物系数平均值来看（图 4.2），紫花苜蓿的作物系数最大。C_3牧草的作物系

数均大于 C_4牧草。

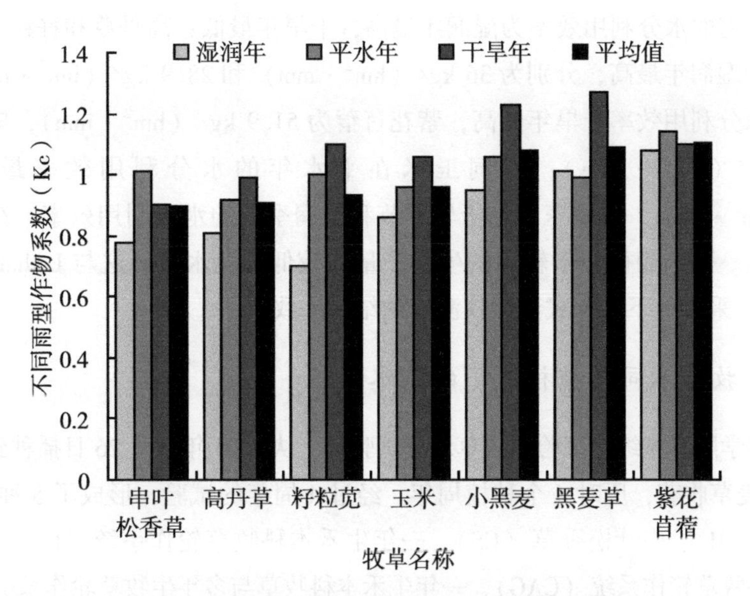

图 4.2　不同降水条件下各牧草的作物系数平均值

4.4.1.4　不同雨型牧草水分利用效率

水分利用效率（WUE），可以分为叶片、群体和产量 3 个不同的层次。本章采用的是产量水平的水分利用效率（WUEy）。

牧草在不同降水条件下的水分利用效率（图 4.3）差异较大。同一种牧草在不同

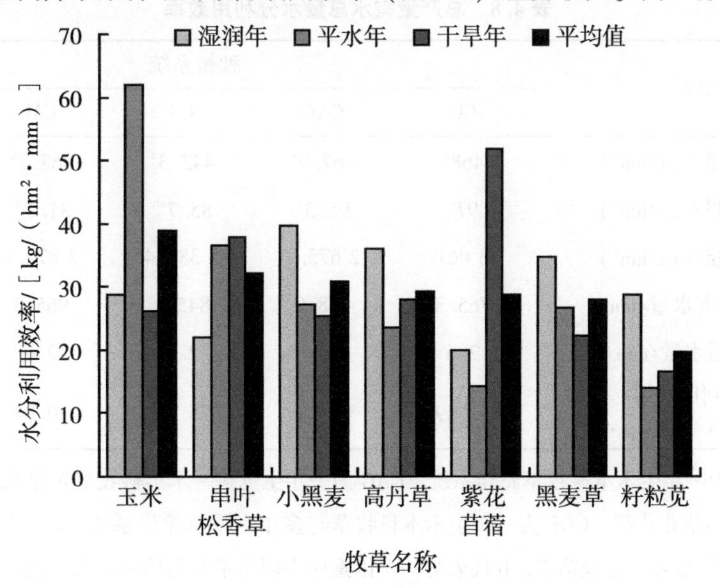

图 4.3　不同降水条件下牧草的水分利用效率

的降水类型条件下的水分利用效率，与生物量变化规律基本一致。冬牧70黑麦和中新830小黑麦的水分利用效率为湿润年最高，干旱年最低；高丹草和籽粒苋的水分利用效率也是湿润年最高，分别为36 kg/（hm^2·mm）和28.9 kg/（hm^2·mm）；多年生牧草的水分利用效率干旱年最高，紫花苜蓿为51.9 kg/（hm^2·mm），串叶松香草为37.9 kg/（hm^2·mm）；青饲玉米在平水年的水分利用效率最高，达到62 kg/（hm^2·mm）。青饲玉米在干旱季节和湿润季节的水分利用效率，在一年生牧草中也较高。这可能得益于较高的生物产量和较低的耗水量，这与Lothar Mueller et al.（2005）采用地下供水式蒸渗仪测定的结果一致。

4.4.1.5 牧草不同种植模式下的需水量

中国科学院禹城综合试验站牧草水分试验场，从2005年4月26日播种到2009年5月19日黑麦草收获，历时4个种植周年。经过4周年的试验，形成了5种种植模式：紫花苜蓿（CM）、串叶松香草（CS）、一年生禾本科牧草轮作系统（CG）、一年生苋科—禾本科牧草轮作系统（CAG）、一年生禾本科牧草与多年生牧草轮作系统（CGF）。

牧草不同种植模式下的需水量由注水式土壤蒸渗仪测定。牧草不同种植模式下的鲜草产量、干草产量均为该时间段实际测定值（表4.8）。

从不同种植系统总产量来看，一年生禾本科牧草轮作系统（CG）产量最高，也即3种C_4牧草高丹草、青饲玉米、籽粒苋和C_3牧草小黑麦、黑麦草轮作系统；一年生禾本科牧草与多年生牧草轮作系统（CGF）产量最低。

表4.8 总产量需水总量水分利用效率

要素	种植系统				
	CG	CAG	CS	CM	CGF
鲜草产量/（t/hm^2）	468[a]	467.9[a]	442.3[a]	368.7[b]	298.3[b]
干草产量/（t/hm^2）	97[a]	95.3[a]	85.7[ab]	81.2[ab]	70.4[b]
需水总量/（t/hm^2）	3 061	2 675.7	3 380.4	3 877.1	3 573.5
年平均需水量/mm	765.3	668.9	845.1	965.3	893.4
日均需水量/mm	2.6	2.3	2.3	2.6	2.6
水分利用效率/[（kg·hm^2）/（mm·a）]	31.69	35.62	25.35	20.94	19.7

注：CG为一年生禾本科牧草轮作系统，CAG为一年生苋科—禾本科牧草轮作系统，CS为串叶松香草，CM为紫花苜蓿，CGF为一年生禾本科牧草与多年生牧草轮作系统。a代表一个因素中不同水平与均值的显著性比较结果，b代表另一个因素中不同水平与均值的显著性比较结果，ab表示一个因素与另一个因素交互作用对均值的影响是否显著。当P值小于0.05时，这些因素对于响应变量的影响是显著的。下同。

从不同种植系统水分利用效率来看，一年生苋科—禾本科牧草轮作系统（CAG）最高，达35.62（kg·hm^2）/（mm·a），一年生禾本科牧草与多年生牧草轮作系统（CGF）最低，为19.7（kg·hm^2）/（mm·a）。

从综合评价来看，在华北平原地区，采用C_4牧草高丹草、青饲玉米、籽粒苋和C_3牧草小黑麦、黑麦草进行轮作，可能是一种最佳选择。

试验期间的降水量均小于各系统的需水量，这说明在该地区种植牧草需要有一定的灌溉条件。该地区降水主要集中在6—9月，在早春牧草返青时节，需要浇返青水；春季需要灌溉，夏季和秋季的降水超过了牧草的需水量，冬季牧草根据情况选择浇越冬水。

从不同种植系统需水总量来看，紫花苜蓿（CM）需水量最高，年平均达965.3 mm；一年生苋科—禾本科牧草轮作系统（CAG）需水量最低，年平均为668.9 mm。

牧草不同种植模式下的需水量有很大差别（图4.4）。多年生紫花苜蓿（CM）的需水量最大，达965.3 mm，一年生禾本科牧草轮作系统（CG）和一年生苋科—禾本科牧草轮作系统（CGF）需水量达900 mm，串叶松香草（CS）和苋科—禾本科轮作系统（CAG）差异达到显著水平。而苋科—禾本科轮作系统的需水量最小，只有668.9 mm。但是2种多年生牧草的日均耗水量均比其他处理的高。

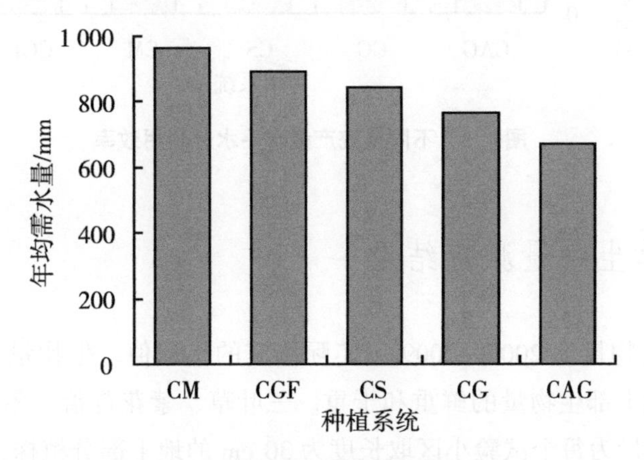

图4.4　不同种植系统年平均需水量

注：CG为一年生禾本科牧草轮作系统，CAG为一年生苋科—禾本科牧草轮作系统，CS为串叶松香草，CM为紫花苜蓿，CGF为一年生禾本科牧草与多年生牧草轮作系统。

试验期间的降水总量为2 339.8 mm，均小于各系统的需水量，这说明在该地区种植牧草需要有一定的灌溉条件。该降水主要集中在6—9月，在早春牧草返青时节，需要浇返青水；春季需要灌溉，夏季和秋季的降水超过了牧草的需水量，冬季牧草根据情况选择浇越冬水。

4.4.1.6 不同种植系统的水分利用效率

根据式（4.2）计算不同系统产量水平水分利用效率（WUEy）。由图 4.5 知，不同种植系统的水分利用效率年平均值在 22.7～30.7（kg·hm²）/（mm·a），禾本科牧草轮作系统（CG）水分利用效率最高，其次是苋科—禾本科轮作系统（CAG）与串叶松香草（CS），紫花苜蓿（CM），禾本科与多年生牧草轮作系统（CGF）最低，与年均干草产量规律基本一致，与年均需水量规律呈现出相反的趋势。

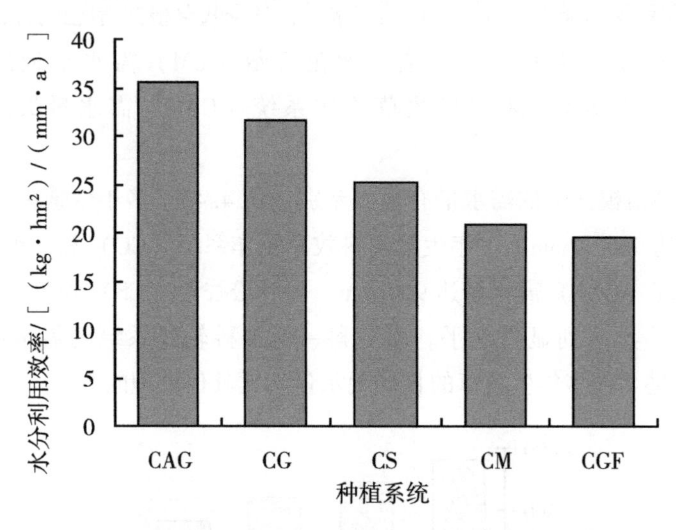

图 4.5　不同系统产量水平水分利用效率

4.4.2 牧草生物量测定结果

不同牧草生物量为 2005—2009 年实际测定的平均值。生物量为地上部生物量，每隔 7 d 测定地上部生物量的鲜重和干重。三叶草、紫花苜蓿、冬牧 70 黑麦和中新 830 小黑麦取样量为每个试验小区取长度为 30 cm 的地上部分植株；串叶松香草、籽粒苋、高丹草和青饲玉米每个试验小区取 3 株植株。

鲜重直接采样称重测定，用十分之一天平称量。干重是鲜样称重后放入烘箱，先 105 ℃杀青 1.5 h，再 75 ℃烘干，干重用百分之一天平称量。不同牧草的年均产草量（2005—2009 年）如表 4.9 所示。

表 4.9　不同牧草的年均产草量（2005—2009 年）　　单位：t/（hm²·a）

牧草名称	鲜草产量	标准差	干草产量	标准差
籽粒苋	61.94	29.9	6.53	3.38

续表

牧草名称	鲜草产量	标准差	干草产量	标准差
中新 830 小黑麦	47.97	8.64	8.36	1.87
冬牧 70 黑麦	49.05	4.95	9.05	1.94
高丹草	74.88	32.23	10.45	4.19
青饲玉米	40.58	7.65	15.2	7.34
串叶松香草	92.14	60.45	16.87	10.92
紫花苜蓿	71.51	37.25	18.62	13.65

4.4.2.1　牧草鲜草产量比较

牧草鲜草产量是牲畜青绿饲料的重要来源，是衡量牧草品种的指标之一。

从鲜草产量 5 年平均值来看，居前三位的有串叶松香草、高丹草和紫花苜蓿（图 4.6）。串叶松香草产量最高，达 92.14 t/（hm^2·a），青饲玉米最低，仅 40.58 t/（hm^2·a）。中新 830 小黑麦和冬牧 70 黑麦为越冬牧草，为一年生越冬牧草，鲜草产量也较高。冬牧 70 黑麦返青早、生长快，是早春青绿饲料的重要来源。

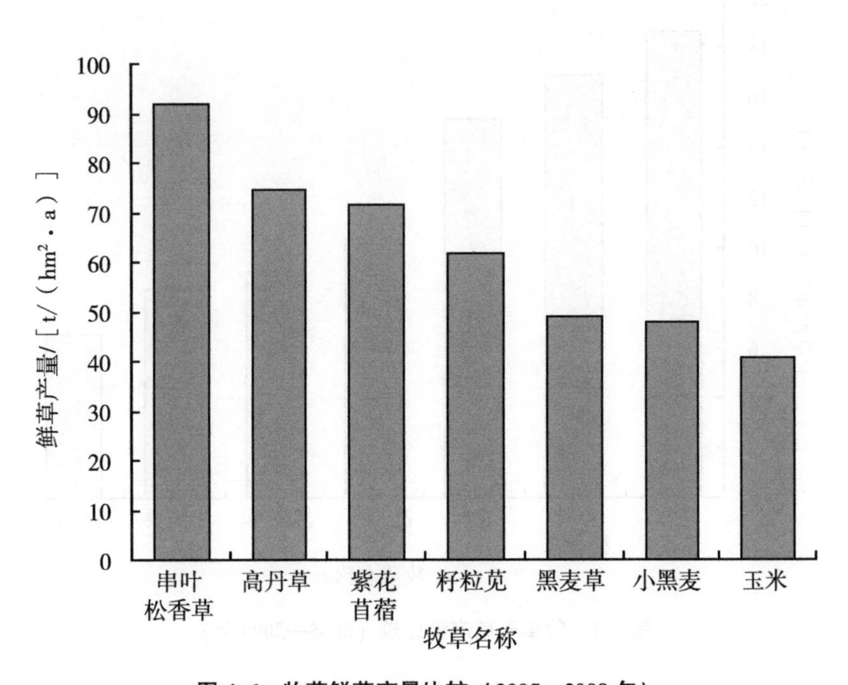

图 4.6　牧草鲜草产量比较（2005—2009 年）

4.4.2.2 牧草干草产量比较

青干草是草食动物最基本最主要的饲料。生产实践中，干草不仅是一种必备饲料，而且还是一种贮备形式，以调节青饲料供给的季节性淡旺，缓冲枯草季节青饲料的不足，特别是优质干草，不仅是草食家畜的好饲料，而且粉碎后可用为猪、鸡配合饲料的原料，将干草与多汁饲料配合饲喂奶牛，可增加干物质和粗纤维采食量，从而保证产奶量和乳脂率。

干草具有营养好、易消化、成本低、简便易行、便于大量贮存等特点。在草食家畜的日粮组成中，干草的作用越来越被畜牧业生产者所重视，它是秸秆、农副产品等粗饲料很难替代的草食家畜饲料。它不仅提供了牛、羊等反刍动物生产所需的大部分能量，而且豆科牧草还作为这些动物的蛋白质来源。

从5年的平均值来看，干草产量居前三位的有紫花苜蓿、串叶松香草和青饲玉米。各种牧草干草产量与鲜草产量相比排序发生了变化（图4.7），紫花苜蓿的干草产量居于首位，干草产量达18.62 t/（hm^2·a），串叶松香草的干草产量退居于次位，干草产量达16.87 t/（hm^2·a），青饲玉米的干草产量升至第三，干草产量达15.2 t/（hm^2·a），籽粒苋的干草产量最低，仅6.53 t/（hm^2·a）。

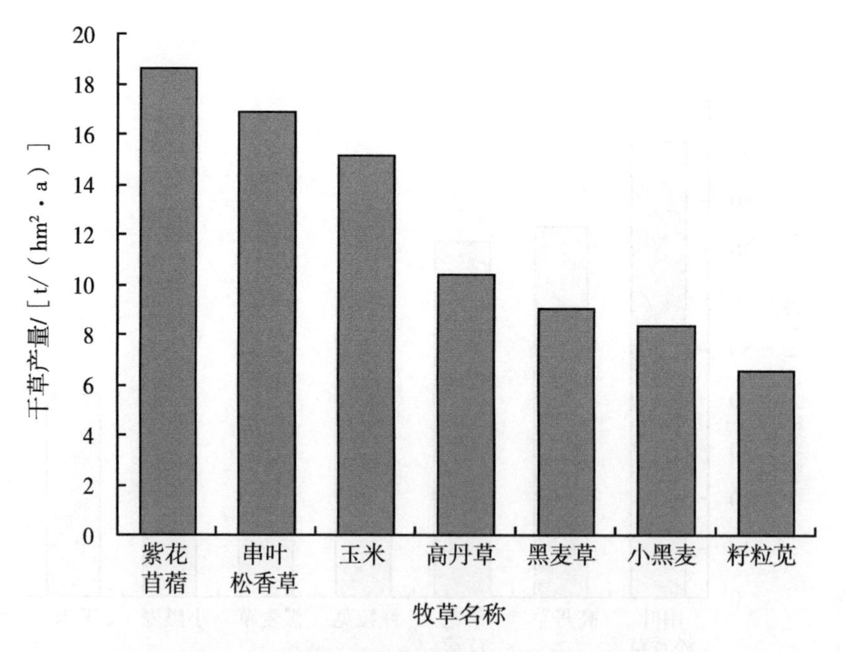

图4.7 牧草干草产量比较（2005—2009年）

从牧草生物量来看，紫花苜蓿仍然是我国最重要的牧草品种之一。串叶松香草无论是鲜草产量或是干草产量，均处于供试牧草的前茅，是牧草优良品种之一，应当引起重视。

4.4.3 结语

根据平水年的资料比较（表 4.10），在华北平原地区，当土壤水分不受限制条件下，鲜草产量居前三位的有串叶松香草、高丹草和紫花苜蓿；干草产量居前三位的有紫花苜蓿、串叶松香草、青饲玉米；紫花苜蓿的需水量最多，达 841.7 mm，其次是串叶松香草，达 652 mm，高丹草的需水量最少，328.6 mm；水分利用效率居前 3 位的是串叶松香草、冬牧 70 黑麦和青饲玉米。

表 4.10 平水年产量、需水量比较

要素	牧草名称						
	籽粒苋	小黑麦	黑麦草	高丹草	青饲玉米	串叶松香草	紫花苜蓿
鲜草产量/［t/（hm^2·a）］	61.94	47.97	49.05	74.88	40.58	92.14	71.51
干草产量/［t/（hm^2·a）］	6.53	8.36	9.05	10.45	15.2	16.87	18.62
需水量/mm	354.4	362.1	355.9	328.6	372.1	652	841.7
水分效率/［kg/（hm^2·mm）］	18.43	23.09	25.43	31.8	40.85	25.87	22.12

从不同种类牧草主要指标综合评价来看（表 4.11），串叶松香草明显优势，具有推广价值；3 种 C_4 牧草需水量都较小，水分利用效率也较高，很有发展前途；紫花苜蓿是本地区种植面积最大的牧草，干草产量高但需水量也高，是当家牧草。冬牧 70 黑麦和中新 830 小黑麦为越冬牧草，特别是冬牧 70 黑麦返青早、生长快，是早春青绿饲料的重要来源。冬牧 70 黑麦和中新 830 小黑麦是冬闲地秋季种植的首选牧草，可以利用农田、果园冬闲期的土地资源和光热资源。

表 4.11 不同种植系统的资料比较

要素	种植系统				
	CG	CAG	CS	CM	CGF
鲜草产量/（t/hm^2）	468^{a}	467.9^{a}	442.3^{a}	368.7^{b}	298.3^{b}
	1	2	3	4	5
干草产量/（t/hm^2）	97^{a}	95.3^{a}	85.7^{ab}	81.2^{ab}	70.4^{b}
	1	2	3	4	5

续表

要素	种植系统				
	CG	CAG	CS	CM	CGF
需水总量/mm	3 061	2 675.7	3 380.4	3 877.1	3 573.5
	4	5	3	1	2
年平均需水量/mm	765.3	668.9	845.1	965.3	893.4
	4	5	3	1	2
水分利用效率/[kg/(hm^2·mm)]	31.69	35.62	25.35	20.94	19.7
	2	1	3	4	5

注：CG为禾本科牧草轮作系统，CAG为苋科—禾本科轮作系统，CS为串叶松香草，CM为紫花苜蓿，CGF为禾本科与多年生牧草轮作系统。

根据5个种植模综合评价来看，在华北平原地区，采用C_4牧草高丹草、青饲玉米、籽粒苋和C_3牧草小黑麦、黑麦草进行轮作，可能是一种最佳选择。紫花苜蓿在华北平原地区仍然是当家牧草，但需水量较高，生物产量和水分利用效率偏低。串叶松香草鲜草产量很高，是适应性很广的牧草，根据多年观测，是一种非常好的牧草，具有很好的发展前景。

第5章　紫花苜蓿需水量和水分利用效率

紫花苜蓿是世界上主要种植牧草。许多学者对紫花苜蓿需水量、耗水规律、作物系数和水分利用效率等进行了很多研究。本研究结果表明：在华北平原地区，当土壤水分不受制约条件下，紫花苜蓿全年需水量变化为800~1 200 mm。其中，紫花苜蓿生长季的需水量为630~1 050 mm；越冬期需水量为188~208 mm。紫花苜蓿的作物系数全生长季平均值为0.99，表明紫花苜蓿的全生长季需水量与同期E-601水面蒸发器的蒸发量大体相当。

紫花苜蓿（*Medicago sativa* L.）属多年生豆科宿根草本植物，是世界上分布最广的优质牧草。紫花苜蓿在我国已有近2 000年的栽培历史，主要分布在黄河流域及其以北广大地区，种植面积稳定在130×10^4 hm^2左右。

紫花苜蓿在我国农业结构转型期，是大力推广的一种优良饲草，包括东北平原、华北平原以及新疆、内蒙古、甘肃等地。在这些地区种植紫花苜蓿，主要限制因素是水，即便在降水相对充足的华北平原也是如此。多次刈割的紫花苜蓿平均耗水量为800~900 mm。华北平原年均降水量500~600 mm，主要集中在6—8月，占全年降水量的80 %。

在华北平原，紫花苜蓿第1茬和第2茬的生长初期，恰好在华北平原的旱季，想要确保紫花苜蓿产量就必须灌溉。因此，增大灌溉的效益，维持土壤长期水分平衡的研究具有重要的理论和实践意义。

紫花苜蓿是我国在牧草需水量和水分利用效率研究最多的一种草类。近些年来，我国在紫花苜蓿的需水量和水分利用效率方面进行了许多研究，我国在紫花苜蓿的需水量研究主要集中在西北和华北地区，取得重要进展（孙海燕，2008；杨磊 等，2008；孙洪仁 等，2008；孟林 等，2007；李浩波 等，2006；尹雁峰 等，2006；万素梅 等，2004；党志强，2004；杨启国 等，2003；朱湘宁 等，2002）。

紫花苜蓿又名苜蓿，蔷薇目、豆科。紫花苜蓿属多年生草本植物，根粗壮，入土层深，根颈发达。茎直立、丛生以至平卧，四棱形，无毛或微被柔毛，枝叶茂盛。全国各地都有栽培或呈半野生状态，生于田边、路旁、旷野、草原、河岸及沟谷等地。紫花苜蓿是欧亚大陆和世界各国广泛种植的饲料与牧草。

紫花苜蓿株高1 m左右，株形半直立，轴根型，扎根很深。单株分枝多，茎细而密，叶片小而厚，叶色浓绿，花深紫色，花序紧凑；荚果暗褐色，螺旋形，2~3圈；种子肾形，黄色，千粒重1.8 g左右。抗旱性强，抗寒性中等。

紫花苜蓿可以加工成苜蓿草粉。其制作是多种加工储存方式中营养损失较少的一种。牧草草粉加工业在国际上已逐渐产业化，欧美各国早在20世纪20—30年代就开始草粉生产，到20世纪50年代，草粉生产技术已达到相当高的水平。目前，不少国家的草粉生产已实现专业化和集约化。现在多采用快速高温干燥法生产草粉，其方式有脱水苜蓿粉的生产，将收割后的苜蓿切断后以转鼓高温气流式牧草加工机组进行加工。在这个过程中，外界的高温空气将热能迅速传导给切碎的苜蓿草段，使鲜草中的水分迅速蒸发，经过几分钟的处理，即可得到干燥的草粉。因此，植物体本身生物化学变化和外界机械作用引起的营养流失大幅度降低。该加工过程受气候因素的影响小，生产周期短，生产效率高，可以充分起到利用资源的作用。

紫花苜蓿为多年生豆科牧草，紫花苜蓿抗逆性强，适应范围广，能生长在多种类型的气候、土壤环境下。性喜干燥、温暖、多晴天、少雨天的气候和高燥、疏松、排水良好、富含钙质的土壤。最适气温25~30 ℃；年降水量为400~800 mm的地方生长良好，年降水量超过1 000 mm则生长不良。年降水量在400 mm以内，需有灌溉条件才生长旺盛。夏季多雨湿热天气对紫花苜蓿最为不利。

紫花苜蓿蒸腾系数高、生长期间需水量较多的植物。每1 g干物质约需水800 g。但紫花苜蓿最忌积水，若连续淹水1~2 d即大量死亡。紫花苜蓿适应在中性至微碱性土壤上种植，最适土壤pH值为7~8，土壤含可溶性盐在0.3 %以下就能生长，不适宜强酸、强碱性土壤种植。在海拔2 700 m以下，无霜期100 d以上，全年≥10 ℃积温1 700 ℃以上，年平均气温4 ℃以上地区都适宜种植。

紫花苜蓿产草量高，有“牧草之王”的称号。紫花苜蓿的产草量因生长年限和自然条件不同而变化范围很大，播后2~5年的每亩鲜草产量一般在2 000~4 000 kg，干草产量为500~800 kg。在水热条件较好的地区每亩可产干草733~800 kg；在干旱低温的地区，每亩产干草产量为400~730 kg；荒漠绿洲的灌区，每亩产干草产量为800~1 000 kg。

紫花苜蓿寿命较长，可达30年之久，田间栽培利用年限7~10年。但其产量，在进入高产期后，随年龄的增加而下降。

紫花苜蓿再生性很强，刈割后能很快恢复生机，一般每年刈割2~4次，多者可刈割5~6次。

紫花苜蓿营养丰富，茎叶中含有丰富的蛋白质、矿物质、多种维生素及胡萝卜素，特别是叶片中含量更高。紫花苜蓿鲜嫩状态时，叶片重量占全株的50 %左右，叶片中粗蛋白质含量比茎秆高1~1.5倍，粗纤维含量比茎秆少1/2以上。在同等面积的土地上，紫花苜蓿的可消化总养料是禾本科牧草的2倍，可消化蛋白质是2.5倍，矿物质是6倍。

5.1　紫花苜蓿需水量

紫花苜蓿为全球最重要的种植牧草。研究其耗水规律具有重要意义。紫花苜蓿的耗水规律因气候区域、种植管理措施和生长年限而异（孙洪仁 等，2005）。

紫花苜蓿是需水量较多的牧草之一。根据中国科学院禹城综合试验站牧草水分试验场测定，在华北平原地区，当土壤水分不受制约条件下，紫花苜蓿全年需水量变化在 800~1 200 mm。其中，紫花苜蓿生长季需水量为 630~1 050 mm，越冬期需水量为 188~208 mm。

5.1.1　建植当年的紫花苜蓿需水量

5.1.1.1　建植当年紫花苜蓿的需水量具有典型性

建植当年的紫花苜蓿，从播种至籽粒成熟是一个完整的生育过程。由于试验小区土壤水肥条件不受限制，紫花苜蓿生长发育良好。建植当年紫花苜蓿的需水量和需水特征，在华北平原具有典型性和代表性。

5.1.1.2　建植当年紫花苜蓿的需水量

紫花苜蓿于 2005 年 4 月 27 日播种，10 月 31 日停止观测，历时 188 d。根据测定，建植当年的紫花苜蓿，未刈割的紫花苜蓿生育期需水量为 645 mm，刈割的紫花苜蓿生长季需水量为 627 mm。根据 2005 年 10 月 31 日至 2006 年 3 月 20 日测定，紫花苜蓿越冬期耗水量未刈割的为 188 mm，刈割的为 208 mm。紫花苜蓿全年需水量未刈割的为 833 mm，刈割的为 835 mm（表 5.1）。紫花苜蓿生长季未刈割需水量略高于刈割，但越冬期需水量刈割略高于未刈割。就全年而言，刈割与未刈割的需水量差异都不大。

要说明的是，许多学者在论述紫花苜蓿需水量时，往往是紫花苜蓿生长季的需水量，忽略了紫花苜蓿越冬期的需水量。因紫花苜蓿是多年生牧草，越冬期的需水量也是紫花苜蓿需水量的重要组成，而且越冬期的需水量占全年需水量比重相当大，分别占 22.6 %和 24.9 %。

表 5.1　一年生紫花苜蓿需水量　　单位：mm

处理	生长季需水量	越冬期耗水量	全年需水量
紫花苜蓿（未刈割）	645	188	833
紫花苜蓿（刈割）	627	208	835

5.1.1.3 建植当年紫花苜蓿的累计需水量

从一年生紫花苜蓿生育期需水量累计过程来看（图5.1），出苗后100 d（开花期），紫花苜蓿需水量呈线性增长，随着植被覆盖度增加，需水量呈缓慢增长趋势。

与此同时，将E-601水面蒸发器同步观测上的水面蒸发量累计过程进行比较，由图5.1可知，紫花苜蓿生育期需水量累计过程和E-601水面蒸发器同步观测上的水面蒸发量累计过程完全一致。

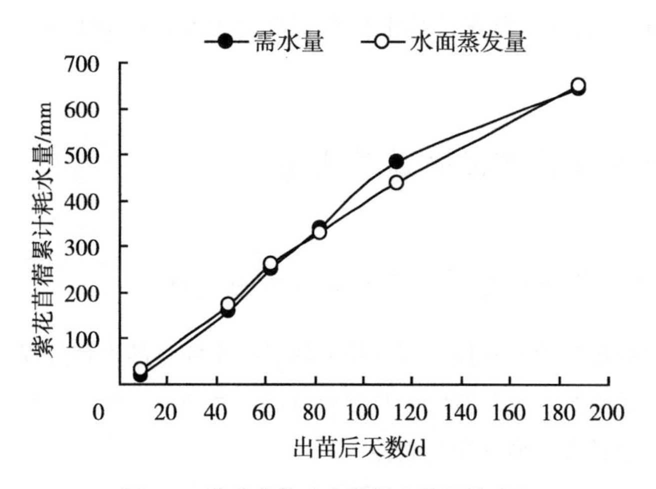

图5.1 紫花苜蓿生育期需水量累计过程

5.1.1.4 建植当年紫花苜蓿的需水强度

需水强度是单位面积的植物群体在单位时间内的耗水量，也称蒸散强度，常用单位为mm/d或m^3/（d·hm^2）。

紫花苜蓿不同生育阶段耗水强度不同，总的趋势是由小到大，然后又变小（图5.2）。

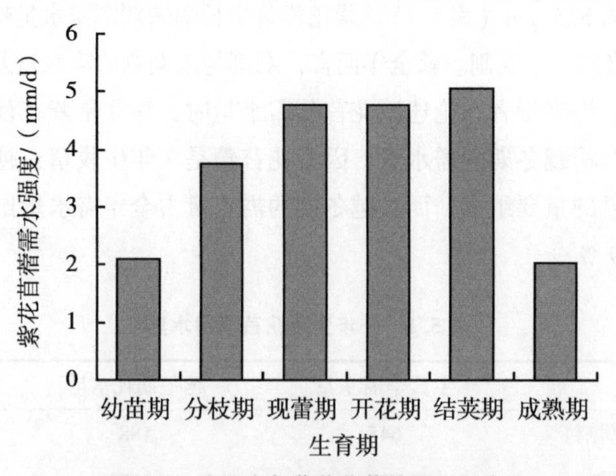

图5.2 建植当年紫花苜蓿的需水强度

建植当年的紫花苜蓿，幼苗期植株生长速度较缓慢，叶面积指数小，日耗水强度较小，耗水强度约为 2.1 mm/d；随着气温的增高和生长速度加快，生理和生态需水相应增多，分枝期的耗水强度 3.78 mm/d；现蕾期至结荚期，耗水强度为 4.78 mm/d 左右；结荚期耗水强度最大为 5.08 mm/d；进入成熟期，以生殖生长为主，耗水强度又降低，耗水强度降至 2.03 mm/d。建植当年的紫花苜蓿生长季平均耗水强度为 3.43 mm/d。

5.1.1.5　建植当年紫花苜蓿的作物系数

紫花苜蓿的作物系数（Kc）由紫花苜蓿的需水量（ET_C）和 E-601 水面蒸发器的水面蒸发量（ET_0）比值决定，即 $Kc = ET_C/ET_0$。

紫花苜蓿的作物系数主要受作物生物学特性的影响。在生长初期，地面被植被覆盖度小，需水量较少，因而 $ET_C < ET_0$，故作物系数较小，Kc 仅 0.58；进入分枝期后，地面基本被植被覆盖，作物系数也逐渐增大，此时，ET_C 与 ET_0 基本相等，Kc 为 1 左右；开花期 Kc 为 1.2；结荚期 Kc 达最大值 1.5；籽粒成熟期，叶片逐渐枯黄，故作物系数又变小，Kc 降至 0.71（图 5.3）。

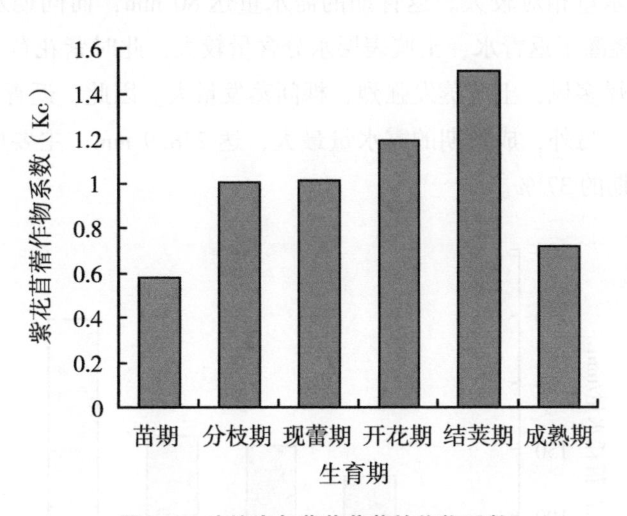

图 5.3　建植当年紫花苜蓿的作物系数

紫花苜蓿生长季需水量为 645 mm，同期水面蒸发量为 650.2 mm，Kc 为 0.99。从全生育期来看，紫花苜蓿的需水量相当于同期水面蒸发量。

5.1.2　二年生紫花苜蓿需水量

二年生紫花苜蓿需水量于 2006 年 3 月 20 日至 10 月 16 日测定。也即测定了从紫花苜蓿返青期至成熟期全生育过程的需水量（表 5.2）。

表 5.2　二年生紫花苜蓿需水量、耗水强度、作物系数

要素	返青期	现蕾期	开花期	结荚期	成熟期	全生育期
天数/d	23	35	35	40	78	211
需水量/mm	80	130.4	153.3	161.3	248.9	773.9
水面蒸发量/mm	40.7	86.8	195.3	141	209.8	673.6
耗水强度/（mm/d)	3.48	3.71	4.37	4.03	3.19	3.67
作物系数（Kc）	1.97	1.51	1.78	1.14	1.19	1.15
耗水模系数/%	10.34	16.85	19.81	20.84	32.16	100

5.1.2.1　二年生紫花苜蓿的需水量

根据实际观察，在水肥条件比较好的情况下，二年生的紫花苜蓿长势相当好。二年生紫花苜蓿生长季和全年需水量都大于一年生紫花苜蓿需水量。

由图 5.4 可知，二年生紫花苜蓿的需水量随生育期而逐渐增加。要说明的是，返青期紫花苜蓿需水量相对较大。返青期的需水量达 80 mm，而同期水面蒸发量仅为 40.7 mm。由于浇灌了返青水，土壤表层水分含量较大，此时紫花苜蓿刚返青，加之华北平原春季干燥多风，土壤蒸发强烈，棵间蒸发量大。因此，返青期的需水量，大都属于生态耗水。另外，成熟期的需水量最大，达 248.9 mm，主要原因是成熟期达 78 d，占全生育期的 37 %。

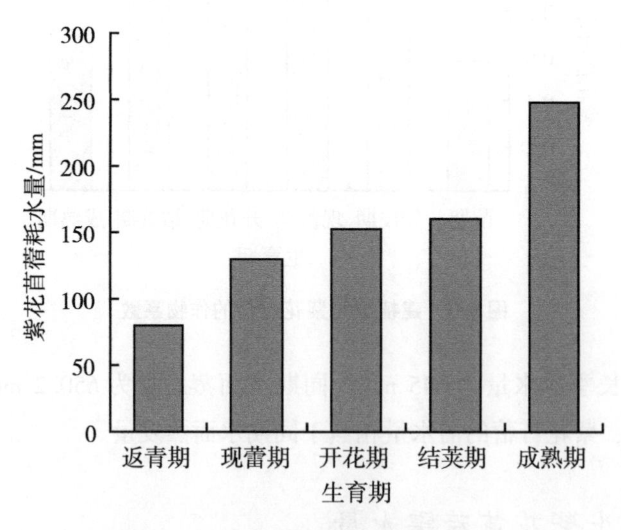

图 5.4　二年生紫花苜蓿生长季需水量

由表 5.3 可知，二年生紫花苜蓿全年需水量为 947.3 mm。其中紫花苜蓿生长季需水量为 773.9 mm，越冬期需水量为 173.4 mm。全年降水量为 422.5 mm，其中，

生长季降水量为341.4 mm，越冬期降水量为81.1 mm，需水量大于同期降水量。

表5.3 二年生紫花苜蓿需水量测定结果 单位：mm

观测期	观测时段	需水量	降水量
生长季	2006-03-20—10-16	773.9	341.4
越冬期	2006-10-20—2007-03-20	173.4	81.1
全年	2006-03-20—2007-03-20	947.3	422.5

5.1.2.2 二年生紫花苜蓿的需水强度

由图5.5可知，二年生紫花苜蓿的需水强度呈抛物线型变化。返青期的需水强度为3.48 mm/d；现蕾期需水强度为3.71 mm/d；开花期的需水强度最大，为4.37 mm/d；结荚期需水强度为4.3 mm/d；成熟期需水强度降至3.19 mm/d。

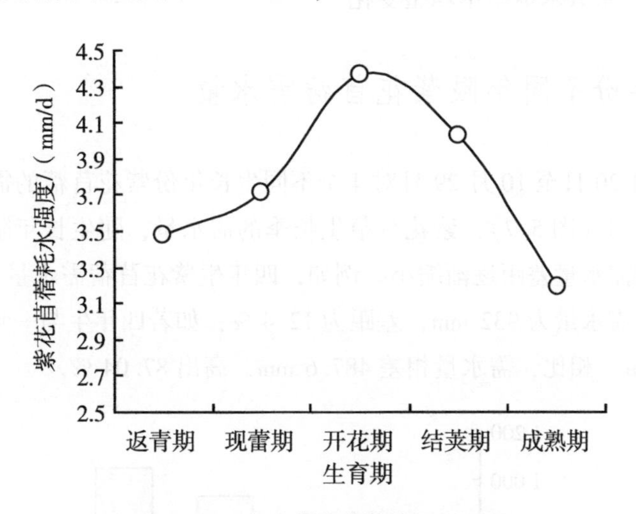

图5.5 二年生紫花苜蓿的需水强度

5.1.2.3 二年生紫花苜蓿的作物系数

由图5.6可知，返青期的作物系数为各生育期中最高，达1.97。返青期的需水量达80 mm，比同期水面蒸发量40.7 mm将近高1倍，这是一种不合理的现象。按理说，返青期作物系数应该较低。但是，由于浇灌了返青水，土壤表层水分含量较大，此时紫花苜蓿刚返青，加之华北平原春季干燥多风，土壤蒸发强烈，棵间蒸腾明显偏高。这一现象主要是由环境因素造成，并不能反映这个时期作物耗水生物学特性。二年生紫花苜蓿全生育期的作物系数为1.15。

根据其他牧草作物系数资料分析，牧草幼苗期或返青期，作物系数一般不会超过

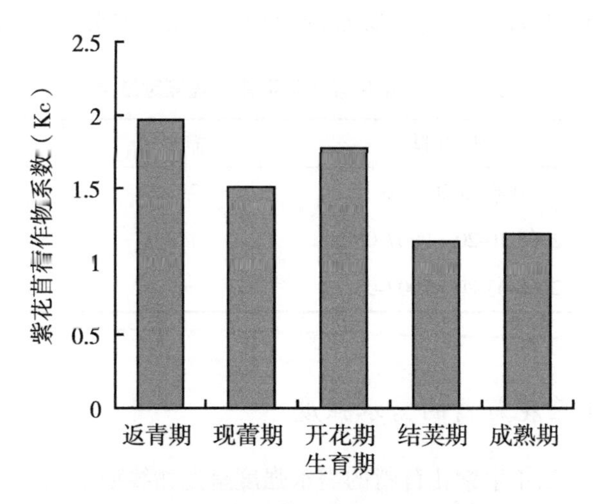

图 5.6　二年生紫花苜蓿的作物系数

1。牧草一生作物系数基本呈单峰型变化。

5.1.3　同年份不同年限紫花苜蓿需水量

2008 年 3 月 20 日至 10 月 29 日对 4 个不同生长年份紫花苜蓿的需水量进行了同步观测。结果表明（图 5.7），紫花苜蓿生长季的需水量，随生长年限的增加而逐步增加，但年际间需水量差距逐渐缩小。例如，四年生紫花苜蓿需水量为 1 047.8 mm，三年生紫花苜蓿需水量为 932 mm，差距为 12.4 %；如若四年生与一年生紫花苜蓿需水量（560.2 mm）相比，需水量相差 487.6 mm，高出 87.04 %。

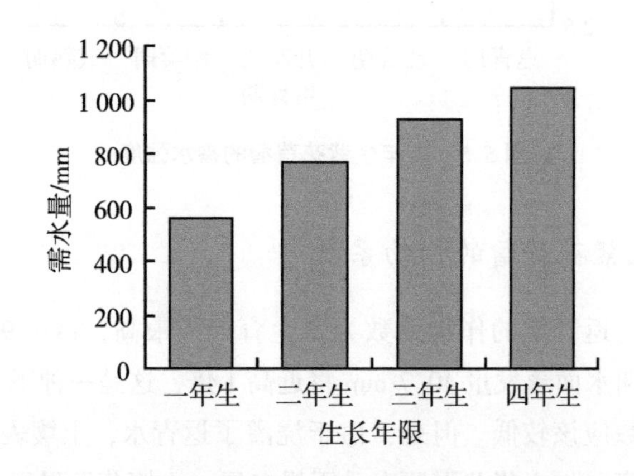

图 5.7　不同种植年紫花苜蓿生长季需水量测定结果

2008 年，紫花苜蓿生长季同期的降水量为 538.1 mm，除能基本满足当年建植紫花苜蓿生长季需水量外，紫花苜蓿生长季缺水比较严重。二年生紫花苜蓿缺水约 400 mm，四年生紫花苜蓿缺水约 500 mm。由此可见，在华北平原地区，紫花苜蓿要获得高产，降水量不能满足生长季需水量要求，必须进行补充灌溉。

应当指出的是，测定的紫花苜蓿需水量，是在土壤水分不受制约条件下测定的，土壤水分大于田间持水量 70 %时的紫花苜蓿需水量。

5.1.4　不同的降水年型下的紫花苜蓿生长季需水量

根据山东禹城历史降水资料，将 1951—2005 年的降水资料按照牧草的不同生长季节，划分为 3 种雨型：湿润年、平水年、干旱年。将紫花苜蓿 2005—2009 年的需水量观测资料，按照不同降水类型进行紫花苜蓿需水量估算。

紫花苜蓿需水量不同降水分差异较大，根据估算，湿润年最少，为 721 mm，干旱年次之，为 820.9 mm，平水年最多，为 841.7 mm。

需要指出，紫花苜蓿需水量实际观测资料，是在土壤水分不受制约条件下进行的，土壤含水量保持在田间持水量 70 %以上。

5.2　讨论与结论

5.2.1　关于紫花苜蓿需水量

紫花苜蓿需水量是世界上研究最多的牧草之一。国内外对紫花苜蓿需水量的研究结果差异也很大。从孙洪仁等（2005）归纳的国内外紫花苜蓿的试验结果来看，紫花苜蓿全生长季需水量变化范围为 400~2 250 mm。李浩波等（2006）归纳国内外不同地域、不同生产方式紫花苜蓿全生长季需水量为 450~1 100 mm，极端最高可达 1 900 mm；需水强度为 3~7 mm/d，短期极端最高需水强度为 14 mm/d。

根据收集到的有关学者关于紫花苜蓿需水量的部分研究成果，紫花苜蓿需水量列于表 5.4，以供读者参考。

表 5.4　各地紫花苜蓿需水量测定结果

观测地区	需水量/mm	观测方法	资料来源
内蒙古呼和浩特	423~536	水量平衡法	孙海燕，2008
甘肃民勤	455~687	水量平衡法	杨磊 等，2008
河西走廊	505~647	水量平衡法	党志强，2004
华北、西北	800~900	—	耿华珠，1995
甘肃中部旱区	382.9	大型称重蒸渗仪	杨启国 等，2003

续表

观测地区	需水量/mm	观测方法	资料来源
河北坝上	336~713	大型非称重蒸渗仪	孙洪仁 等，2008
河北南皮	760~810	水量平衡法	尹雁峰 等，1997
内蒙古锡林浩特	547~625	坑测法	陈凤林 等，1982
内蒙古呼和浩特	454~569	坑测法	赵淑银，1996
陕西宝鸡	647~743	水量平衡法	万素梅 等，2004
北京郊区	388~530	—	孟林 等，2007
河北坝上	584.4	大型非称重蒸渗仪	刘爱红 等，2009
山东禹城	522~1 048	注水式蒸渗仪	生长季，2005—2008 年
山东禹城	800~1 200	注水式蒸渗仪	全年，2005—2008 年
美国新墨西哥州	1 500~1 900	非称重蒸渗仪	Sammis et al.，1981
美国爱华达州	990~1 000	大型称重蒸渗仪	Wright et al.，1988
美国科罗拉多州	800~900	—	Briggs et al.，1914

由表 5.4 可知，不同观测方法、不同气候区域和不同气候年份，紫花苜蓿需水量差异很大。

我国关于紫花苜蓿需水量方面的研究，主要集中在我国的西北和华北地区，这个地区也是我国紫花苜蓿主产区。由于紫花苜蓿生产地区的气候、水分条件、品种和测量方法等差异，需水量也有较大差异。耿华珠（1995）认为，我国华北地区和西北地区紫花苜蓿需水量大体为 800~900 mm，从现有的资料来看，还是有一定可信度。尹雁峰等（1997）在河北南皮县的研究表明，1994 年和 1995 年的需水量分别为 760 和 810 mm。陈凤林和刘文清（1982）在内蒙古锡林浩特采用坑测法试验，1979 年和 1980 年的全生育期需水量分别为 547 mm 和 625 mm。孙洪仁等（2008）采用大型非称重蒸渗仪，在河北坝上地区紫花苜蓿需水量 336~713 mm。

美国学者测定的紫花苜蓿需水量一般较高。Wright et al.（1988）采用大型称重蒸渗仪测定的紫花苜蓿需水量 990~1 000 mm。而 Briggs et al.（1914）测定的紫花苜蓿需水量为 800~900 mm。Sammis et al.（1981）采用非称重蒸渗仪测定的紫花苜蓿需水量 1 590~1 900 mm。由此可见，各家测定的紫花苜蓿需水量存在差异。通常认为，大型称重蒸渗仪测定的数据可信度相对较高。利用非称重式蒸渗仪观测的需水量，由于水量平衡估算的误差，会影响到需水量估算结果。非称重式蒸渗仪观测的需水量比大型称重式蒸渗仪观测的需水量要偏大 67 %~73 %。

许多学者在论述紫花苜蓿需水量时，只是紫花苜蓿生长季的需水量，都没有考虑越冬期的耗水量，因此，紫花苜蓿需水量数据有偏小的倾向。

根据中国科学院禹城综合试验站牧草水分试验场多年测定，紫花苜蓿生长季的需水量为 630～1 050 mm，越冬期需水量为 188～208 mm。全年需水量变化在 800～1 200 mm。根据对不同水文年的估算，华北平原紫花苜蓿生长季的需水量湿润年最少，为 721 mm，干旱年次之，为 820.9 mm，平水年最多，为 841.7 mm。

5.2.2 关于不同紫花苜蓿品种对需水量的影响

我们没有进行紫花苜蓿品种试验。据报道，紫花苜蓿品种对需水量有一定的影响，但影响不大。

虽然紫花苜蓿品种有一定差异，但其生物学特性基本相同。同一种作物的耗水特性没有太大区别，作物系数基本一致（程维新 等，1994）。根据万素梅等（2004）在陕西宝鸡市 12 个紫花苜蓿品种耗水量观测，除苜蓿王和会宁之外，其余 10 个紫花苜蓿品种的耗水量比较接近，耗水量大体上变化为 660～700 mm。不同紫花苜蓿品种耗水量与平均值比较，最大差值为 8.97 %。由此可见，紫花苜蓿品种对耗水量虽有影响，但不显著。

有研究指出，不同品种紫花苜蓿的作物系数差异不显著。但也有研究结果认为不同品种紫花苜蓿的作物系数存在差异。

5.2.3 关于紫花苜蓿的作物系数

紫花苜蓿作物系数变化过程与它的需水强度变化过程一样，即前期小，中期大，后期又变小。在生长初期，没有完全覆盖地面，作物的叶面积小，因而 $ET_C < ET_0$，故作物系数较小；到了中期，作物的叶面积达到最大，ET_C 有可能超过 ET_0（$Kc > 1$），所以作物系数最大；生长后期，叶片逐渐枯黄，叶面积又逐渐减小，故作物系数又变小。

华北平原建植当年紫花苜蓿的作物系数，全生长季平均值 Kc 为 0.99，表明紫花苜蓿的全生长季需水量与同期 E-601 水面蒸发器的蒸发量相当。ET_0 可以用当地的 E-601水面蒸发器的蒸发量估算华北平原地区紫花苜蓿生长季需水量。第 2 年紫花苜蓿的作物系数，全生长季平均值 Kc 为 1.12，表明紫花苜蓿的全生长季需水量大于同期水面蒸发量。

5.2.4 关于紫花苜蓿的水分利用效率

5.2.4.1 品种与水分利用效率

有研究表明，不同品种紫花苜蓿的水分利用效率差异不显著。万素梅等

(2004) 的研究表明，不同品种紫花苜蓿的水分利用效率存在差异，但差异不显著。王克武等（2004）和陈曦等（2005）的研究结果认为不同品种紫花苜蓿的水分利用效率存在差异。

5.2.4.2 茬次与水分利用效率

研究表明，不同茬次紫花苜蓿的水分利用效率不同，但关于水分利用效率最高和最低的茬次，研究结果存在差异。Daigger et al.（1970）在美国内布拉斯加州的研究结果为第 1 茬最高，第 3 茬最低；万素梅等（2004）在渭北旱塬区和王克武等在北京顺义的研究结果皆为第 1 茬最低，第 2 茬最高；本研究结果为第 1 茬最低，第 2 茬最高。表明在华北和西北不同茬次紫花苜蓿的水分利用效率基本相似。

5.2.4.3 土壤水分与水分利用效率

土壤水分对紫花苜蓿的水分利用效率影响较大。研究结果表明：水分利用效率以田间持水量 70 %Fc 为最高，为 37.67 kg/（hm^2 · mm），田间持水量 85 %Fc 为 35.50 kg/（hm^2 · mm），55 % Fc 为 27.35 kg/（hm^2 · mm）。

5.2.5 关于土壤水分与耗水量

土壤水分状况是影响耗水量的制约因素。我国许多学者就土壤水分条件对作物耗水量的影响进行了大量研究。党志强等（2004）于 2002 年在甘肃河西走廊中部，通过 3 种水分处理，用田间水量平衡法计算了一年生紫花苜蓿耗水量。土壤水分下限 85 % Fc 的耗水量为 647.1 mm，70 % Fc 的耗水量为 581.1 mm，50 % Fc 的耗水量为 505.6 mm；孟林等（2007）于 2003 年 3—11 月在北京市顺义区三高农业示范园区进行紫花苜蓿灌水量试验，也采取根 3 种水分处理，土壤水分下限分别为 75 %Fc 的耗水量为 530.3 mm，70 %Fc 的耗水量为 460.3 mm，45 %Fc 的耗水量为 388.5 mm。孙洪仁等（2008）研究结果同样表明，紫花苜蓿耗水量随灌溉水量增加而增加。在天然降水条件下，紫花苜蓿耗水量为 335.5 mm；灌溉量为 200 mm 时耗水量为 586.2 mm，灌溉量为 400 mm 时耗水量为 712.8 mm。

孙海燕（2008）研究了紫花苜蓿不同生育期水分亏缺对耗水量的影响，研究结果表明，充分灌溉紫花苜蓿耗水量为 536.1 mm。现蕾期重旱耗水量为 406.1 mm，分枝期重旱和返青期重旱耗水量分别为 423.4 mm 和 433.2 mm，分别为充分灌溉的 75.75 %、78.98 %和 80.81 %。

5.2.6　关于紫花苜蓿需水量的确定方法

5.2.6.1　计算法

Penman-Monteith 公式有坚实的理论基础，我国很多学者估算作物需水量时也都应用 Penman-Monteith 公式。作为研究作物需水量变化趋势，Penman-Monteith 公式还是首选方法。但 Penman-Monteith 公式在我国应用仍有许多等待解决的问题，例如净辐射量的估算值与实际测定值偏大等，采用该公式估算的作物需水量，一般均有偏大的倾向。张东等（2005）认为 Penman-Monteith 公式中的净短波辐射计算结果比实测值偏大 20 %左右。

5.2.6.2　蒸渗仪法

蒸渗仪是直接测定作物需水量最有效的方法。包括大型称重式蒸渗仪（杨启国等，2003；程维新 等，1994；孙洪仁 等，2008）、小型称重式蒸渗仪（孙洪仁 等，2007）、自动供水式蒸渗仪（程维新 等，1994）、注水式蒸渗仪（程维新 等，1994）等。大型称重式蒸渗仪容积大，精度高，但造价较高。与大型称重式蒸渗仪相比，小型称重式蒸渗仪用 PVC 管制成，圆柱形，直径 10 cm，高度 75 cm，底部设透水孔，直径 2 cm。每个蒸渗仪留苗 3 株，存在容器小，水热调节受限、植株代表性较差等缺点，测定的蒸发量代表性较差。但由于简单易行、成本低廉、可获得单日蒸散和蒸发值等优点，应用较为广泛。自动供水蒸渗仪、注水式蒸渗仪属于水平衡器。截面积 3 000 cm^2，简单易行、成本低廉、数据准确，是测量牧草需水量最简便、实用、可靠的仪器。从 20 世纪 60 年代起，自动供水蒸渗仪、注水式蒸渗仪已经应用农田蒸发研究。应期在牧草需水量研究中也发挥了重要作用。

注水式蒸渗仪是一种测定紫花苜蓿需水量的简便易行的仪器。中国科学院禹城综合试验站已进行多年紫花苜蓿需水量测定，表明采用注水式蒸渗仪测定资料相对比较稳定。2008 年为多水年，四年生紫花苜蓿需水量达 1 041. 8 mm。从 3 个注水式蒸渗仪测定结果来看，测定需水量误差相当小。三年生紫花苜蓿越冬期耗水量测定结果为 173. 1 mm。无论是紫花苜蓿生长季还是紫花苜蓿越冬期，3 个注水式蒸渗仪测定的需水量，注水式蒸渗仪测定结果相对比较稳定。根据长期观测，注水式蒸渗仪，是一种适用于测定牧草需水量研究仪器。

5.2.6.3　田间测定法（坑测法）

基本原理是农田水量平衡。由于坑测法可以设计较大面积，代表性较好。问题是水量平衡各要素必须准确，否则需水量测量误差较大。

Sammis（1981）在美国新墨西哥州 5 个不同地区利用非称重式蒸渗仪进行的研究表明，不同地区紫花苜蓿需水量差别明显，低者约 1 500 mm，高者近 1 900 mm。Wright（1988）在美国爱达荷州利用大型称重式蒸渗仪进行的研究表明，不同年份紫花苜蓿需水量不同，变动范围为 990~1 100 mm。尹雁峰等（1997）在河北南皮县的研究结果为，1994 年和 1995 年紫花苜蓿的需水量分别为 760 mm 和 810 mm。陈凤林等（1982）缸测法进行的研究结果为，1979 年和 1980 年紫花苜蓿全生育期的需水量分别为 547 mm 和 625 mm。赵淑银（1996）在内蒙古呼和浩特采用坑测法进行的研究表明，全生长季成熟期刈割 1 次紫花苜蓿的需水量为 569 mm，刈割 3 次为 454 mm。

5.2.7 结论

根据中国科学院禹城综合试验站牧草水分试验场测定，在华北平原地区，紫花苜蓿全年需水量变化在 800~1 200 mm，其中，生长季的需水量为 630~1 050 mm，越冬期需水量为 188~208 mm。

从我国各地的有关紫花苜蓿需水量方面的试验资料来看，紫花苜蓿需水量约 900 mm。这部分数据，主要是紫花苜蓿生长季的需水量，没有考虑冬季的耗水量，因此，紫花苜蓿需水量数据有偏小的倾向。由于各家测定方法不同、地区不同，紫花苜蓿需水量差异相当大。

紫花苜蓿不同生育阶段耗水强度不同，总体趋势是：由小到大，然后又变小。根据二年生苜蓿需水量测定，生长季平均需水强度为 5.44~5.59 mm/d；越冬期平均需水强度为 1.25~1.39 mm/d。在华北平原地区，越冬期需水强度仍然超过 1.2 mm/d 以上，如何保蓄冬季的土壤水分，减少无效水分消耗值得注意。

华北平原地区紫花苜蓿的作物系数全生长季平均值 Kc 为 0.99，表明紫花苜蓿的全生长季需水量与同期 E-601 水面蒸发器的蒸发量相当，若要估算华北平原地区紫花苜蓿全生长季需水量，可以用当地的 E-601 水面蒸发器的蒸发量。

在中国的华北和西北不同茬次紫花苜蓿的水分利用效率基本相似。研究结果表明，不同茬次紫花苜蓿的水分利用效率均为第 1 茬最低，第 2 茬最高。不同品种紫花苜蓿的水分利用效率存在差异，但差异不显著。

土壤水分与紫花苜蓿耗水量关系我国也有许多研究成果。研究结果表明，紫花苜蓿耗水量随灌溉水量增加而增加。

注水式蒸渗仪是一种测定紫花苜蓿需水量的简便易行的仪器。中国科学院禹城综合试验站已进行多年紫花苜蓿需水量测定，表明采用注水式蒸渗仪测定资料相对比较稳定，是一种适用于测定牧草需水量研究仪器。

第6章 串叶松香草需水量研究

串叶松香草为菊科多年生宿根草本植物。因其茎上对生叶片的基部相连呈杯状，茎从两叶中间贯穿而出，故名串叶松香草。在我国，有关串叶松香草的需水量和水分利用效率方面的研究较少。这方面的研究成果，对于了解串叶松香草的水分特征具有重要意义。

通过2005—2008年的观测，取得串叶松香草的需水量系统的观测资料。结果表明：建植当年未刈割串叶松香草需水量为514.3 mm，耗水强度2.744 mm/d，作物系数全生育期平均值仅为0.79，水分利用效率9.1 kg/（hm^2·mm）。二年生未刈割串叶松香草需水量为657.7 mm，耗水强度3.4 mm/d，作物系数全生育期平均值仅为0.93，水分利用效率9.05 kg/（hm^2·mm）。4年间，未刈割串叶松香草的需水量变化在514~965 mm，耗水强度变化在2.74~4.9 mm/d；刈割串叶松香草的需水量变化在458~874 mm，耗水强度变化在3.32~4.44 mm/d。

6.1 串叶松香草生物学特性

串叶松香草（*Silphium perfoliatum* L.）别名松香草、菊花草、杯草、法国香槟草等，系菊科宿根多年生草本植物。串叶松香草原产北美高草原，多年生的草本植物，菊科。我国1979年由中国科学院植物研究所北京植物园首次自朝鲜引入。各地引种栽培、观察试验的结果表明，它是一种高产、优质、适应性强、适口性好的优良饲料作物。

串叶松香草生长2年以后的植株，在抽茎期叶占总量的70 %~75 %，在开花期叶占62.5 %，茎占37.5 %（王玮，2004）。串叶松香草不仅是养殖动物的好饲料，由于串叶松香草覆盖效果好、生物量大，根系发达，也被用作水土保持、防风固沙、退耕还草和生态环境建设的首选草种。据贵州省草业科学研究所试验，与对照裸地相比，地表径流减少28.36 %~45.64 %，泥土冲刷量减少58.15 %~76.55 %（龙忠富，2003）；串叶松香草花量多、花期长，是很好的蜜源和观赏植物；串叶松香草还是传统的中草药。根可入药，是北美印第安人的传统草药（谭兴和 等，2003），作为治疗体虚的补药和发汗剂，对肝脾疾病有疗效，能治疗间歇性发烧、顽咳、内伤、溃疡等症，也是催吐剂和药用乳胶原料。

近年来，串叶松香草营养价值和应用研究也有了长足的发展，各地都有了成功的高产种植经验。我国在串叶松香草的引种方面，比较侧重于饲用的生物效应研究，对串叶松香草青草、草粉、青贮料等都有了成功的饲用经验。随着畜牧业的不断发展以及人们生活水平的不断提高，对串叶松香草的深加工、科学利用成为必然趋势，利用串叶松香草提取叶蛋白直接用于食品加工、作为营养强化剂开发利用，已经得到科技界和实业界的广泛关注。

6.1.1 串叶松香草是一种优质高产优良草种

串叶松香草用作蜜源，是花期长、蜜量多、蜜质好的高档植物；用作医药，是中草药开发的宝库；用作出口，是创汇农业的一条新路。串叶松香草在河滩、荒地、山坡都可以种。特别是以串叶松香草为基质，开发成功的“以草代粮复合饲料”，为我国解决人畜争地矛盾开创了一条新途径。

6.1.2 串叶松香草为多年生宿根草本植物

串叶松香草为多年生宿根草本植物。在人工种植条件下，一般可生长10~12年。在良好的栽培管理和合理刈割条件下，延长为15~20年。

串叶松香草植株高大，一般株高2~3 m，最高可达3.5 m。植株外形很像菊芋(俗称洋姜或鬼子姜)，但茎、叶比菊芋大得多。

串叶松香草播种第1年为莲座叶丛期，一般不抽薹开花，第2年才开始开花结实。根系由肥大、粗壮、水平状多节的根颈和细的营养根2个部分组成。茎秆直立、四棱，呈正方形或菱形。茎幼嫩时质脆多汁，被稀疏白毛，随着植株的成长，逐渐变为光滑无毛，茎黄色或绿色。

串叶松香草在华北平原，每年刈割2次，亩产1×10^4 kg以上，水肥条件好，管理得当，亩产2×10^4~3×10^4 kg以上。茎叶内含蛋白质为18 %~23 %，按单位面积产量计算，串叶松香草蛋白质产量大大超过所有已知的多年生豆科牧草。尤其可贵的是，它的蛋白质中含有动物所需全部（17种）氨基酸，其中，赖氨酸含量高达4.9 %。它的主要营养成分的可消化率也相当高，蛋白质可消化率达83 %，无氮浸出物可消化率达82 %，纤维素可消化率达67 %，畜、禽的适口性良好。

串叶松香草既可青饲又适宜作青贮，是当前一种很有发展前途的饲料作物。有些学者认为，不久的将来，一种新的高产、优质饲料作物——串叶松香草将成为我国主要青饲料作物之一。

6.1.3 串叶松香草是良好的蜜源作物

串叶松香草花期长达3个月，盛花期7—8月，此时正是春花蜜源已尽之时，是蜜源最佳补充期。据试验，串叶松香草每亩花源的蜂蜜产量可达 10 kg，属中级蜂蜜。

串叶松香草在我国长江中下游地区，一般在 6 月中旬开始出现花蕾，7—8 月为盛花期，9 月中下旬终花。但少数花头仍继续开花，直至霜冻来临。在缺乏夏季蜜源的地区，是一种十分新的、可贵的蜜源植物。预计不久，串叶松香草既成为我国的青饲料作物之一，也为我国增添了新的蜜源植物品种。

6.1.4　串叶松香草是良好的保持水土作物

串叶松香草的氮、磷、钾含量，一般高于豆科作物（包括紫穗槐）。它的根系发达，三年生植株根深可达 2 m，根幅 2~3 m。庞大的须根和茎、叶非常有利于保持水土。

6.1.5　串叶松香草是庭园观赏植物

18 世纪自美国引入欧洲，20 世纪中叶成为欧洲国家的庭园观赏植物。串叶松香的花为黄色，植株高大，花头多，西方国家大多数将其作为花卉用。

6.1.6　串叶松香草是传统草药

串叶松香草的根可入药，是北美印第安人的传统草药，可作治疗体虚的补药和发汗剂，对肝脾肺疾病有疗效，能治疗间歇性发烧、顽咳、气喘、内伤、溃疡等症，也是催吐剂和药用乳胶原料。

6.1.7　串叶松香草在华北平原适应性

串叶松香草在华北平原地区也种植十多年，生长良好。在华北平原，生育期约 250 d。如果 3 月播种，一般 10~15 d 发芽，子叶出土呈椭圆形。11 月底叶片发黄，根系和幼芽越冬。翌年 3 月上旬开始发芽，5 月初开始抽薹，6 月中下旬现蕾开花，盛花期在 7 月中旬至 8 月上旬。种子成熟需 30~40 d，9 月初，种子相继成熟，11 月底地上部分枯黄，直至封冻方停止生长。

许多文章在介绍串叶松香草时，都认为当年种植的串叶松香草不抽薹、不开花、不结籽。

根据在华北地区种植适应性试验研究，以及生产性能和主要营养成分含量测定表明，串叶松香草在华北平原有很广阔的发展前景。

6.2 建植当年串叶松香草的需水特征

第1年种植的串叶松香草，由于生育期难以确定，因此，串叶松香草需水量只能按时段划分。根据测定，建植第1年的串叶松香草生育期的需水量为514.3 mm，日平均需水量为2.74 mm/d，作物系数为0.79（表6.1）。

表6.1 2005年串叶松香草需水特征

要素	04-27—05-23	05-24—06-05	06-06—06-27	06-28—08-28	08-29—10-31	04-27—10-31
生长天数/d	27	13	22	62	64	188
水面蒸发量/mm	98.1	50.7	113.9	208.9	178.5	650.1
需水量/mm	53.9	31.3	75.8	172.2	181.1	514.3
耗水强度/（mm/d）	2	2.41	3.45	2.78	2.83	2.74
耗水模系数/%	10.48	6.09	14.74	33.48	35.21	100
作物系数	0.55	0.65	0.67	0.85	1.02	0.79

6.2.1 串叶松香草的需水量观测的代表性

建植当年的串叶松香草，于2005年4月27日播种至10月31日停止观测，历时188 d。需水量由3套土壤蒸渗仪测定。全生育期3套土壤蒸渗仪测定值分别为522.5 mm、519.6 mm和500.7 mm，平均耗水量为514.3 mm（表6.2），与均值误差分别为1.59 %、1.03 %和-2.72 %。由此可见，采用土壤蒸渗仪测定串叶松香草需水量是完全可靠的一种观测仪器。

表6.2 3套蒸发器需水量测定结果

要素	C-1	C-2	C-3	平均值
需水量/mm	522.5	519.6	500.7	514.3
均差/%	1.59	1.03	-2.72	0

6.2.2 不同时期串叶松香草需水量

串叶松香草为菊科多年生宿根草本植物。播种第1年为莲座叶丛期，一般不抽薹开花，第 2 年才开始开花结实。根据在华北地区种植适应性试验，第 1 年种植的串叶松香草可以抽薹、开花，但不能结籽。为此，把当年种植的串叶松香草，粗略划分 4 个生育期：幼苗期、莲座期、抽薹期和开花期。

从当年种植的串叶松香草需水量来看（图 6.1），幼苗期较长，为 27 d，需水量约 54 mm；莲座期约 35 d，需水量约 107 mm；抽薹期较长，约 62 d，需水量约 172 mm；开花期也较长，约 64 d，需水量约 181 mm；全生育期需水量为 514.3 mm。

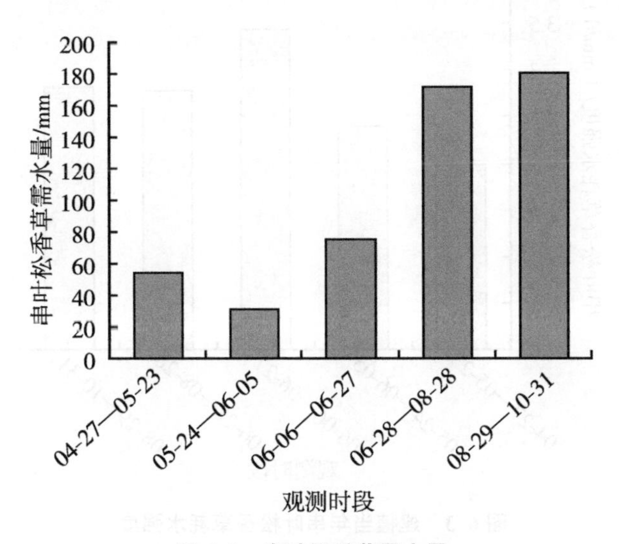

图 6.1　串叶松香草需水量

6.2.3　建植当年串叶松香草累计需水量

从当年种植的串叶松香草累计需水量来看（图 6.2），第 1 年种植的串叶松香草，苗期需水量较小。串叶松香草出苗后生长缓慢，地面裸露度大，以土壤蒸发为主，出苗后的 60 d，苗期累计需水量约 100 mm；此后，进入抽薹期，需水量呈线性增长。

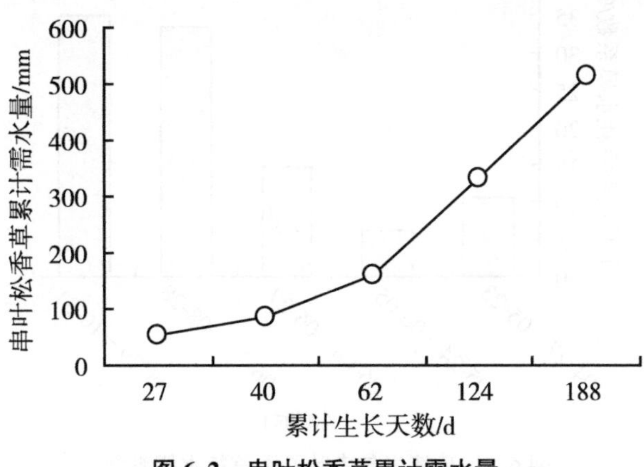

图 6.2　串叶松香草累计需水量

6.2.4　建植当年串叶松香草的耗水强度

串叶松香草的耗水强度苗期最小，耗水强度只有 2 mm，6 月达最大值，耗水强度达 3.54 mm/d，而后又降低，抽薹期和开花期耗水强度约 2.8 mm/d（图 6.3）。

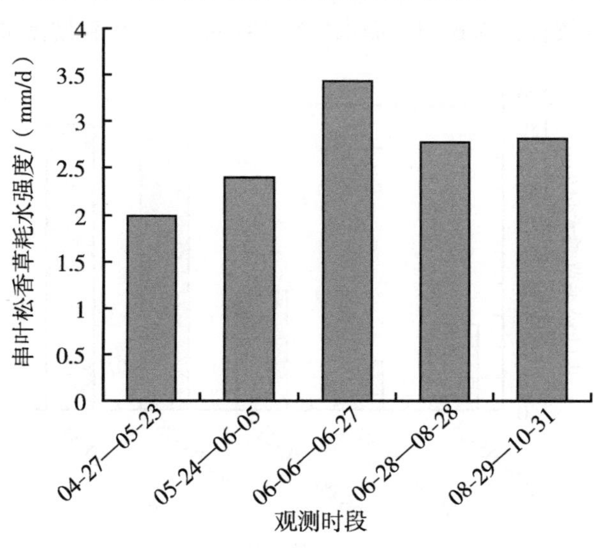

图 6.3　建植当年串叶松香草耗水强度

6.2.5　建植当年的串叶松香草耗水模系数

建植当年的串叶松香草耗水模系数，幼苗期约占 10.45 %，幼苗期耗水模系数偏大，主要原因是幼苗期较长，表层土壤湿度大，天气干燥，风力较大，大气蒸发力强。串叶松香草耗水模系数随生长进程逐渐增大（图 6.4）。

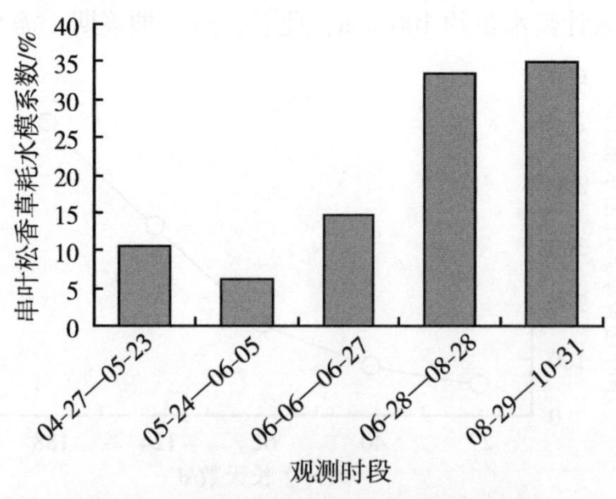

图 6.4　建植当年串叶松香草耗水模系数

耗水模系数大小与观测时段长短有关。例如 5 月 24 日至 6 月 5 日，观测时段只有 13 d，耗水模系数仅占 6.09 %；6 月 28 日至 8 月 28 日，观测时段长达 62 d，耗水模系数达 33.48 %。

6.2.6　建植当年串叶松香草作物系数（Kc）

建植当年的串叶松香草，作物系数（Kc）随生长的进程逐渐增加。苗期作物系数约为 0.55，莲座期约为 0.66，抽薹期约为 0.85，开花期最大，达到 1.02（图 6.5），全生育期 Kc 平均为 0.79。

作为 C_3 牧草的串叶松香草，种植当年的作物系数还是比较小的。

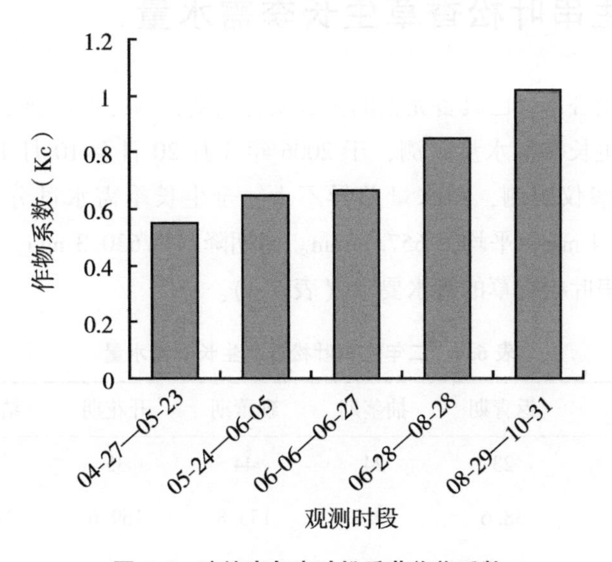

图 6.5　建植当年串叶松香草作物系数

6.2.7　建植当年串叶松香草水分利用效率

建植当年的串叶松香草，生物产量为 4.68 t/hm^2，而需水量达 514.3 mm，水分利用效率为 9.1 kg/（hm^2·mm）。

从当年同期播种的牧草中来看，串叶松香草的水分利用效率最低，籽粒苋水分利用效率最高（表 6.3）。各种牧草需水量的差异不大，但生物产量的差异相当大。以串叶松香草和籽粒苋为例，两者需水量的差异仅为 20.45 %，而生物产量的差异达 3.41 倍。主要问题是当年种植的串叶松香草生物产量最低所致。

表 6.3 牧草需水量与水分利用效率比较（2005 年）

牧草名称	鲜草产量/（t/hm^2）	生物产量/（t/hm^2）	需水量/mm	水分利用效率/[kg/（hm^2·mm）]
串叶松香草	25.56	4.68	514.3	9.1
青饲玉米	36	7.91	544	14.53
紫花苜蓿	68.72	14.77	626.8	23.57
高丹草	101.88	22.52	570	39.51
籽粒苋	114.45	20.63	427	48.32

6.3 二年生串叶松香草生长季需水量

二年生串叶松香草，已具备完整的生长发育周期，因此可以确定各生育期的需水量。串叶松香草生长季需水量观测，于 2006 年 3 月 20 日至 10 月 16 日，共 209 d。根据 3 台土壤蒸渗仪观测，需水量差异不大，全生长季需水量分别为 661.1 mm、657.7 mm 和 695.4 mm，平均为 657.7 mm。同期降水为 630.3 mm，该年生育期的期降水基本能满足串叶松香草的需水要求（表 6.4）。

表 6.4 二年生串叶松香草生长季需水量

要素	返青期	抽茎期	现蕾期	开花期	结籽期	全生育期
天数/d	23	24	44	35	83	209
需水量/mm	38.6	49.2	153.8	169.6	246.5	657.7
水面蒸发/mm	70.7	86.8	195.3	141	209.8	703.6
耗水强度/（mm/d）	1.68	2.05	3.5	4.85	3	3.15
耗水模系数/%	5.87	7.48	23.38	25.79	37.48	100
作物系数	0.55	0.57	0.79	1.2	1.18	0.94

6.3.1 二年生串叶松香草需水量

二年生串叶松香草生长季需水量随着生育期而逐渐增加（图 6.6）。需水量的多少，除受生育期的影响，主要受观测时段长短的影响。返青期和抽茎期需水量较少，分别为 38.6 mm 和 49.2 mm。现蕾期和开花期需水量差异不大，分别为 153.8 mm 和 169.6 mm。结籽期时间最长，达 83 d，因此需水量也最多，为 246.5 mm。串叶松香草全生育期需水量为 657.7 mm。

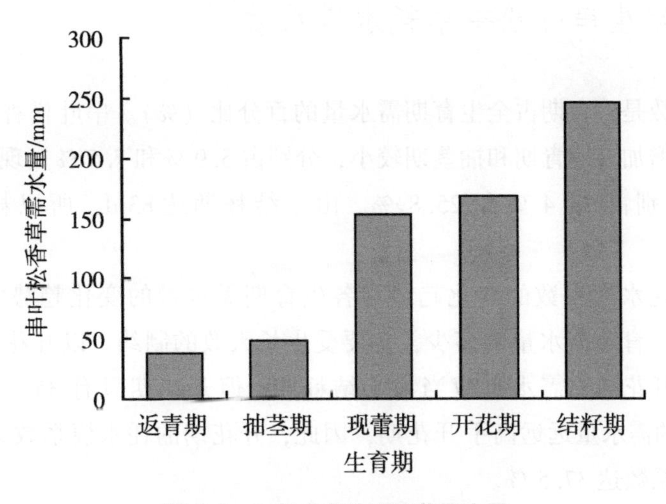

图 6.6　二年生串叶松香草需水量

6.3.2　二年生串叶松香草耗水强度

耗水强度则反映生育期的耗水的基本特性。由图 6.7 可知，串叶松香草的耗水强度随生育期而增加。串叶松香草返青期的耗水强度最小，为 1.68 mm/d。抽茎期生长较快，加之华北平原春季天气干燥多风，蒸发能力强，耗水强度已达 2.1 mm/d。现蕾期耗水强度为 3.5 mm/d，开花期耗水强度最大，达 4.85 mm/d。串叶松香草全生

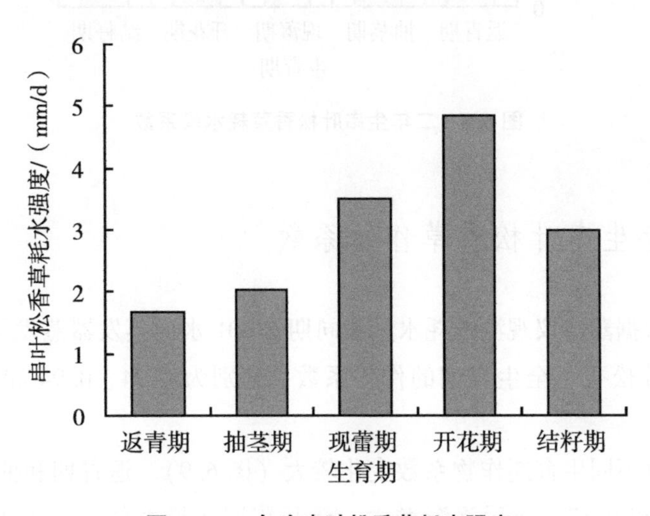

图 6.7　二年生串叶松香草耗水强度

育期耗水强度平均值为 3. 15 mm/d。

6. 3. 3　二年生串叶松香草耗水模系数

耗水模系数是生育期占全生育期需水量的百分比（%）。串叶松香草耗水模系数随着生育期而增加。返青期和抽茎期较小，分别占 5. 9 %和 7. 5 %。现蕾期和开花期差异不大，分别占 23. 4 %和 25. 8 %。由于结籽期达 83 d，所以耗水模系数达 37. 5 %。

各生育期耗水模系数的变化趋势与各生育期需水量的变化趋势完全一致（图 6. 8）。由于各生育期需水量的多少，主要受生长天数的制约。以开花期和结籽期为例，按理说，开花期的需水量应当大于结籽期，但开花期只有 35 d，而结籽期达 83 d，结籽期的需水量远远高手开花期，因此，开花期的耗水模系数为 25. 8 %，结籽期的耗水模系数达 37. 5 %。

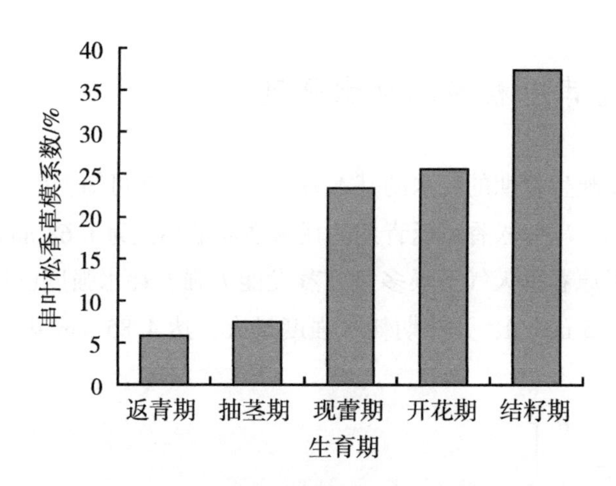

图 6. 8　二年生串叶松香草耗水模系数

6. 3. 4　二年生串叶松香草作物系数

作物系数根据蒸渗仪观测的耗水量和同期 E-601 水面蒸发器蒸发量估算。3 台蒸渗仪观测的串叶松香草全生育期的作物系数，分别为 0. 94、0. 94 和 0. 93，平均值为 0. 94。

串叶松香草不同生育期作物系数变化较大（图 6. 9）。返青期和抽茎期作物系数较小，为 0. 55 和 0. 57，而后逐渐增大，至开花期达最大值，为 1. 2，结籽期降至 1. 18，全生育期作物系数为 0. 94。

根据 2 年的观测，串叶松香草的作物系数均小于 1。作为 C_3植物而言，是比较少有的省水牧草。

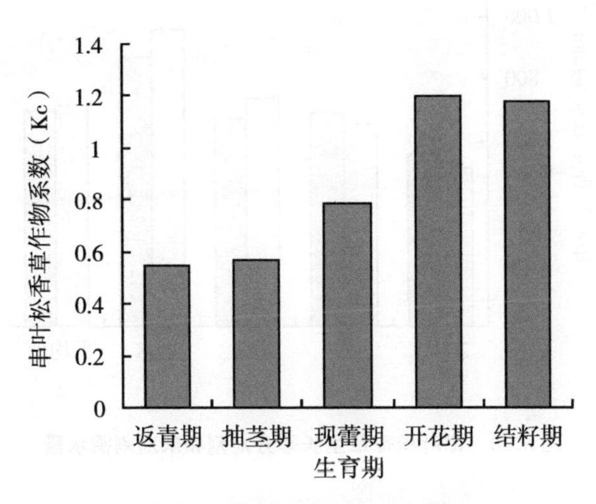

图 6.9　二年生串叶松香草作物系数

6.4　不同年份串叶松香草耗水特征

本节将从 4 个方面论述串叶松香草耗水特征：其一，不同年份串叶松香草生长季需水量；其二，不同年份串叶松香草耗水强度；其三，串叶松香草越冬期耗水量；其四，串叶松香草不同水文年耗水量。

6.4.1　不同年份串叶松香草生长季需水量

串叶松香草属于多年生的草本植物。在我国北方地区，多年生牧草有生长季和越冬期之区分。在华北平原，多年生牧草大约在 3 月中旬开始返青，11 月停止生长，把这段时期称为串叶松香草生长季。这一时段内的需水量称为生长季需水量。很多学者所指的需水量，应该是生长季需水量。

串叶松香草生长季需水量又分为刈割和未刈割。华北平原，串叶松香草一般可刈割 2 次，刈割需水量大体变化为 460~870 mm，平均值为 701 mm。未刈割的串叶松香草，需水量变化为 500~960 mm，平均值为 720 mm，略高于刈割的串叶松香草需水量，但差异不明显（图 6.10）。

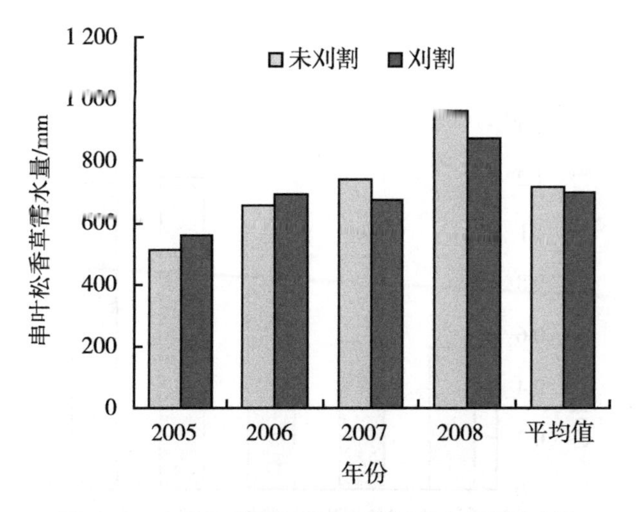

图 6.10　串叶松香草生长季分刈割和未刈割需水量

6.4.2　不同年份串叶松香草生长季耗水强度

由图 6.11 可知，串叶松香草种植前两年，刈割的串叶松香草耗水强度略高于未刈割的，之后，未刈割的耗水强度高于刈割的。

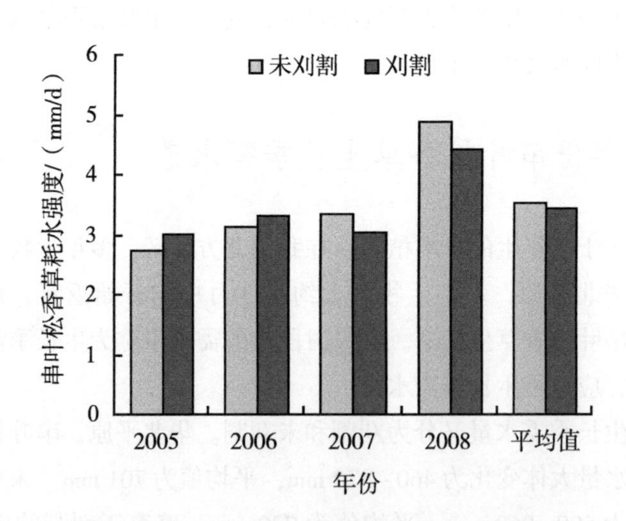

图 6.11　不同年份串叶松香草生长季耗水强度

刈割的串叶松香草耗水强度为 3.32～4.44 mm/d，平均值为 3.46 mm/d。未刈割的串叶松香草耗水强度为 2.74～4.9 mm/d，平均值为 3.53 mm/d。

由于每年的观测时段和气候状况不一样，年际间串叶松香草需水量有一定差异。

因此，各年之间耗水量很难进行比较。总体而言，随着串叶松香草需水量随生长年限增加而增加。从耗水强度来看，也是随着生长年限的延长而增加。

6.4.3 串叶松香草越冬期耗水量

越冬期耗水量往往被人们所忽略，一是越冬期的耗水量很难测定，特别是冬季土壤封冻的北方地区；二是在人们的概念里，越冬期的耗水量不大，可以忽略不计。根据多年的研究，无论是作物或是越冬牧草，在华北平原，越冬期的耗水量占有相当比重。如果缺少越冬期的耗水量，将会导致全年耗水量估算误差。

将串叶松香草从停止生长至翌年发芽这一时段称之越冬期。越冬期间，串叶松香草已停止生长，地面上被枯枝落叶覆盖。此时的牧草地的耗水，基本特征是土壤水分蒸发，或是枯枝落叶覆盖条件下的土壤水分蒸发。

根据对刈割与未刈割串叶松香草越冬期耗水量的测定，串叶松香草越冬期耗水量还是相当大的。据2006年10月20日至2007年3月20日时段测定，串叶松香草越冬期耗水量刈割的为177.7 mm，未刈割的为190.7 mm（表6.5）。约比同期降水量（81 mm）高1.2倍，也即越冬季水分亏缺量约100 mm。很多学者对于这一时期的耗水量往往忽略不计，因此导致实际耗水量偏小。

表6.5　串叶松香草越冬期耗水量　　单位：mm

观测桶号	刈割	观测桶号	未刈割
C-1	182.1	D-1	195.4
C-2	177	D-2	189.2
C-3	174.1	D-3	187.6
平均值	177.7	平均值	190.7

6.4.4 串叶松香草全年需水量

目前人们讲的需水量，主要指的是生育期需水量。全年耗水量包括生育期需水量和越冬期需水量2个部分。生育期需水量为生产性耗水，能产生实际经济效益；越冬期耗水量也可称之非生产性需水量或生态需水量。

计算了2个年度的串叶松香草全年需水量：即二年生串叶松香草全年需水量和三年生串叶松香草全年需水量。

观测资料表明，二年生串叶松香草全年耗水量刈割的为870.9 mm，越冬期需水量占全年需水量的20.4 %；未刈割的为848.4 mm，越冬期需水量占全年需水量的 22.5 %。三年生串叶松香草全年耗水量刈割的为 853.5 mm，越冬期需水量占全年需水量的 20.8 %；未刈割的为 931.3 mm，越冬期需水量占全年需水量的 20.5 %。

由此可见，刈割串叶松香草全年需水量为 850~870 mm，未刈割串叶松香草全年需水量为 850~930 mm。串叶松香草生长季需水量占全年需水量的 80 %左右，越冬期需水量占全年需水量的 20 %左右。因此，在论述牧草需水量时，不能只谈生长季需水量，忽略越冬期耗水损失。

6.5 串叶松香草水分利用效率

6.5.1 不同生长年限串叶松香草生物产量

串叶松香草生物产量是根据小区采样测定的（图 6.12）。串叶松香草无论是鲜草产量或是干草产量都是第 1 年最低，生物量（干草产量）仅为 4.68 t/hm^2。第 3 年最高，生物量（干草产量）仅为 30.89 t/hm^2。第 4 年、第 5 年又降低。

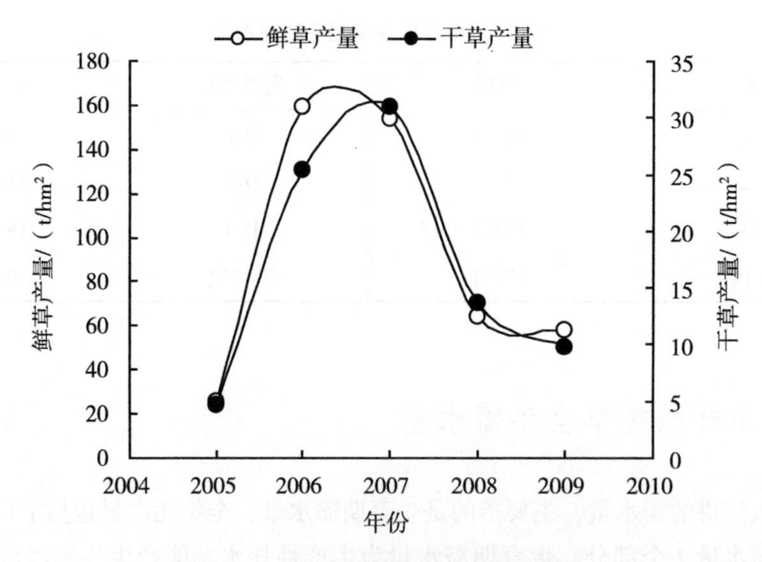

图 6.12 串叶松香草不同年份生物产量

串叶松香草为多年生牧草，生长年限为 10~15 年，按理说，第 4 年后产量不应下降，原因在于生产管理。串叶松香草产量变化与施肥密切相关。除第 1 年种植时施有机肥和化肥外，其他年份均未施肥。在没有施肥条件下，种植第 2 年、第 3 年的串叶松香草鲜草，可以充分利用前期的肥料，产量最高，种植后前三年生物产量逐渐增加，第3年串叶松香草生物产量最高，达30.89 t/hm^2，第4年串叶松香草生物产量降至13.69 t/hm^2，第5年仅为9.79 t/hm^2，历年生物产量呈抛物线变化（图6.12）。

根据实际观察，串叶松香草生长第4年，从外观上看长势仍然很好，但实际测定时，发现茎秆较细，鲜草和干草产量较低。由此可见，虽然串叶松香草属于比较耐旱、耐瘠薄的植物，要获取高产，仍然要肥料作保障。

6.5.2　不同刈割期串叶松香草生物产量

由于每年的刈割期不一致，年际间的生物量很难进行定量比较。在华北平原地区串叶松香草一般可收获2次。第1次刈割期在6月中下旬最佳，此时，串叶松香草生长最旺盛，株高在1.5 m以上，鲜草产量和干草产量最高。第2次刈割在10月中旬为宜。总体来看，第1茬的生物量高于第2茬的生物量（表6.6）。

表6.6　刈割串叶松香草生物量

第1次收获			第2次收获		
收获日期	鲜草产量	干草产量	收获日期	鲜草产量	干草产量
2005-11-01	25.56	4.68	—	—	—
2006-06-11	137.22	20.12	2006-10-16	21.78	5.2
2007-06-29	125.42	26.46	2007-08-29	28.25	4.42
2008-07-10	46.78	10.17	2008-09-28	17.61	3.53
2009-07-03	41.54	7.29	2009-08-31	16.56	2.5

6.5.3　不同生长年限串叶松香草水分利用效率

水分利用效率由串叶松香草干草产量和耗水量决定。2005—2008年，第1年由于生物产量低，所以水分利用效率最低，仅9.1 kg/（hm^2·mm）；而后两年逐渐增高，2006年为38.5 kg/（hm^2·mm），2007年达最高，为41.71 kg/（hm^2·mm），到2008年降至14.19 kg/（hm^2·mm）。2005—2008年水分利用效率平均值为25.88 kg/（hm^2·mm）（图6.13）。

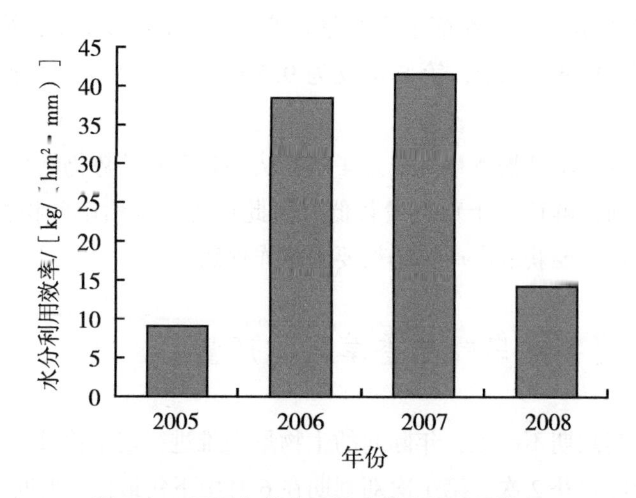

图 6.13　不同年份串叶松香草水分利用效率

6.6　串叶松香草综合评价

6.6.1　串叶松香草需水量相对较少

串叶松香草是需水量相对较少的牧草。本研究比较了串叶松香草和紫花苜蓿需水量的差异。因为串叶松香草和紫花苜蓿均为多年生宿根牧草，在中国科学院禹城综合试验站牧草水分试验场已经种植十余年，2 种牧草长势良好，具有可比性。

在土壤水分不受限制条件下，串叶松香草的需水量 517~668 mm，紫花苜蓿的需水量为 720~840 mm。紫花苜蓿的需水量大于串叶松香草。湿润年相差约 200 mm，干旱年相差 150 mm。单从需水量来看，在华北平原串叶松香草更优于紫花苜蓿（表 6.7）。

表 6.7　不同雨型下的需水量　　单位：mm

牧草名称	湿润年	平水年	干旱年
紫花苜蓿	721	841.7	820.9
串叶松香草	517.2	652	667.6
紫花苜蓿—串叶松香草	203.8	189.7	153.3

6.6.2　串叶松香草作物系数较低

根据试验结果，潘国艳（2011）计算了在不同降水条件下牧草的作物系数。串叶松香草作物系数平均值为 0.9，串叶松香草作物系数在供试的 7 种牧草中最低，而且低于籽粒苋、高丹草、青饲玉米 3 种 C_4牧草。与紫花苜蓿相比差异更大（表 6.8）。

表 6.8　不同水文年各牧草的作物系数

牧草名称	湿润年	平水年	干旱年	平均值
冬牧 70 黑麦	1.01	0.99	1.27	1.09
中新 830 小黑麦	0.95	1.06	1.23	1.08
籽粒苋	0.7	1	1.1	0.93
高丹草	0.81	0.92	0.99	0.91
青饲玉米	0.86	0.96	1.06	0.96
紫花苜蓿	1.08	1.14	1.1	1.11
串叶松香草	0.78	1.01	0.9	0.9

6.6.3　串叶松香草为高产牧草

根据 2005—2009 年小区采样测定，不同牧草的年均产草量平均列于表 6.9。

由表 6.9 可知，串叶松香草的鲜草产量达 92.14 t/（hm^2·a），远高于其他牧草。干草产量为 16.87 t/（hm^2·a），仅低于紫花苜蓿 18.62 t/（hm^2·a），居第二位。

表 6.9　不同牧草的年均产草量（2005—2009 年平均值） 单位：t/（hm^2·a）

牧草名称	鲜草产量	标准差	干草产量	标准差
籽粒苋	61.94	29.9	6.53	3.38
中新 830 小黑麦	47.97	8.64	8.36	1.87
冬牧 70 黑麦	49.05	4.95	9.05	1.94
高丹草	74.88	32.23	10.45	4.19
冬牧 70 黑麦*	33.8	2.26	11.87	4.01
中新 830 小黑麦*	37.62	4.51	12.78	3.32
青饲玉米	40.58	7.65	15.2	7.34
串叶松香草	92.14	60.45	16.87	10.92
紫花苜蓿	71.51	37.25	18.62	13.65

注：* 为只刈割 1 次的处理，即乳熟期至腊熟期一次性刈割。

6.6.4 串叶松香草水分利用效率较高

串叶松香草的水分利用效率相对较高。湿润年串叶松香草的水分利用效率相对较低，仅为23 kg/（hm^2·mm）；平水年为34.2 kg/（hm^2·mm），仅次于青饲玉米，居供试牧草第二位；干旱年为37.9 kg/（hm^2·mm），仅次于紫花苜蓿居供试牧草第二位。与紫花苜蓿比较，串叶松香草湿润年和平水年的水分利用效率高于紫花苜蓿，而干旱年低于紫花苜蓿。

6.7 结论

研究结果表明：建植当年未刈割串叶松香草需水量为514.3 mm，耗水强度2.744 mm/d，作物系数全生育期为0.79，水分利用效率9.1 kg/（hm^2·mm）。二年生未刈割串叶松香草需水量为657.7 mm，耗水强度3.4 mm/d，作物系数全生育期为0.93，水分利用效率9.05 kg/（hm^2·mm）。串叶松香草未刈割的需水量为514~965 mm，耗水强度为2.74~4.9 mm/d；刈割的需水量为458~874 mm，耗水强度为3.32~4.44 mm/d。

串叶松香草越冬期耗水量未刈割的为190.7 mm，刈割的为177.7 mm，占全年总耗水量的20 %以上。很多学者在论述作物耗水量时，往往忽视这一时期的耗水量，因此导致实际耗水量偏小。

水分利用效率由串叶松香草生物产量和需水量决定。串叶松香草的需水量差异不大，而生物产量的差异较大，因此，生物产量至关重要。

串叶松香草生物产量变化与施肥密切相关。串叶松香草除第1年种植时施有机肥和化肥外，其他年份均未施肥。在没有施肥条件下，种植后第2年串叶松香草鲜草产量最高；生物产量种植后前3年逐渐增加，第3年产量最高。由此可见，追施肥料对于提高牧草产量和水分利用效率十分重要。

在华北平原地区，串叶松香草的需水量相对较高，作物系数较低，生物产量较高，水分利用效率较高，是一种优良牧草，适宜在华北平原地区推广。

第7章 菊苣需水量与水分利用效率

菊苣为多年生宿根草本植物，粗蛋白含量平均值20.33 %，蛋白质品质优良，可取代大部分精饲料，被称为“奶牛的牛奶”。20世纪80年代引入中国，由于品质优良，已成为最有发展前途的饲料和经济作物。

菊苣是喜水肥需水量较多的C_3牧草。在华北平原地区，菊苣生长季需水量大体在500~800 mm。2005年菊苣生长季需水量为825.7 mm，作物系数为1.27，耗水强度为4.39 mm/d；2006年菊苣生长季需水量为763.1 mm，越冬期需水量为164.4 mm，全年需水量为927.5 mm，越冬期需水量占全年需水量的17.73 %。

7.1 菊苣生物学特性

菊苣（*Cichorium intybus* L.）是菊科菊苣属植物，又名苦苣、法国苦苣、苦白菜、蓝苣、咖啡草、咖啡萝卜等，原产于地中海、中亚和北非，在欧洲栽培甚多，常被用作叶菜类蔬菜、牧草，制糖原料及香料等。

菊苣20世纪80年代引入中国。在我国主要分布于西北、华北、东北等暖温带地区。我国淮河以北、黄河流域、华北地区的气候条件适宜菊苣的栽培。由于品质优良，已成为我国最有发展前途的饲料和经济作物。

菊苣品种有普那菊苣、欧洲菊苣、将军菊苣、欧宝菊苣、阔叶菊苣和益丰菊苣等。菊苣作为一种新型的饲用牧草，具有良好的推广价值和利用潜力，当前对菊苣的基础研究尚未系统。在我国，菊苣已批准为药食兼用植物，可用于保健食品。

菊苣自20世纪80年代引入我国后，又培育出大叶型牧草品种。由于它品质优良，已成为最有发展前途的饲料和经济作物。

菊苣种子发芽适宜温度为15 ℃左右，生长适宜温度为17~20 ℃，20 ℃以上光合速率显著下降，30 ℃接近CO_2饱和点。

菊苣作为一种新型的饲用牧草，具有良好的推广价值和利用潜力。普那菊苣是世界上栽培较为广泛的牧草。菊苣是一种富含矿物质，适口性好、消化率高、饲喂效果较好的多年生饲草。

菊苣属多年生宿根草本植物。莲座叶丛期主茎直立，株高 80 cm 左右；抽茎开花期株高 170~200 cm，基生叶 25~28 片，叶片长 30~46 cm，宽 8~12 cm，折断后有白色汁液。块状主根深而粗壮，抗旱、抗寒、耐盐碱，在含盐量 0.2 %的土壤上生长良好。普那菊苣有良好的抗旱性，但不适宜种在排水不良的土壤中。普那菊苣生长速度快，再生能力强，夏季每月可刈割 1 次，鲜草产量为 9×10^4 ~ 15×10^4 kg/hm^2，干草为 1~1.2 t/hm^2。普那菊苣的抗虫害能力强，如果放牧或管理方法合理，可保持 5~7 年的高产期。

菊苣喜水肥，但怕涝怕积水，氮肥对其最为敏感。要保持高产，每茬刈割利用后都需要适当施肥灌溉，否则容易抽薹进入生殖生长，降低牧草产量和品质。与紫花苜蓿相比，菊苣需要更高的生产管理技术措施，而我国缺乏这方面的研究，这一点了也限制了牧草菊苣在我国的推广应用（王佺珍 等，2010）。

菊苣为猪、鹅、鸭等畜禽的最优叶类饲草，应有针对性地进行重点培育大叶高产型菊苣新品种。为适应我国大面积的盐碱化改良和干旱半干旱地区畜牧业发展的严峻挑战，应充分利用现代育种技术（如生物技术等）培育耐盐碱和抗旱菊苣新品种。在菊苣栽培管理技术上的研究应加强，例如，欧洲、美洲和大洋洲等国利用菊苣与其他禾本科和豆科牧草建立永久放牧地和割草地，我国在这方面有玉米与菊苣间作利用研究，在菊苣的刈割或放牧利用与产量和品质关系方面的研究较少。

7.2 牧草菊苣的利用价值

7.2.1 粗蛋白含量高

普那菊苣莲座叶丛期粗蛋白含量高达 24.77 %。普那菊苣全生育期粗蛋白含量平均值 20.33 %，而紫花苜蓿全株粗蛋白含量平均值 17.85 %。蛋白质品质优，例如阔叶菊苣含 17 种氨基酸，9 种必需氨基酸，其中赖氨酸含量达 1.2 %。虽然氨基酸种类不及紫花苜蓿丰富，但是赖氨酸含量与紫花苜蓿（1.05 %~1.38 %）相当。在莲座叶丛期收获的菊苣，有 9 种氨基酸含量高于紫花苜蓿草粉中氨基酸的含量。再比如，欧宝菊苣茎叶中粗蛋白含量最高为 31 %~35 %，种植 667 m^2 欧宝菊苣鲜草粗蛋白含量和 8 000 kg的玉米相当，可全部或大部分取代精饲料，从而降低养殖成本。饲喂畜禽不但长膘快，而且毛色光滑、生病率下降，比饲喂其他牧草的畜禽质量增加 40 %以上，出栏提早 40~70 d，种养效益提高 70 %以上。阔叶菊苣可大部分取代精饲料，降低饲养成本 50 %，在奶牛场，它作为一种特殊的日粮，在奶牛挤奶后立即饲喂，被称为“奶牛的牛奶”。

7.2.2 粗脂肪含量高

普那菊苣全生育期粗脂肪含量平均为3.78 %，高于10个品种紫花苜蓿全株粗脂肪含量平均值（2.99 %），特别是利用叶丛期作为青鲜牧草饲用，奇可利和益丰菊苣的粗脂肪含量分别为4.46 %和5 %，分别高于紫花苜蓿49.16 %和67.22 %。

7.2.3 粗纤维、无氮浸出物和粗灰分含量较低

普那菊苣叶丛期粗纤维含量相当于紫花苜蓿，全生育期平均不及紫花苜蓿。但是，牧草菊苣奇可利和兼用型益丰菊苣叶丛期的粗纤维含量分别为12.9 %和13 %，分别低于紫花苜蓿平均值（28.81 %）的55.22 %和54.87 %。无氮浸出物低于紫花苜蓿；粗灰分高于紫花苜蓿。

7.2.4 牧草菊苣富含矿物质，适口性好，消化率高

牧草菊苣青鲜叶片中富含胡萝卜素、维生素C和矿物质钙、磷、钾、镁、硫和铁、锰、锌、铜、钠、锶、硒等微量元素。牧草菊苣叶量多且茎叶柔软，叶片有白色汁液；适口性极好，饲养奶牛、肉牛、猪、羊、鹿、马、兔、鸡、鹅、鸭、鱼、鸵鸟效果均好，是以草代粮的优质饲料。

7.2.5 利用期长、产草量高、无病虫害

菊苣由于春季返青早、冬季休眠晚，作为饲料其利用期比一般青饲料为长，在中原地区年利用期长达8个月，南方可周年利用，每年最多可刈割利用12次以上，且1次播种可连续高产5~7年，最长可利用15年。产草量高，最高鲜草产量分别可达40×10^4 kg/hm^2 和38.4×10^4 kg/hm^2。由于菊苣叶片中含有咖啡酸等生物碱，因此表现出极强的抗虫害和抗病特性。有试验表明，种植十年从未发现过有任何虫害，在低洼易涝地区易发生烂根，但只要及时排除积水也易于预防，除此之外尚未发现有其他任何传染性病害。

7.2.6 菊苣是上等蔬菜

菊苣叶片鲜嫩，可炒可凉拌又是高营养蔬菜。无论生食或熟食，均可清肝利

胆，有效治疗黄疸病和心血管病，是高档保健蔬菜。它的营养成分尤其是矿物质含量，是很多蔬菜不可企及的。菊苣中的蛋白质含有17种氨基酸，其中有9种是人体必需的氨基酸，是良好的补充必需氨基酸的食物来源。除具有丰富的营养价值外，菊苣还是一种天然的绿色食品。它极少受到病虫害的侵犯，食用安全，还是生产食用菌的优质基料，并可从根茎中提取丰富的菊糖和香料。肉质根茎在遮光条件下可生产芽球菊苣，食用部分为肉质根软化栽培后萌发的嫩黄色椭圆形的芽球，其营养丰富，可生食凉拌或做色拉，也可作为火锅配料或炒食，口感脆嫩，微甜稍带苦味。因含马栗树皮素，野莴苣苷成分，具有清肝利胆、解酒、减肥的功效，其芽球是特色菜中的上品，而且它富含菊糖、咖啡酸和奎宁酸，可工业化生产提取保健型食品低聚糖果。同时，种根在栽培过程中几乎不需施农药，在软化栽培过程中，也不需施用任何农药化肥，食用安全。因此，菊苣被列为21世纪的保健蔬菜。

7.2.7 菊苣是上等的蜜源植物

菊苣花期长达4个月，花质较好，是上等的蜜源植物。菊苣的肉质根非常发达，植株茂盛，四季常绿，保持水土的作用很强，花期长，蓝色花朵美丽壮观，是优良的绿化和水土保持植物。

7.3 菊苣需水量测定结果

菊苣需水量采用土壤蒸渗仪测定，每小区安装3套装置，即3个重复。试验期间，每7 d测量1次需水量，其值应代表土壤水分不受限制条件下的需水量。

供试的菊苣，为生长2年进行移栽的牧草。为了掌握菊苣生育期需水量，生育期间没有刈割，观测的需水量为菊苣生育期需水量（表7.1）。

表7.1 菊苣生长季需水量

要素	返青期	现蕾期	开花期	结籽期	成熟期	合计
需水量/mm	149.3	155.6	228.5	207.7	84.6	825.6
水面蒸发量/mm	98.1	57.2	111.4	202.8	178.5	648
耗水强度/（mm/d）	5.53	11.11	21.9	3.35	1.32	4.39
耗水模系数/%	18.1	18.83	27.88	25.16	10.25	100.22
作物系数（Kc）	1.52	2.72	2.05	1.02	0.47	1.27

7.3.1　菊苣生长季需水量

由图7.1可知，菊苣各生育期需水量差异较大，呈单峰型变化。菊苣返青期、现蕾期需水量相差不大，分别为149.3 mm和155.8 mm；开花期需水量最大，达228.5 mm；结籽期需水量较高，达207.7 mm；成熟期需水量最小为84.7 mm；全生长季需水量为825.6 mm。

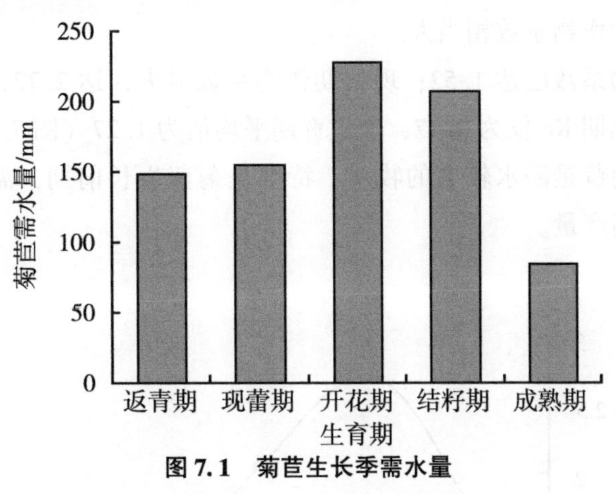

图7.1　菊苣生长季需水量

7.3.2　生长季需水强度

从菊苣生育期不同需水强度来看，菊苣耗水强度呈单峰型变化。菊苣返青期生长缓慢，蒸腾作用较小，但由于土壤水分充足，加之春季干燥风大，株间水分蒸发强度较大，耗水强度返青期仍较大，耗水强度达5.53 mm/d；现蕾期耗水强度11.11 mm/d；开花期耗水强度最大，达21.9 mm/d；结籽期的耗水强度降至3.35 mm/d；成熟期最小，耗水强度只有1.32 mm/d，全生育期日平均耗水量为4.39 mm/d（图7.2）。

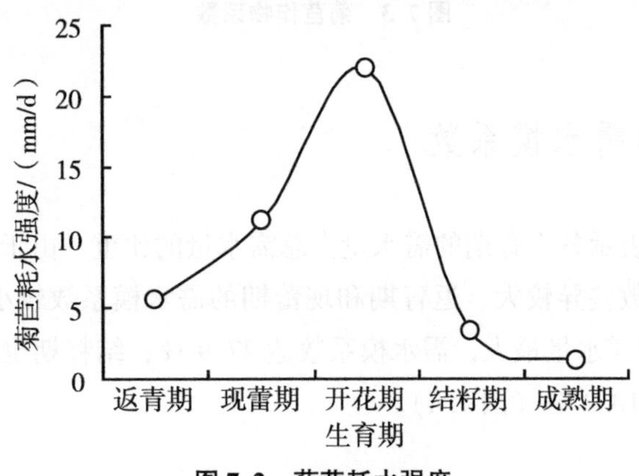

图7.2　菊苣耗水强度

7.3.3 生长季作物系数

作物系数是反映植物耗水特征的重要指标。是由作物需水量和水面蒸发量比值求得。根据作物系数，可以求得各生育期或全生育期的需水量。

华北平原春季干旱多风，蒸发能力强，在土壤水分不受水分限制情况下，农田蒸发强度非常大，加之菊苣需水量较多的牧草，农田蒸发一般都要超过水面蒸发，因此，菊苣生长前期作物系数相当大。

返青期的作物系数已达 1.52；现蕾期作物系数最大，达 2.72，此后，作物系数逐渐下降，到成熟期 Kc 仅为 0.47，全生育期平均值为 1.27（图 7.3）。

由此可见，菊苣是需水较多的牧草，特别是菊苣生长前期，需要充足的水分供给，才能获得较高产量。

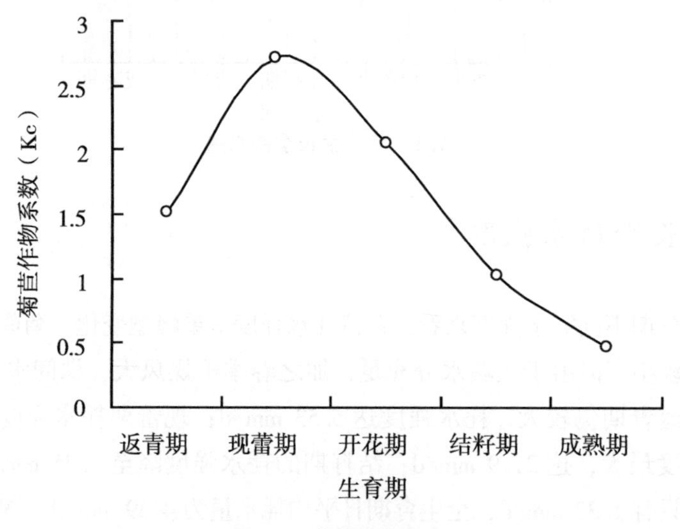

图 7.3 菊苣作物系数

7.3.4 生长季需水模系数

需水模系数是表示各生育期的需水量占总需水量的比重。由于植物生育期生长天数不同，需水模系数差异较大。返青期和现蕾期的需水模系数较小，分别为 18.1 % 和 18.9 %；开花期需水量最大，需水模系数达 27.9 %；结籽期也较大，达 25.2 %；成熟期最小，仅为 10.3 %（图 7.4）。

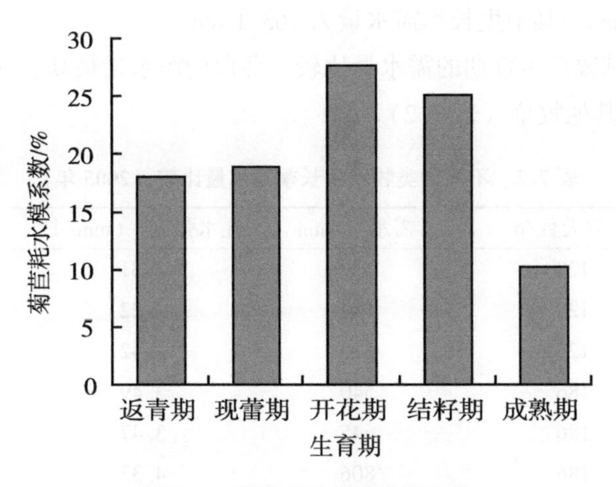

图 7.4　菊苣生长季需水模系数

7.4　菊苣越冬期耗水量

对于多年生牧草或越年生牧草来讲，在我国黄河的北方地区，冬季地面植物停止生长或植被枯萎。在华北平原，冬闲期大约 120 d，此时农田的水分消耗纯属生态耗水，形不成生产力。

牧草越冬期耗水状况往往不为人们重视。因为这部分水量不是生产性消耗，纯粹是生态耗水。牧草越冬期要消耗多少水分也无人过问。由于越冬期间耗水量测定难度较大，很少有人进行研究。利用注水式土壤蒸发器的基本特性，根据水分平衡原理，分别在越冬前和返青时进行观测，求出越冬期间水分消耗量。

菊苣越冬期耗水量测量是从生长季停止观测开始，至翌年返青为止。根据测定，菊苣越冬期耗水量 164. 4 mm，耗水强度 1. 1 mm/d。

在土壤水分充分保障条件下，在华北平原地区，菊苣全年的需水量约为 990 mm。其中生育期需水量为 825. 6 mm，占全年的需水量的 83. 39 %；越冬期耗水量为 164. 4 mm，占全年的需水量的 16. 61 %。

7.5　结论与讨论

7.5.1　菊苣是需水量较多的牧草

菊苣的需水量较多，全年需水量为 900~1 000 mm。根据 2005 年测定，菊苣全年的需水量为 990 mm，其中生育期需水量为 825. 6 mm。根据 2006 年测定，菊苣全年需水量为 927.5 mm，其中生长季需水量为 763.1 mm。

根据 7 种供试牧草生育期的需水量比较，菊苣的需水量最高、耗水强度、作物系数（Kc）均高于其他牧草（表 7.2）。

表 7.2　不同种类牧草生长季需水量比较（2005 年）

牧草名称	观测天数/d	需水量/mm	耗水强度/（mm/d）	作物系数（Kc）
籽粒苋	129	427	3.31	0.91
青饲玉米	129	544	4.22	1.15
高丹草	129	570	4.42	1.21
串叶松香草	186	540	3.49	0.83
紫花苜蓿	186	645	3.47	0.99
鲁梅克斯	186	806	4.33	1.24
菊苣	186	826	4.44	1.29

7.5.2　菊苣蒸腾速率相当高

蒸腾速率是反映植物生物学特性的重要指标。为了说明菊苣的需水特性，选择 C_3牧草菊苣和 C_4牧草高丹草 2 组同步观测的蒸腾速率资料进行比较：其一，2005 年 7 月 8 日，菊苣处于叶簇期，高丹草处于拔节期；日照时数为 35 min，8：00—18：00太阳总辐射 2 830 J/m^2，为典型阴天。其二，2005 年 8 月 26 日，菊苣与高丹草均进入生育盛期，株高相近，菊苣处于抽薹期，平均株高 127 cm；高丹草处于再生期，平均株高 129 cm；日照时数为 8 h 22 min，8：00—18：00 太阳总辐射 4 619 J/m^2，常出现蔽光高层云天气。

从同步对比观测的蒸腾速率来看（图 7.5），C_3牧草菊苣是蒸腾耗水较多的牧草

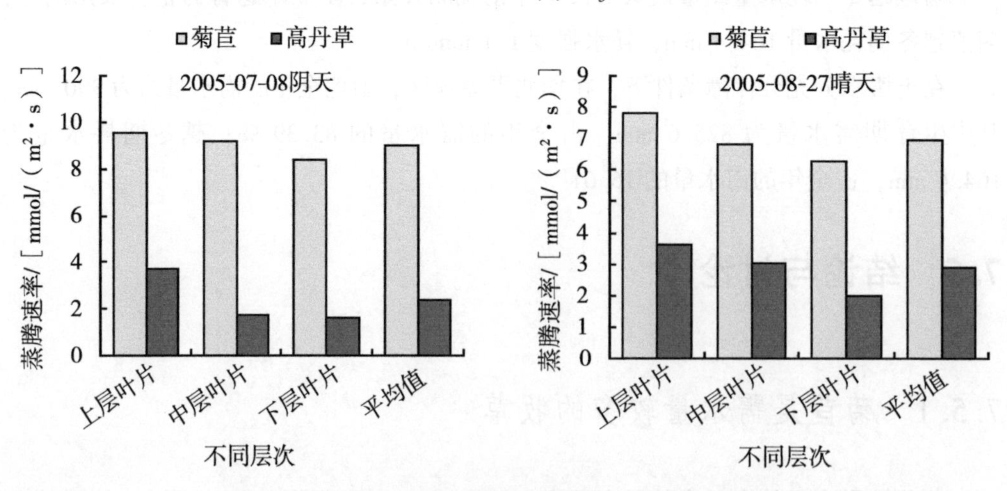

图 7.5　菊苣与高丹草不同层次蒸腾速率日变化比较

之一。以 C_3牧草菊苣和 C_4高丹草为例，2 种牧草同步观测结果表明，无论是晴天或是阴天，菊苣的蒸腾速率均高于高丹草。

7.5.3　结论

菊苣是需水量较多的牧草。全年需水量为 900～1 000 mm。其中，生长季需水量约占年需水量 82 %，越冬期耗水量约占全年需水量的 18 %。

菊苣是耗水强度较大的牧草。返青期耗水强度达 5. 53 mm/d；现蕾期耗水强度 11. 11 mm/d；开花期耗水强度最大，达 21. 9 mm/d；全生育期为 4. 39 mm/d。

菊苣是作物系数较大的牧草。返青期的作物系数已达 1. 52；现蕾期作物系数最大，达 2. 72，全生育期平均值为 1. 27。

根据 7 种供试牧草生育期的比较，菊苣的需水量、耗水强度、作物系数均高于其他牧草。

菊苣是蒸腾耗水较多的牧草。在 7 种供试牧草中，菊苣的蒸腾速率居首位。在晴天条件下，C_3牧草菊苣蒸腾速率比 C_4牧草高丹草高 1. 44 倍；在阴天条件下，菊苣蒸腾速率比高丹草高 2. 83 倍。

菊苣是水分利用效率较低的牧草。C_3牧草菊苣与 C_4牧草高丹草的水分利用效率相比，在晴天条件下，高丹草水分利用效率比菊苣高 2. 27 倍；在阴天条件下，高丹草水分利用效率比菊苣高 2. 36 倍。

第8章　中新830小黑麦和冬牧70黑麦需水量

综合研究表明，冬牧70黑麦是表现较好的早熟牧草品种，中新830小黑麦是表现较好的晚熟牧草品种。冬牧70黑麦返青期比中新830小黑麦提前15 d左右，是冬、春理想青饲和青贮饲料。若10月中下旬播种，翌年4月中下旬收获，可以获得较高的生物量，既满足春季青饲料的短缺，又不影响棉花等春播作物的种植。中新830小黑麦和冬牧70黑麦是解决华北平原早春淡季青绿饲草的供应和冬闲田地开发利用的首选优质牧草。

8.1　前言

冬牧70黑麦又名冬长草、冬牧草，为禾本科黑麦属冬黑麦一个亚种，是一年生或越年生草本植物。20世纪60年代从美国引进的越年生粮饲草兼用型牧草——冬牧70黑麦，系禾本科，具有抗寒、抗病、品质好、适应性好等特点，因其耐盐性强，还可在滨海地区中度以下盐渍土壤上种植。

冬牧70黑麦营养价值较高，氨基酸含量丰富，含多种微量元素，高蛋白、高脂肪、高赖氨酸。据测定，在青刈期含蛋白质28.32 %、脂肪6.83 %、赖氨酸1.62 %；蛋白质含量是玉米的3.29倍，小麦的23倍；粗脂肪含量是玉米的1.95倍，小麦的3.7倍；赖氨酸含量是玉米的6倍，小麦的4.9倍；同时，氨基酸的含量全面，共有15种；微量元素含量也很高。冬牧70黑麦分蘖多，生长快，抗寒性强，鲜草产量高，品质好。适口性好。植株高大，产草量高，是牛、羊、兔、草鱼等草食性动物冬、春理想青饲和青贮饲料。

冬牧70黑麦不与粮、棉、油争用耕地，充分利用棉田的冬闲之季，10月至翌年4月，半年时间增收一季牧草。

小黑麦由小麦属（*Triticum*）和黑麦属（*Secale*）物种经属间有性杂交和杂种染色体数加倍而人工结合成的新物种。我国在20世纪70年代育成的八倍体小黑麦，表现出小麦的丰产性和种子的优良品质，又保持了黑麦抗逆性强和赖氨酸含量高的特点，且能适应不同的气候和环境条件，是一种很有前途的粮食、饲料兼用作物。

普通小麦是世界栽培面积最大的粮食作物，黑麦虽食味欠佳，但具有较强的抵抗逆境的能力。小黑麦兼具黑麦小穗数多、普通小麦每小穗小花多和自花传粉的特点。

饲用小黑麦是小麦与黑麦的属间杂交种，具有明显的杂种优势，生物产量高、营养品质好、抗病抗逆性强，适应性广。饲用小黑麦作为新作物已在饲草工业和生态建设中显示出强大的生命力和很高的生态价值及经济价值，发展潜力巨大。

本试验选择中新830小黑麦和冬牧70黑麦作为供试牧草，2种牧草是一年生或越年生草本植物，具有适应性广、耐旱、耐寒、耐瘠薄、分蘖再生能力强，生长速度快，生物产量高，营养品质好等特性，可以直接饲喂，也可青贮、晾晒干草。能充分利用初冬和早春低温期的光热资源，通过在禹城试验区多年试种表现良好。

中新830小黑麦和冬牧70黑麦能充分利用初冬和早春低温期的光热资源，具有耐低温速生的特性，通过在试验站多年试种，表现良好。其中，中新830小黑麦是较好的晚熟品种，冬牧70黑麦是表现比较好的早熟品种，可以和多种作物轮作，既不影响作物生产又能填补冬春青饲料的不足，在冬闲田地利用中占据重要地位。中新830小黑麦和冬牧70黑麦是解决华北平原早春淡季青绿饲草的供应和冬闲田地开发利用的首选优质牧草。

我国有关冬牧70黑麦和中新830小黑麦需水量与耗水规律方面研究较少。针对我国牧草需水量与耗水规律研究的不足以及我国华北水资源贫乏的状况，选择中新830小黑麦和冬牧70黑麦作为研究材料，对这2种牧草的耗水量、水分利用效率开展了深入研究，供试验的冬牧70黑麦和中新830小黑麦种子均由中国农科院作物研究所提供，其结果将为华北平原种植结构调整及水资源高效利用提供科学依据。

8.2 材料和方法

8.2.1 供试材料

试验品种有禾本科黑麦，属一年生草本植物冬牧70黑麦（*Secale cereale*. L. cv. *Wintergrazer*-70）；小黑麦为中新830小黑麦（*X Triticosecale Wittmack* cv. *Triticate*-830）。

8.2.2 播种方式

条播，播种行距为20 cm；刈割时期：刈割1次为拔节期或乳熟期；刈割2次为第1茬在拔节期，留茬高度5 cm，第2茬在成熟期。

8.2.3 播种日期

冬牧 70 黑麦和中新 830 小黑麦同期播种。播种日期：2005 年 10 月 18 日、2006 年 9 月 14 日、2007 年 10 月 17 日、2008 年 10 月 11 日、2009 年 9 月 23 日。前茬为籽粒苋、高丹草、青饲玉米，为一年两作。

8.3 土壤蒸渗仪需水量测定

采用注水式土壤蒸渗仪测定。冬牧 70 黑麦和中新 830 小黑麦均安装 3 台注水式土壤蒸发器（即 3 个重复）。器内的土壤水分维持在田间持水量的 70 %以上。

2005—2006 年测定了 2 种牧草全生育期需水量：冬牧 70 黑麦需水量为 380.6 mm，中新 830 小黑麦需水量为 367.1 mm，2 种牧草的需水量差异不大。

由于土壤蒸渗仪测定法每 5 d 测量 1 次需水量，不仅可以算出各时段的需水量，而且还能估算各生育期的需水强度、需水模系数、作物系数和水分利用效率。

8.3.1 土壤蒸渗仪需水量测定结果

2 种牧草于 2005 年 11 月 18 日播种，2006 年 5 月 29 日收获。图 8.1 为 2 种牧草需水量累计值变化规律。根据土壤蒸发器的测量，2005—2006 年冬牧 70 黑麦全生育期需水量为 380.6 mm，中新 830 小黑麦为 367.1 mm。

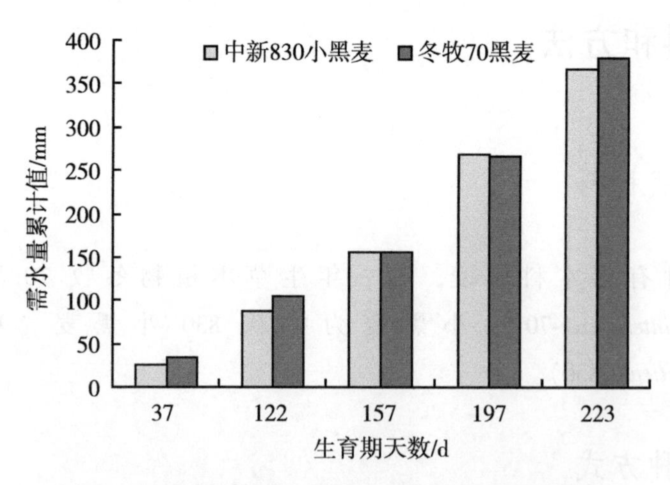

图 8.1 冬牧 70 黑麦和中新 830 小黑麦需水量累计值

由图 8.1 可知，生育前期（播种后 122 d），冬牧 70 黑麦的需水量大于中新 830 小黑麦；此后，中新 830 小黑麦的日需水量比冬牧 70 黑麦增加快，至返青期（157

d）两者需水量持平；孕穗期（197 d），中新 830 小黑麦累计需水量已超过冬牧 70 黑麦直至收获。牧草的需水量与牧草的生长进程关系密切，累计需水量的多少反映了牧草的生长速度。

8.3.2　需水强度

图 8.2 是在土壤水分适宜条件下冬牧 70 黑麦和中新 830 小黑麦各生育期的需水强度。

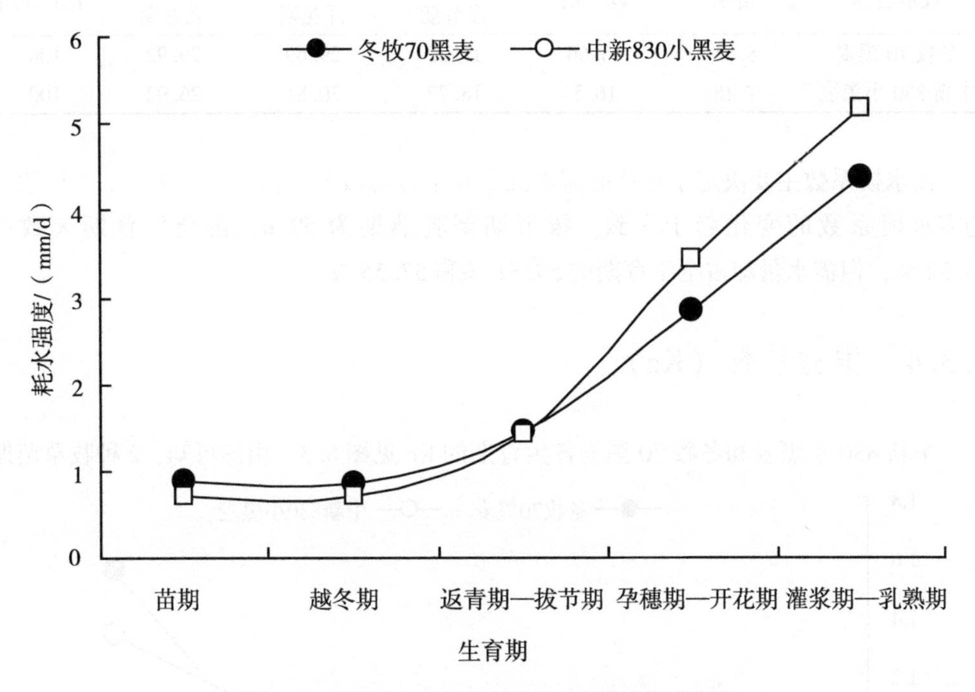

图 8.2　冬牧 70 黑麦和中新 830 小黑麦需水强度

由图 8.2 可知，冬牧 70 黑麦和中新 830 小黑麦幼苗期和越冬期，由于叶面积指数较小、气温低、需水强度较小，变化不大。冬牧 70 黑麦幼苗期和越冬期需水强度大于中新 830 小黑麦；返青期至拔节期，2 种牧草需水强度约为 1.4 mm/d；拔节期后，随着气温的增高和生长速度的加快，牧草需水强度随之增大，中新 830 小黑麦需水强度超过冬牧 70 黑麦。孕穗期—开花期分别为 3.43 mm/d、2.83 mm/d；到灌浆期—乳熟期达到最大，冬牧 70 黑麦需水强度达 4.38 mm/d，中新 830 小黑麦达 5.17 mm/d；全生育期需水强度冬牧 70 黑麦为 1.71 mm/d，中新 830 小黑麦为 1.65~1.71 mm/d。

8.3.3 需水模系数

需水模系数是作物各生育阶段需水量占总需水量的权重，它不仅反映了作物各生育阶段的蓄水特性与要求，也反映出不同生育阶段对水分的敏感性。

由表 8.1 可知，冬牧 70 黑麦和中新 830 小黑麦苗期需水模系数分别为 9 %和 7.18 %，越冬期长达 85 d，但是需水模系数分别为 18.55 %和 16.5 %。

表 8.1 冬牧 70 黑麦和中新 830 小黑麦需水模系数 单位：%

牧草名称	苗期	越冬期	返青期—拔节期	孕穗期—开花期	灌浆期—乳熟期	全生育期
冬牧 70 黑麦	8.51	18.66	13.22	29.69	29.92	100
中新 830 小黑麦	7.18	16.5	18.77	30.81	26.92	100

需水模系数主要决定于牧草的需水强度和生育时段的长短。总体来看，2 种牧草的需水模系数的变化趋于一致。拔节期至乳熟期为 52 d，占全生育期天数的 23.32 %，但需水量却占全生育期的 59.31 %和 57.55 %。

8.3.4 作物系数（Kc）

中新 830 小黑麦和冬牧 70 黑麦各生育期的 Kc 见图 8.3。由图可知，2 种牧草苗期

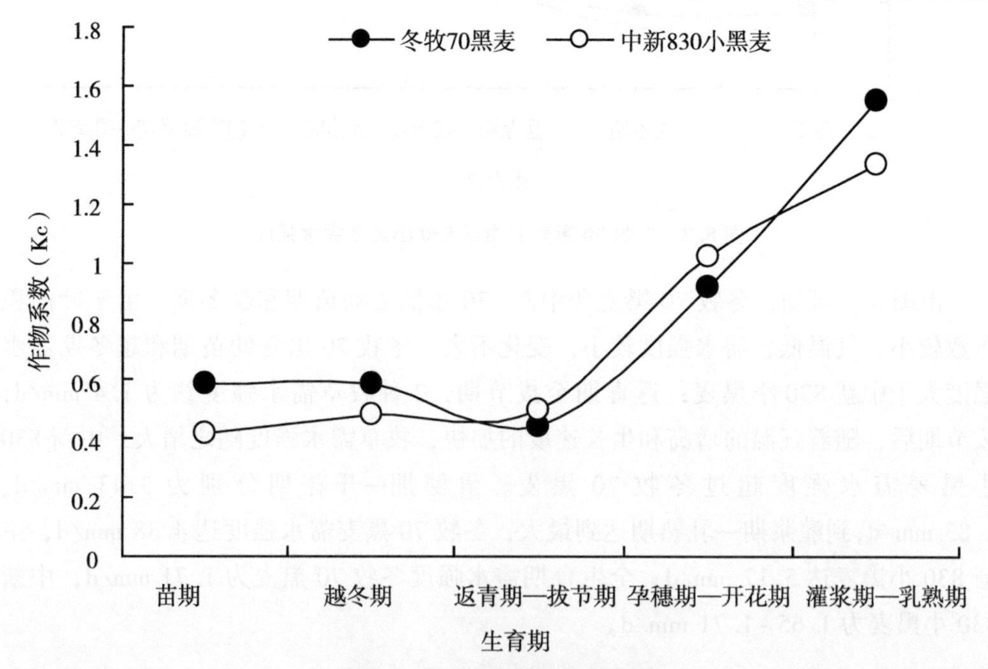

图 8.3 各生育阶段的作物系数

至返青期作物系数冬牧 70 黑麦略高于中新 830 小黑麦，苗期作物系数变化为 0.42~0.59。返青期作物系数逐渐增大，中新 830 小黑麦高于冬牧 70 黑麦。返青期—拔节期 Kc 分别为 0.5 和 0.44，孕穗期—开花期 Kc 分别为 1.02 和 0.92，灌浆期—乳熟期达到最大值，Kc 分别为 1.55 和 1.33。全生育期 Kc 平均值，冬牧 70 黑麦为 0.94 和中新 830 小黑麦为 0.9。Kc 的确定为华北平原 2 种牧草的需水估算提供依据。

8.3.5 水分利用效率

水分利用效率是由生物产量（kg/hm^2）和需水量（mm）求得，单位为 kg/（hm^2·mm）。

8.3.5.1 不同刈割期的水分利用效率

拔节期刈割的水分利用效率（177 d）：冬牧 70 黑麦为 27.96 kg/（hm^2·mm），中新 830 小黑麦为 47.04 kg/（hm^2·mm）。中新 830 小黑麦高于冬牧 70 黑麦 68.2 %。

乳熟期刈割的水分利用效率（223 d）：冬牧 70 黑麦为 36.97 kg/（hm^2·mm），中新 830 小黑麦为 42.59 kg/（hm^2·mm）。中新 830 小黑麦高于冬牧 70 黑麦 15.2 %。

刈割 2 次的水分利用效率（203 d）：冬牧 70 黑麦为 71.64 kg/（hm^2·mm）和中新 830 小黑麦为 91.24 kg/（hm^2·mm）。中新 830 小黑麦高于冬牧 70 黑麦 27.4 %。

在华北平原地区，中新 830 小黑麦和冬牧 70 黑麦刈割 2 次水分利用效率最高（图 8.4）。中新 830 小黑麦生物产量达 26.05 t/hm^2，需水量为 285.5 mm；冬牧 70

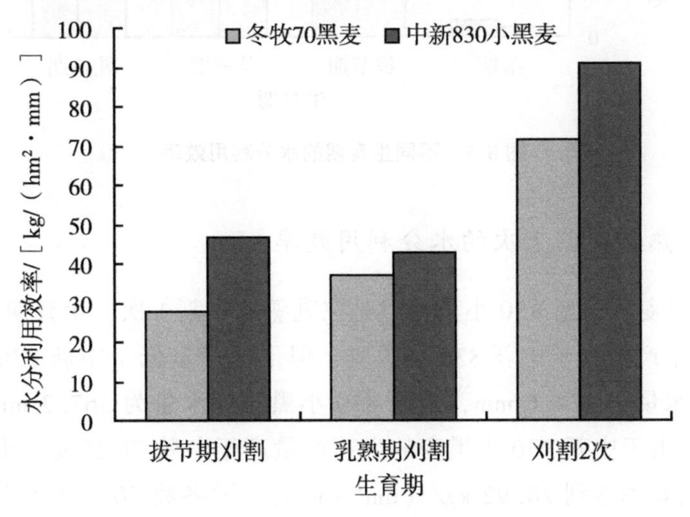

图 8.4　不同刈割期的水分利用效率

黑麦生物产量达 18.92 t/hm^2，需水量为 264.1 mm。由此可见，冬牧 70 黑麦、中新 830 小黑麦刈割 2 次，不仅可以获得较高牧草产量，而且节省水量，提高水分利用效率。

8.3.5.2 不同生育期的水分利用效率

不同生育期的水分利用效率，是根据试验小区生物量和同期耗水量测定值估算的。生物量和耗水量都是 5 d 测定 1 次，生物量和耗水量都是生育期的累计值，由于生物量是生育期间，每 5 d 采样 1 次的累计值，生物量偏高，从中可以看出不同生育期的水分利用效率的基本特征。

水分利用效率随生育期而提高（图 8.5）。冬牧 70 黑麦各生育期的水分利用效率均小于中新 830 小黑麦。从各生育期的水分利用效率来看，2 种牧草均为苗期<拔节期<孕穗期<乳熟期。苗期的水分利用效率最低，乳熟期最高。2 种牧草在乳熟期收割是最佳收获期，生物量和水分利用效率都最高。

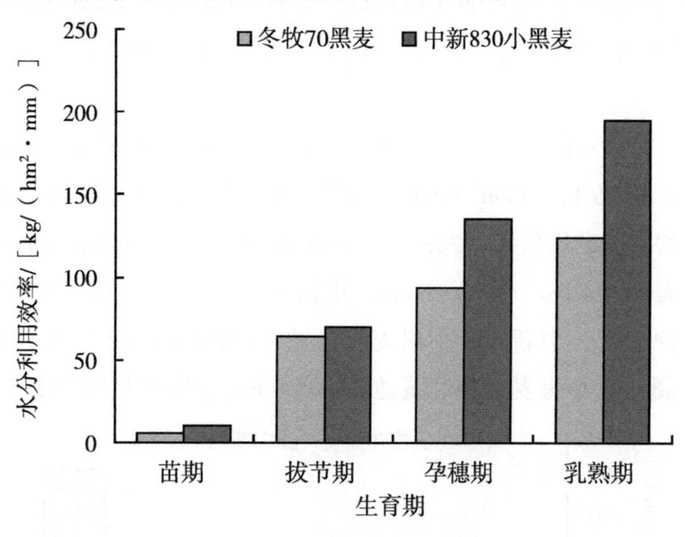

图 8.5 不同生育期的水分利用效率

8.3.5.3 乳熟期刈割 1 次的水分利用效率

冬牧 70 黑麦和中新 830 小黑麦只是在乳熟期收割 1 次，生育期为 223 d。冬牧 70 黑麦鲜草产量高于中新 830 小黑麦，但干草产量低于中新 830 小黑麦。冬牧 70 黑麦耗水量为 374.6 mm，中新 830 小黑麦耗水量为 367.3 mm，两者耗水量相差不多。由于中新 830 小黑麦的生物产量高于冬牧 70 黑麦，中新 830 小黑麦的水分利用效率达到 70.92 kg/（hm^2·mm）。而冬牧 70 黑麦水分利用效率为 50.51 kg/（hm^2·mm）(表 8.2)。

表 8.2　冬牧 70 黑麦和中新 830 小黑麦水分利用效率

牧草名称	干草产量/（kg/hm²）	耗水量/mm	水分利用效率/［kg/（hm²·mm）］
冬牧 70 黑麦	18 920	374.6	50.51
中新 830 小黑麦	26 050	367.3	70.92

8.3.5.4　刈割 2 次的水分利用效率

在华北平原地区，冬牧 70 黑麦和中新 830 小黑麦可以刈割 2 次。

第 1 茬在 4 月 1 日刈割，生长天数约 165 d。由于冬牧 70 黑麦返青早 15 d 左右，水分利用效率高于中新 830 小黑麦。冬牧 70 黑麦水分利用效率为 16.51 kg/（hm^2·mm），中新 830 小黑麦为 8.26 kg/（hm^2·mm）。

第 2 茬在 5 月 8 日刈割，生长天数约 37 d，水分利用效率冬牧 70 黑麦为 55.131 kg/（hm^2·mm），中新 830 小黑麦为 82.98 kg/（hm^2·mm），中新 830 小黑麦第 2 茬的水分利用效率比冬牧 70 黑麦高。2 茬合计，冬牧 70 黑麦水分利用效率为 71.64 kg/（hm^2·mm）；中新 830 小黑麦为 91.24 kg/（hm^2·mm）（表 8.3）。

表 8.3　刈割 2 次的水分利用效率

牧草名称	生长天数/d	干草产量/（t/hm²）	耗水量/mm	水分利用效率/［kg/（hm²·mm）］
冬牧 70 黑麦	203	18.92	264.1	71.64
中新 830 小黑麦	203	26.05	285.5	91.24

8.3.5.5　拔节期刈割 1 次的水分利用效率

在华北平原地区，春播作物大约在 4 月中下旬播种。为了适应华北平原地区棉花等春播作物的需要，利用冬闲期，多种一茬越冬牧草。为此，对冬牧 70 黑麦和中新 830 小黑麦在拔节期进行了专项刈割测定。测定结果表明，中新 830 小黑麦生物产量为 8.70 t/hm^2，耗水量为 185 mm，水分利用效率 47.04 kg/（hm^2·mm）；冬牧 70 黑麦生物产量为 5.67 t/hm^2，耗水量为 202.8 mm，水分利用效率 27.96 kg/（hm^2·mm）（表 8.4）。如果 2 种牧草在 4 月中旬收割，冬牧 70 黑麦可以获得 21.55 t/hm^2 的鲜草产量，中新 830 小黑麦为 33.06 t/hm^2，而且耗水量仅占全生育期的 1/2，非常省水，而且有利于棉花等春播作物的播种。

表 8.4　4 月 13 日收割牧草的水分利用效率

牧草名称	生长天数/d	干草产量/（t/hm²）	耗水量/mm	水分利用效率/[kg/（hm²·mm）]
冬牧 70 黑麦	177	5.67	202.8	27.96
中新 830 小黑麦	177	8.7	185	47.01

总体来看，中新 830 小黑麦和冬牧 70 黑麦属于水分利用效率较高的牧草。中新 830 小黑麦的生物产量高于冬牧 70 黑麦，需水量低于冬牧 70 黑麦，因此，中新 830 小黑麦的水分利用效率高于冬牧 70 黑麦。从节省水分角度来看，孕穗期收割大约可以节省 100 mm 水分。从 2 种牧草的水分利用效率来看，中新 830 小黑麦各生育期的水分利用效率均优于冬牧 70 黑麦。

8.4　农田水量平衡方法测定

8.4.1　农田水量平衡方程

采用农田水量平衡来计算农田蒸散量，是最常用的方法。基本原理是农田水量平衡方程：

$$ET_C = P + I + Eg + \Delta W - R \tag{8.1}$$

式中，ET_C 为农田蒸散量；P 为降水量；I 为灌溉水量：Eg 为地下水对农田蒸散量的补给量；R 为地表径流量；ΔW 为时段内土壤贮水量变化。由于无地表水径流产生，所以 R=0，则式（8.1）为：

$$ET_C = P + I + Eg + \Delta W \tag{8.2}$$

式中，Eg 为地下水对农田蒸散量的补给量，通常称之为潜水蒸发量。即：

$$Eg = \mu \Delta H \tag{8.3}$$

式中，ΔH 为地下水位变化，地下水位测量每天 1 次；μ 为给水度，根据在德州农田蒸发试验站的测定（程维新，1994），μ 值的变化为 0.052~0.056，取其平均值为 0.054。

ΔW 为时段内土壤贮水量变化，土壤水分由使用 CNC503DR 型中子水分仪测量。每个试验小区装中子管 1 根，测深 100 cm，测深间隔为 10 cm。频度是每 7 d 观测 1 次，降水、灌溉、刈割后加测。

8.4.2　农田水量平衡需水量测定结果

根据农田水量平衡的计算，冬牧 70 黑麦全生育期需水量为 374.6 mm，中新 830 小黑麦为 367.3 mm。从水量平衡各分量来看，降水约占 30 %，地下水补给量占 38 %，灌溉水占 15 %，土壤水利用率占 17 %（表 8.5）。

表 8.5　水量平衡计算结果　　单位：mm

牧草名称	有效降水量	地下水补给量	灌溉水量	土壤供水量	耗水量
冬牧 70 黑麦	98.1	147	60	69.5	374.6
中新 830 小黑麦	98.1	147	60	62.2	367.3

需要指出的是，冬牧 70 黑麦、中新 830 小黑麦全生育期有效降水量为 98.1 mm，属于干旱年。但是，由于 2005 年 9 月降水量达 228.9 mm，牧草播种时地下水仍处于高水位。

由于地下水位高，加速了土壤表面的蒸发。自 2005 年 10 月 18 日播种至 10 月 31 日，地下水补给量达 44.6 mm，平均每天达 3.19 mm。此期总蒸散量达 62 mm，平均每天蒸散量达 4.43 mm。此时牧草刚出苗，这部分水分主要用于土壤表面蒸发，属于无效水分消耗（图 8.6）。

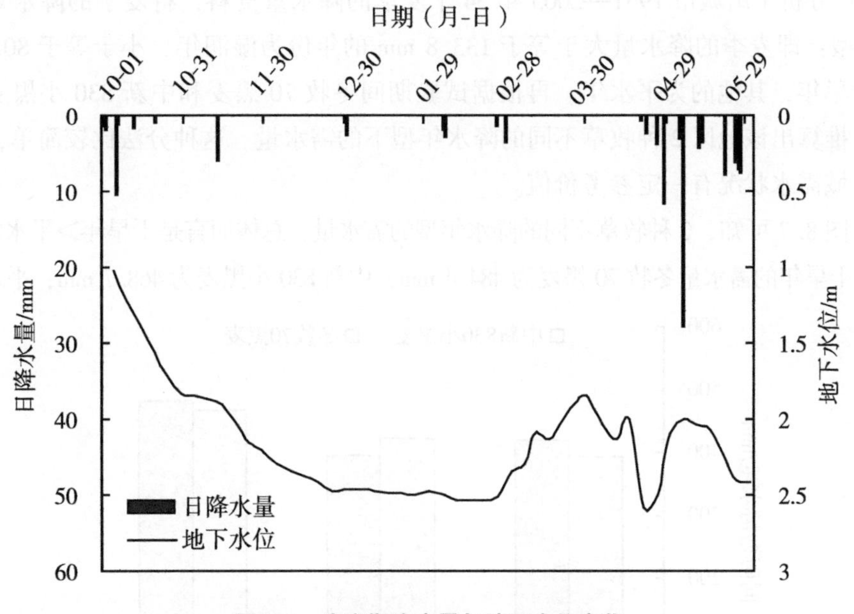

图 8.6　生育期降水量与地下水位变化

苗期地下水补给量偏大主要由于地下水位偏高所至。而后期地下水补给量比重也较大，是因作物生长旺盛，大气蒸发能强的缘故。

在地下水埋藏较浅地区，潜水成为农田耗水的重要水分来源。在本期试验中，潜水位变化为 1~2.5 m，地下水补给量为 147 mm 左右。

试验期间总降水量为 114.3 mm，其中有效降水量为 98.1 mm；地下水补给量为 147 mm；灌溉水量为 60 mm。上述 3 项，2 种牧草均相等。2 种牧草需水量的唯一差异在土壤水分消耗量：冬牧 70 黑麦为 69.5 mm，中新 830 小黑麦为 62.2 mm。因此，冬牧 70 黑麦需水量为 374.6 mm，中新 830 小黑麦为 367.3 mm。

从水量平衡各分量来看，地下水对农田水耗水的贡献最大，约占总耗水量 38 %，有效降水量占 26 %，土壤水占 17 %~18 %，灌溉水占 16 %。

地下水的补给量各生育期所占比重不同，播种至封冻占 44.22 %，越冬期占 12.88 %，返青期至成熟期占 43.4 %。

8.5 不同雨型的需水量估算

8.5.1 不同雨型的需水量

冬牧 70 黑麦和中新 830 小黑麦的生长季节集中在 10 月到翌年 4 月。潘国艳（2010）分析了禹城市 1951—2005 年 54 个麦季的降水量资料，将麦季的降水划分为 3 个类型：即麦季的降水量大于等于 133.8 mm 的年份为湿润年，小于等于 80.3 mm 定为干旱年，其他的为平水年。再根据试验期间冬牧 70 黑麦和中新 830 小黑麦的需水量，推算出该地区 2 种牧草不同的降水年型下的需水量。这种分法比较简单，但对评价区域需水状况有一定参考价值。

由图 8.7 可知，2 种牧草不同的降水年型的需水量，总体而言是干旱年>平水年>湿润年。干旱年的需水量冬牧 70 黑麦为 484.4 mm，中新 830 小黑麦为 468.7 mm；平水年的

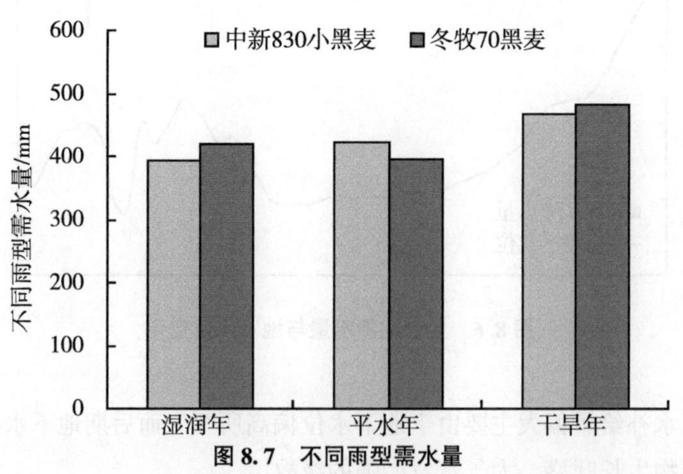

图 8.7 不同雨型需水量

需水量分别为 396.2 mm 和 423.2 mm；湿润年的需水量分别为 421.6 mm 和 394.8 mm。

8.5.2　不同雨型的作物系数（Kc）

不同的降水年型的作物系数与 2 种牧草不同的降水年型下的需水量类同，2 种牧草的作物系数干旱年>平水年>湿润年。中新 830 小黑麦为 1.14、0.99 和 0.93；冬牧 70 黑麦为 1.24、0.96 和 1.01。总体而言，冬牧 70 黑麦的作物系数大于中新 830 小黑麦（图 8.8）。

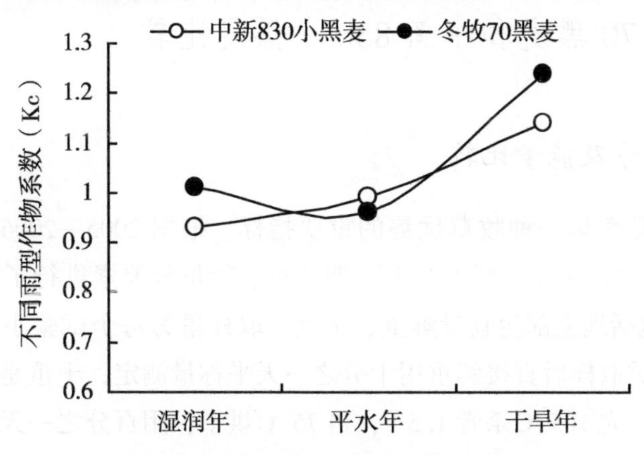

图 8.8　不同的降水年型下的作物系数

8.5.3　不同雨型下的水分利用效率

2 种牧草的水分利用效率均为湿润年最高，平水年居中，干旱年最低。就 2 种牧草比较而言，中新 830 小黑麦的水分利用效率高于冬牧 70 黑麦（图 8.9）。中新 830

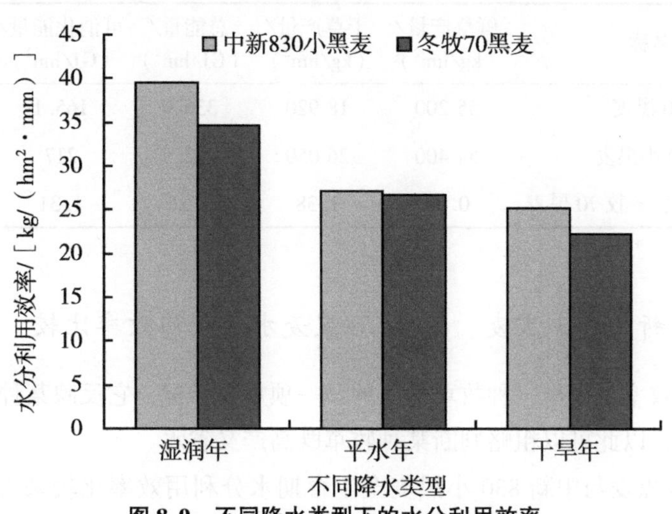

图 8.9　不同降水类型下的水分利用效率

小黑麦的水分利用效率湿润型为39.6 kg/（hm^2·mm），平水年27.3 kg/（hm^2·mm），干旱年25.3 kg/（hm^2·mm）；冬牧70黑麦的水分利用效率湿润年为34.8 kg/（hm^2·mm），平水年为26.8 kg/（hm^2·mm），干旱年为22.3 kg/（hm^2·mm）。

8.6 结果与讨论

8.6.1 冬牧70黑麦和中新830小黑麦比较

8.6.1.1 生物量及能量比较

产量和产能是衡量一种牧草优势的重要指标。根据2005—2006年的观测资料，对冬牧70黑麦与中新830小黑麦全生育期产量、能量等要素进行了估算。生物量每7 d测定1次，包括地上部生物量鲜重、干重。取样量为每个试验小区取30 cm的地上部分植株，鲜重取样后直接鲜重用十分之一天平称量测定；干重是采取的鲜样测重量以后放入烘箱，先105 ℃杀青1.5 h，再75 ℃烘干，用百分之一天平称量。能量和粗蛋白质是根据2种牧草有关资料估算得到。

从全生育期生物量、能量、粗蛋白质等要素比较来看，鲜干草产量中新830小黑麦与冬牧70黑麦几乎相等，其他各项指标中新830小黑麦均优于冬牧70黑麦，其中干草产量比冬牧70黑麦高38 %，粗蛋白质高38 %，可消化能量高31 %，总能量高26 %（表8.6）。从产量和产能来看，中新830小黑麦具有明显优势。

表8.6 冬牧70黑麦和中新830小黑麦产量、能量（2005—2006年）

牧草名称	鲜草产量/（kg/hm^2）	干草产量/（kg/hm^2）	总能量/（GJ/hm^2）	可消化能量/（GJ/hm^2）	粗蛋白质/（kg/hm^2）
冬牧70黑麦	55 200	18 920	336.9	165.1	2 838
中新830小黑麦	54 400	26 050	442.9	217	3 908
中新830小黑麦/冬牧70黑麦	0.99	1.38	1.26	1.31	1.38

8.6.1.2 中新830小黑麦、冬牧70黑麦水分利用效率比较

水分利用效率是衡量一种牧草优势的又一项重要指标，它反映某种牧草的产量水平和耗水状况，以此可以粗略判断某种牧草既高产又省水。

从冬牧70黑麦与中新830小黑麦全生育期水分利用效率比较来看，2种牧草的耗水量差异不大，仅相差2 %，但生物量相差很大，中新830小黑麦的干草产量比冬

牧 70 黑麦高 38 %，因此，水分利用效率相差 40 %左右（表 8.7）。表明中新 830 小黑麦具有较高的水分利用效率。

表 8.7 全生育期水分利用效率比较（2005—2006 年）

牧草名称	干草产量/（kg/hm²）	耗水量/mm	水分利用效率/［kg/（hm²·mm）］
中新 830 小黑麦	26 050	383.5	67.93
冬牧 70 黑麦	18 920	390.8	48.41
中新 830 小黑麦/冬牧 70 黑麦	1.38	0.98	1.4

8.6.2 中新 830 小黑麦、冬牧 70 黑麦产草量比较

表 8.8 是 2 种牧草 2005—2009 年 4 个生长季的平均值。由表 8.8 可知，刈割 2 次的中新 830 小黑麦鲜草产量和干草产量，低于冬牧 70 黑麦；而乳熟期刈割 1 次的中新 830 小黑麦鲜草产量和干草产量，高于冬牧 70 黑麦。

表 8.8 中新 830 小黑麦、冬牧 70 黑麦年均产草量（2005—2009 年）

单位：t/（hm²·a）

牧草名称	鲜草产量	干草产量
中新 830 小黑麦（刈割 2 次）	47.97	8.36
冬牧 70 黑麦（刈割 2 次）	49.05	9.05
中新小黑麦/冬牧黑麦（刈割 2 次）	0.98	0.92
中新 830 小黑麦（乳熟期刈割 1 次）	37.62	12.78
冬牧 70 黑麦（乳熟期刈割 1 次）	33.8	11.87
中新 830 小黑麦/冬牧 70 黑麦（乳熟期刈割 1 次）	1.11	1.08

中新 830 小黑麦、冬牧 70 黑麦鲜草产量比较：刈割 2 次的鲜草产量，牧草冬牧 70 黑麦鲜草产量比中新 830 小黑麦高 2 %；乳熟期 1 次刈割的鲜草产量，中新 830 小黑麦比牧草冬牧 70 黑麦高 11 %。

中新 830 小黑麦、冬牧 70 黑麦干草产量比较：刈割 2 次的干草产量牧草冬牧 70 黑麦比中新 830 小黑麦高 8 %；乳熟期 1 次刈割干草产量中新 830 小黑麦比牧草冬牧 70 黑麦高 8 %。

8.6.3 中新830小黑麦、冬牧70黑麦不同雨型的产草量比较

8.6.3.1 中新830小黑麦、冬牧70黑麦鲜草产量

从乳熟期1次刈割处理来看，中新830小黑麦鲜草产量高于冬牧70黑麦；中新830小黑麦鲜草产量干旱年>平水年>湿润年，表明中新830小黑麦耐旱性较强。冬牧70黑麦鲜草产量则湿润型>平水型>干旱型，表明冬牧70黑麦的耐干旱程度较低。

从刈割2次处理来看，鲜草平均产量冬牧70黑麦仅比中新830小黑麦高2.25 %，2种牧草的鲜草产量差异不大。

由此可见，冬牧70黑麦和中新830小黑麦只乳熟期刈割1次时，与灌溉条件下的实际产量接近；刈割2次时，干旱年份产量有所降低，特别是冬牧70黑麦对降水量的多少较为敏感。2种牧草在该地区有较强的适应性，适合在黄淮海平原广泛种植（图8.10）。

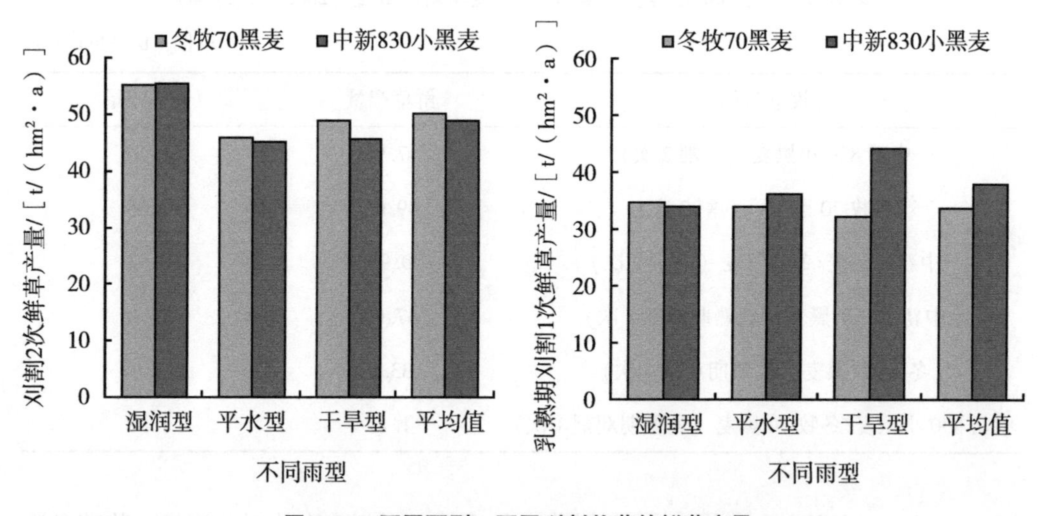

图8.10 不同雨型、不同刈割牧草的鲜草产量

由图8.10可知，乳熟期刈割1次处理的中新830小黑麦鲜草产量，在平水年和干旱年均高于冬牧70黑麦。特别是干旱型年份差别较大，中新830小黑麦鲜草产量为44.2 t/（hm^2·a），冬牧70黑麦为32.3 t/（hm^2·a），相差9.9 t/（hm^2·a）。

从刈割2次牧草的鲜草产量处理来看，中新830小黑麦与冬牧70黑麦相比，湿润型年份差别不大，分别为55.6 t/（hm^2·a）和55.2 t/（hm^2·a）。平水型年份差异也不大，分别为45.3 t/（hm^2·a）和46 t/（hm^2·a）。只是干旱型年份干旱型的

鲜草产量比中新 830 小黑麦高，相差 3.4 t/（hm^2・a）。

8.6.3.2　中新 830 小黑麦、冬牧 70 黑麦干草产量

由图 8.11 可知，不同刈割期干草产量相差较大，乳熟期刈割 1 次处理比刈割 2 次的要高，就平均值而言，冬牧 70 黑麦乳熟期刈割 1 次处理比刈割 2 次的高 36.32 %，中新 830 小黑麦乳熟期刈割 1 次处理比刈割 2 次的高 53.22 %。

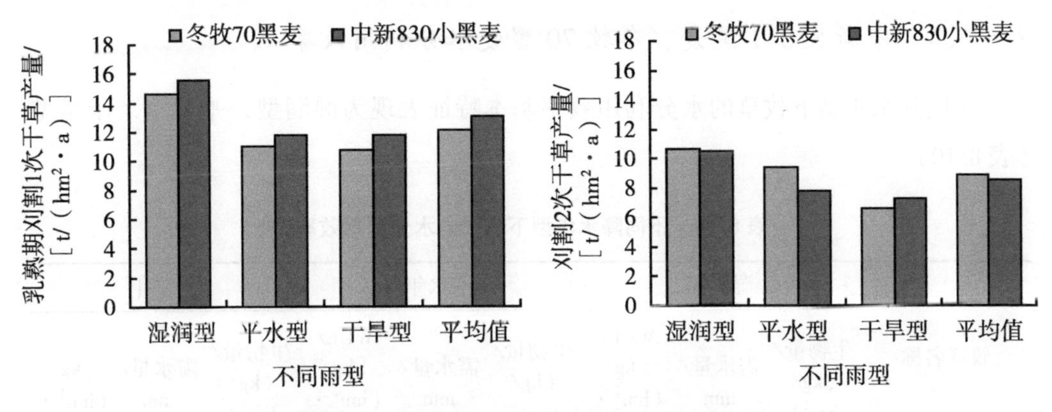

图 8.11　不同雨型、不同刈割牧草的干草产量

从冬牧 70 黑麦和中新 830 小黑麦的干草产量比较来看，刈割 2 次处理冬牧 70 黑麦的干草产量比中新 830 小黑麦平均高 4.33 %；乳熟期刈割的干草产量，中新 830 小黑麦比冬牧 70 黑麦高 7.73 %。

由此可见，无论是冬牧 70 黑麦还是中新 830 小黑麦，要获取较高生物产量，乳熟期刈割比较适宜。

8.6.3.3　中新 830 小黑麦、冬牧 70 黑麦需水量

不同降水年型下牧草的需水量是根据 2005—2009 年 2 种牧草实际测定值估算的。在华北平原地区，中新 830 小黑麦的需水量为 353~411 mm；冬牧 70 黑麦的需水量为 385~445 mm，冬牧 70 黑麦的需水量大于中新 830 小黑麦。在土壤水分不受限制条件下，2 种牧草的需水量均表现干旱年＞平水年＞湿润年；乳熟期刈割 1 次的需水量＞刈割 2 次的需水量（表 8.9）。

表 8.9　不同降水年型下牧草的需水量　　单位：mm

牧草名称	湿润年	平水年	干旱年
冬牧 70 黑麦（刈割 2 次）	349.2	355.9	404.5
冬牧 70 黑麦（乳熟期刈割 1 次）	421.6	436.2	484.4
冬牧 70 黑麦平均值	385.4	396.1	444.5

续表

牧草名称	湿润年	平水年	干旱年
中新 830 小黑麦（刈割 2 次）	310. 3	362. 1	353. 1
中新 830 小黑麦（乳熟期刈割 1 次）	394. 8	423. 2	468. 7
中新 830 小黑麦平均值	352. 6	392. 7	410. 9

8. 6. 3. 4　中新 830 小黑麦、冬牧 70 黑麦水分利用效率

不同降水年型下牧草的水分利用效率基本特征表现为湿润型＞平常型＞干旱型（表 8. 10）。

表 8. 10　不同降水年型下牧草的水分利用效率

牧草名称	湿润年			平水年			干旱年		
	生物量/（kg/hm²）	需水量/mm	WUE/［kg/（hm²·mm）］	生物量/（kg/hm²）	需水量/mm	WUE/［kg/（hm²·mm）］	生物量/（kg/hm²）	需水量/mm	WUE/［kg/（hm²·mm）］
冬牧 70 黑麦	12 665	385. 4	32. 86	10 230	396. 1	25. 83	8 725	444. 5	19. 63
中新 830 小黑麦	13 095	352. 6	37. 14	9 785	392. 7	24. 92	9 595	410. 9	23. 35

8. 6. 4　黑麦草与冬小麦比较

为什么要对黑麦草与冬小麦进行比较？因为中新 830 小黑麦和冬牧 70 黑麦与冬小麦几乎同期播种，都是越冬一年生作物，生育期也差不多。那么，中新 830 小黑麦和冬牧 70 黑麦作为饲草作物，与冬小麦相比有哪些优越性？这是本节要探讨的问题。

中国科学院禹城综合试验站是多学科的综合试验站，除牧草水分试验场外，还进行各种作物生态试验，其中冬小麦是重要研究的作物。

根据测定，中新 830 小黑麦和冬牧 70 黑麦，在株高、生物量、叶面积指数等方面，均高于冬小麦（表 8. 11）。特别是生物量是衡量一种牧草的重要指标。而植株高度又是决定生物量的基础。

表 8. 11　黑麦草与冬小麦比较

要素	冬牧 70 黑麦	中新 830 小黑麦	维麦 8 冬小麦	济麦 20 冬小麦
最大株高/cm	165	147. 7	74. 4	69. 5

续表

要素	冬牧 70 黑麦	中新 830 小黑麦	维麦 8 冬小麦	济麦 20 冬小麦
生物量/（kg/hm²）	19 791	21 450	13 016	13 044
最大叶面积指数	4.8	5.1	3.7	4.3

黑麦草与冬小麦相比，株高相差 1 倍以上。其中，冬牧 70 黑麦株高分别比冬小麦高 90.6~95.5 cm，中新 830 小黑麦株高分别高出 73.3~78.2 cm，表明这 2 种牧草有利于获得较高的生物产量；乳熟期生物量，冬牧 70 黑麦分别比维麦 8 冬小麦和济麦 20 冬小麦高 52.11 %和 51.79 %，中新 830 小黑麦分别高 64.8 %和 64.44 %。

8.6.4.1　黑麦草与冬小麦株高

黑麦草与冬小麦株高差异主要在返青后。冬牧 70 黑麦返青比冬小麦早 15 d，株高增长较快。冬牧 70 黑麦平均株高为 165 cm，中新 830 小黑麦平均株高为 147.7 cm。而维麦 8 冬小麦和济麦 20 冬小麦株高只有 74.4 cm 和 69.5 cm。

黑麦草与冬小麦相比，中新 830 小黑麦和冬牧 70 黑麦株高具有明显优势。返青后 45 d 左右，冬小麦植株高度与中新 830 小黑麦接近，但低于冬牧 70 黑麦。拔节后，中新 830 小黑麦和冬牧 70 黑麦生长速度加快，返青后 75 d 左右植株高度达到峰值，分别为 147.7 cm 和 165 cm。此期，冬小麦株高也达最大值，维麦 8 冬小麦为 74.4 cm，济麦 20 冬小麦最大株高为 69.5 cm。中新 830 小黑麦和冬牧 70 黑麦株高比冬小麦高 1 倍以上（图 8.12）。

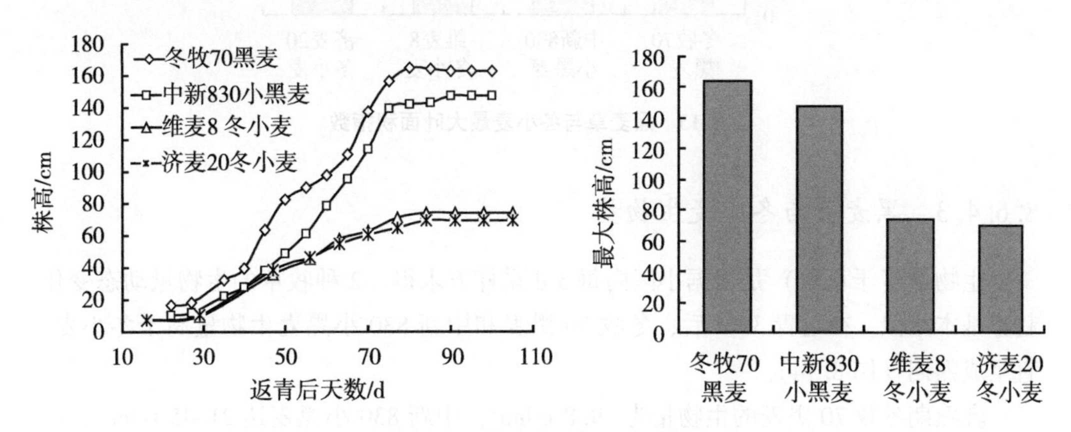

图 8.12　黑麦草和冬小麦株高

冬牧 70 黑麦、中新 830 小黑麦与冬小麦株高相差 1 倍以上。冬牧 70 黑麦株高分别比冬小麦高 90.6~95.5 cm，中新 830 小黑麦株高分别高出 73.3~78.2 cm。冬牧 70 黑麦的株高分别比维麦 8 冬小麦和济麦 20 冬小麦高 1.22 倍和 1.37 倍，中新 830 小黑麦分别高 98.52 %和 1.13 倍。表明 2 种牧草有利于获得较高的生物产量。

8.6.4.2 黑麦草与冬小麦叶面积指数

无论是冬牧 70 黑麦还是中新 830 小黑麦，叶面积指数变化均呈单峰型。自拔节开始，叶面积指数增长迅速。

由于冬牧 70 黑麦返青期比中新 830 小黑麦提前 15 d 左右，LAI 最大值出现在返青后的第 45 d 前后，冬牧 70 黑麦 LAI 最大值为 4.8；中新 830 小黑麦的 LAI 最大值出现在返青后的第 60 d 前后，LAI 为 5.1。

冬牧 70 黑麦属于返青早的早熟品种，LAI 最大值比中新 830 小黑麦提前约 15 d。

从黑麦草与冬小麦叶面积指数比较来看，最大叶面积指数中新 830 小黑麦最高，达 5.1，其次是冬牧 70 黑麦，为 4.8，冬小麦较低，济麦 20 冬小麦为 4.3，维麦 8 冬小麦只有 3.7（图 8.13）。

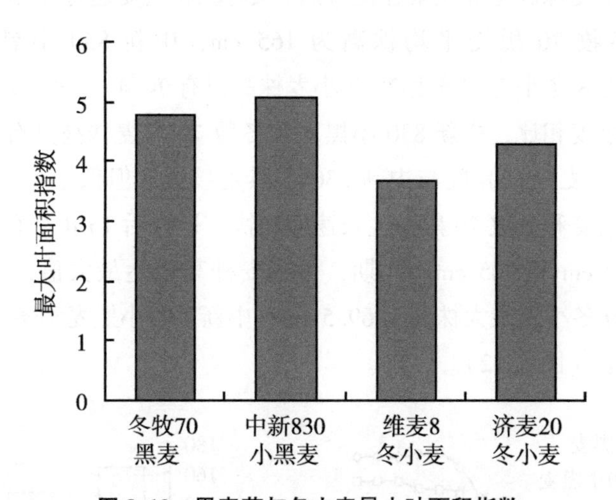

图 8.13 黑麦草与冬小麦最大叶面积指数

8.6.4.3 黑麦草与冬小麦生物量

生物量（干草重）是根据小区内每 5 d 采样方求得。2 种牧草的生物量动态变化趋势基本相似。在返青 30 d 后，冬牧 70 黑麦和中新 830 小黑麦生物量高于冬小麦，直至成熟期（图 8.14）。

乳熟期冬牧 70 黑麦的生物量为 19.8 t/hm^2，中新 830 小黑麦达 21.45 t/hm^2，而维麦 8 冬小麦为 13.02 t/hm^2，济麦 20 冬小麦 13.04 t/hm^2（图 8.15）。

冬牧 70 黑麦和中新 830 小黑麦的生物量均高于冬小麦。乳熟期生物量冬牧 70 黑麦的生物量分别比维麦 8 冬小麦和济麦 20 冬小麦高 52.11 %和 51.79 %，中新 830 小黑麦分别高 64.8 %和 64.44 %。由此可见，冬牧 70 黑麦和中新 830 小黑麦作为牧草具有明显优势。

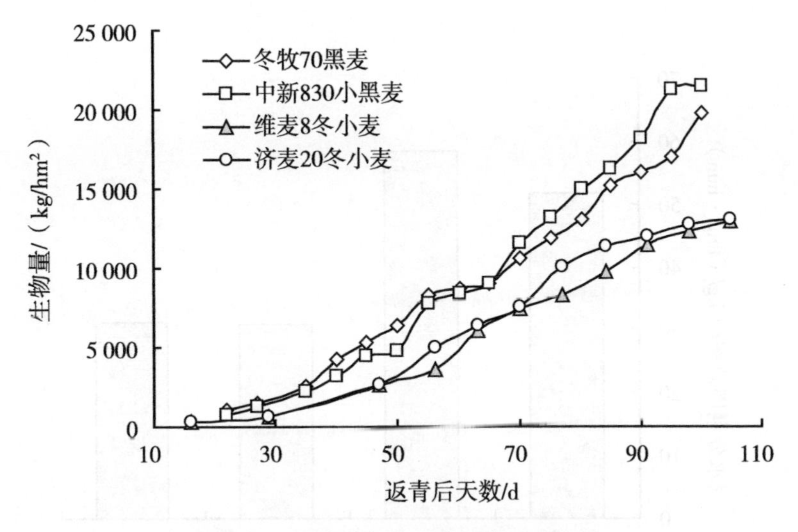

图 8.14　黑麦草与冬小麦返青后生物量

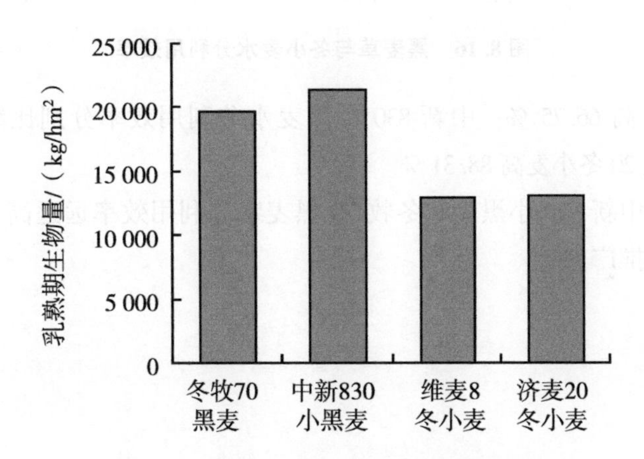

图 8.15　黑麦草与冬小麦乳熟期生物量

8.6.4.4　黑麦草与冬小麦水分利用效率

黑麦草与冬小麦水分利用效率差异，还是由牧草中新 830 小黑麦、冬牧 70 黑麦和冬小麦济麦 20 冬小麦、维麦 8 冬小麦进行比较。

农田水分利用效率由产量和耗水量决定。以乳熟期为例，冬牧 70 黑麦和中新 830 小黑麦的生物量远远高于冬小麦生物量。相反，冬小麦的耗水量则要比冬牧 70 黑麦和中新 830 小黑麦高 9.9 %~14.4 %。因此，冬牧 70 黑麦和中新 830 小黑麦的水分利用效率分别比冬小麦高 88.71 %和 67.1 %（图 8.16）。

水分利用效率估算结果表明（图 8.16），中新 830 小黑麦为 58.45 kg/（hm^2 · mm），冬牧 70 黑麦为 51.76 kg/（hm^2 · mm），济麦 20 冬小麦 31.04 kg/（hm^2 · mm），维麦 8 冬小麦 30.96 kg/（hm^2 · mm）。冬牧 70 黑麦水分利用效率分别比维麦 8 冬小麦高 67.18 %，

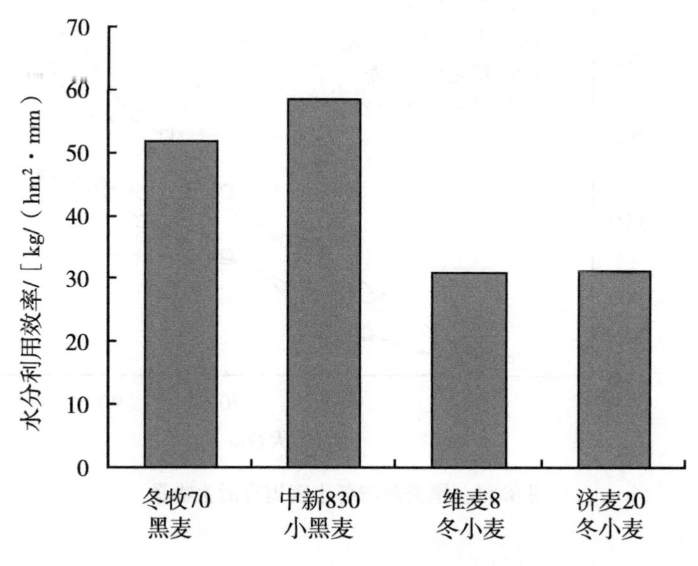

图 8.16 黑麦草与冬小麦水分利用效率

比济麦20冬小麦高66.75 %；中新830小黑麦水分利用效率分别比维麦8冬小麦高88.79 %，比济麦20冬小麦高88.31 %。

由此可见，中新830小黑麦和冬牧70黑麦水分利用效率远远高于冬小麦，非常适宜于华北平原推广。

8.7 结论

8.7.1 生物产量较高

中新830小黑麦和冬牧70黑麦生物产量较高。冬牧70黑麦鲜草产量达55.2 t/hm^2，生物产量达18.92 t/hm^2；中新830小黑麦鲜草产量达54.4 t/hm^2，生物产量达26.05 t/hm^2，表现出较好的产量水平。

8.7.2 需水量适中

根据土壤蒸发器测定，冬牧70黑麦全生育期需水量为380.6 mm，全生育期作物系数Kc为0.94；中新830小黑麦需水量为367.1 mm，Kc为0.9。

8.7.3　水分利用效率较高

2 种牧草具有较高的水分利用效率，全生育期的水分利用效率：冬牧 70 黑麦为 36.97 kg/（hm^2·mm），中新 830 小黑麦为 42.95 kg/（hm^2·mm）；刈割 2 茬的水分利用效率：冬牧 70 黑麦为 70.5 kg/（hm^2·mm），中新 830 小黑麦为 91.24 kg/（hm^2·mm）。

8.7.4　华北平原冬闲地开发利用中的首选优质牧草

冬牧 70 黑麦是表现较好的中熟品种，中新 830 小黑麦是表现较好的晚熟品种，可以和多种作物和牧草轮作。统计资料表明，华北平原各类冬闲地面积约 550×10^4 hm^2，冬牧 70 黑麦和中新 830 小黑麦是华北平原冬闲地开发利用中的首选优质牧草。

第9章 籽粒苋需水量与水分利用效率

籽粒苋是一种省水牧草。根据测定，在土壤水分适宜条件下，与其他牧草需水比较，籽粒苋需水量最少。籽粒苋的需水量、耗水强度、作物系数均小于其他牧草。我国关于籽粒苋需水量方面的研究较少，应重视籽粒苋需水量方面的研究。

9.1 前言

籽粒苋（*Amaranthus paniculatus* L.）属于苋科（Amaranthaceae）苋属（*Amaranthus*）植物，别名有千穗谷、猪苋菜、仁青菜等（肖文一，1991）。籽粒苋原产于中美洲和东南亚热带及亚热带地区，为粮食、蔬菜、饲料兼用作物。籽粒苋曾是古印第安人的主要粮食之一，已有7 000多年的栽培历史，世界上大部分地区都有栽培。我国1982年从美国宾夕法尼亚州Rodal有机农业研究中心引进种植，由于其抗逆性强、速生、高产，被迅速引种到全国各地（董宽虎 等，2003）。籽粒苋是一种粮食和饲料兼用作物，具有高产、优质、抗逆性强、生长速度快等特性（陈默君 等，1999）。籽粒苋是一种优良的饲料。其生物量比青贮玉米高，营养成分与紫花苜蓿相近，远高于常用的饲草饲料。鲜嫩的籽粒苋茎叶蛋白质、脂肪及维生素等营养成分的含量都比较高（马希景，2003）。籽粒苋叶片柔软，茎秆脆嫩，粗纤维含量低，茎、叶除含有丰富的有机盐、维生素和矿物质外，还含有比番茄更高的蛋白质，尤其是赖氨酸含量较高、适口性好、具有很高的营养价值（王栋，1993；岳绍先，1993）。

籽粒苋产量较高。籽粒苋是C_4植物，具有相当高的CO_2固定能力，保证了其高效的光合效率。美国宾夕法尼亚州籽粒苋的产量可达1 800 kg/hm^2。在我国北方半湿润与半干旱地区，能获得1 500～3 000 kg/hm^{2}的籽粒和7.5×10^4 kg/hm^{2}以上的鲜茎叶。

籽粒苋最突出和最关键的是营养价值高。其蛋白质、脂肪和赖氨酸的含量之高皆是传统的粮食作物所无法比拟。籽粒苋籽粒的蛋白质含量为14 %～18 %，而小麦、水稻、玉米蛋白质含量分别为12 %～14 %、7 %～10 %、9 %～10 %。籽粒苋的赖氨酸含量为0.92 %～1.02 %，是小麦的2倍，玉米的3倍；籽粒苋脂肪含量为7 %，而且脂肪中不饱和脂肪酸占 70 %~80 %。幼嫩籽粒苋茎叶蛋白质含量为 21 %，赖氨酸含量 1 %，成熟茎叶蛋白质含量为 4.8 %，赖氨酸含量为 0.15 %。籽粒苋籽实成熟时，其茎叶含有 8 %~10 %蛋白质。籽粒苋的粗蛋白在不同植株、不同部位和不同栽植区存在一定差异。现蕾期、开花期叶片含粗蛋白 21 %~28 %，籽粒含粗蛋白 15 %~18 %，茎秆含粗蛋白 12 %~15 %。赖氨酸含量为 0.84 %~1.02 %，相当于小麦的 2 倍、玉米的 3 倍。脂肪（不饱和脂肪约占 70 %）含量为 6.81 %~7.1 %，高于小麦、玉米和稻米，且质量好。淀粉含量为 61 %，其中以支链淀粉为主，占 76.7 %（牛德奎 等，1999）。其能量价值与禾本科牧草相似，且其叶片中蛋白质、淀粉和半纤维素含量高，易消化。籽粒苋除了蛋白质、赖氨酸、粗脂肪含量高以外，钙、磷含量分别达 3.24 %和 0.22 %，同时还含有钾、铁等矿物质元素和 B 族维生素、维生素 C 等。

籽粒苋具有比甘蔗、玉米等 C_4植物更高的光合强度和合成产物的高效运输。由于这种特殊的光合产物形成机制，在水分、温度和养分供给充足的条件下，籽粒苋的生产力很高，鲜菜叶产量为 333~1 000 kg/hm^2，籽实产量为 10~20 kg/hm^2（周更生，1994），这样高而优质的生产力水平，在其他类牧草中是非常少见的。

籽粒苋是喜温、喜光、喜肥、短日照作物。在我国只要年无霜期在 140 d 以上地区均可种植，且能收获种子（陈宝书，2001）。在温暖气候下生长良好，品质也佳，但耐寒力较弱。

籽粒苋对土壤化学性质的适应性好，有较强的耐盐碱和耐瘠薄特性，在房前屋后、河滩地、低产退耕田等处都能种植（肖文一，1991）。在 pH 值 5.5~8.6，含盐量不超过 0.25 %的土壤均能良好生长。籽粒苋有较强的抗旱能力，在生育期内能忍受 0~30 cm 土层含水量 4 %~6 %的极度干旱条件（陈宝书，2001）。籽粒苋是一种耐盐碱植物，在盐碱地开发利用具有广阔前景（张秀玲，2007）。

籽粒苋属一年生草本 C_4植物。叶宽大、直立，主茎粗壮，高 2~3 m，茎顶端有 30~70 cm 的大花穗，通过风媒或虫媒传粉，籽粒小（千粒重 0.79 左右），呈淡白色、紫红色、浅黄色、橙黄色或黑色，籽粒苋每穗可结籽 6 万粒（中国科学院植物研究所，1982）。籽粒苋茎叶生长速度有 2 个高峰期：第 1 个在出苗后 60 d 左右（现蕾期）；第 2 个在出苗后 90 d 前后（灌浆期）。

籽粒苋是富钾植物。研究表明（梁登富 等，1995；王隽英 等，1999），籽粒苋植株吸收的钾主要来源于土壤中的缓效钾和矿物态钾，约占植株从土壤中吸钾总量的 82 %~92 %，其中来源于矿物态钾的高达 62 %。试验还表明，籽粒苋可以通过活化土壤中的矿物态钾，增加土壤中速效性和缓效性钾的含量，提高了其他作物对土壤钾效率。模拟试验表明，籽粒苋根际土壤对矿物态钾具有较强的活化作用（李廷轩 等，2003）。据此可以认为，籽粒苋根系吸收钾的能力极强，其特性可能与根系分泌物组成和根系营养遗传特性有较密切的关系。

籽粒苋在畜牧业生产中的应用研究具有广阔前景。一般认为，蛋白质含量在20 %以上、纤维含量低于18 %的饲料即被称为蛋白质饲料。籽粒苋完全符合这个要求。籽粒苋作为饲料可以直接青割饲喂，或做青饲料，或做颗粒饲料等（岳绍先 等，1999）。专用的籽粒苋青饲料地一年可收2~3茬。已研制出适于鲜嫩多汁且富含蛋白质的籽粒苋鲜体的青贮技术。收籽后的苋茎、叶营养价值较高，粗蛋白含量8 %~9 %，接近于玉米的粗蛋白含量。因此，可打成草粉或打浆来饲喂牲畜，还可将老茎叶制成颗粒饲料保存。此外，也可将老茎叶用铡草机铡碎，采用袋装青贮或窑贮。籽粒苋叶片还可做叶粉饲料。叶粉是更优良的蛋白质饲料（范石军 等，1993；李云升 等，1993）。

总之，籽粒苋是典型C_4植物，具有高光合效率和高水分利用效率。籽粒苋是一种适应性广，抗逆性强的作物品种类型，尤其是对干旱和盐害有较强的忍受能力(李家义 等，1959)。籽粒苋是一种耐盐碱植物，在盐碱地开发利用具有广阔前景(张秀玲，2007)。籽粒苋是富钾植物。籽粒苋植株吸收的钾主要来源于土壤中的缓效钾和矿物态钾，占植株从土壤中吸钾总量的82 %~92 %，其中来源于矿物态钾的可高达62 %（梁登富 等，1995；王隽英 等，1999）。据不完全统计，2013年我国籽粒苋种植面积已达10×10^4 hm^2以上，是世界上籽粒苋的种植面积、总产量最大的国家。

我国关于籽粒苋需水量方面的研究相当少。本研究以实际观测资料为主，阐述籽粒苋需水量、耗水规律和水分利用效率，以此说明籽粒苋的需水特性。

9.2 试验材料

籽粒苋供试品种为绿穗苋（*Amaranthus hybridas*）。播种方式为条播，播种间距40 cm，种植密度约为26.7×10^4株/hm^2，常规管理，有灌溉条件，井水矿化度＜1 g/L，土壤水分含量保持在田间持水量的70 %以上，植株生长良好。

播种日期：2005年为春播，于4月27日播种，春播籽粒苋需水量只测定1年。其他年份均为夏播，与小黑麦或黑麦草轮作。夏播期：2006年6月3日、2007年5月18日、2008年5月20日、2009年5月24日。

在籽粒苋试验小区内，每个小区均安装3台注水式土壤蒸渗仪。根据3台注水式土壤蒸渗仪观测的蒸发量加权平均，得出籽粒苋的需水量（表9.1）。作物系数(Kc）是由牧草的需水量和水面蒸发量比值确定，必需同期测定水面蒸发量，以便估算作物系数（Kc）。

根据中国科学院禹城综合试验站水面蒸发观测场长期观测结果表明，E-601蒸发器观测的水面蒸发量，与 20 m^2 蒸发池观测的蒸发量相关系数极高，而且，E-601 水面蒸发器在我国气象站和水文为长期观测仪器，资料便于获取。因此，选用E-601水面蒸发器的观测数据。

由表 9.1 可知，每台注水式土壤蒸渗仪测定的蒸发量有差异，主要是由于器内作物生长状况差异造成。但各蒸渗仪测定的蒸发量差异较小，与平均值的误差一般均在 10 %以内。平均值可以代表牧草的需水量的大致情况。

表 9.1　籽粒苋需水量（2006-05-29—10-19）　单位：mm

观测桶号	C-7	C-8	C-9	平均值
需水量	398.1	408.8	379.4	395.4
20 m^2 蒸发池蒸发量		486.8		
E-601 蒸发器蒸发量		490.8		

9.3　春播籽粒苋需水特征

籽粒苋可以春播，也可以夏播。春播籽粒苋需水量只进行 1 年试验。其他均为夏播籽粒苋需水量试验。

春播籽粒苋，2005 年 4 月 27 日播种至 8 月 28 日收获，生育期为 124 d。籽粒苋需水量为 426.7 mm，作物系数（Kc）为 0.87，平均耗水强度为 3.44 mm/d。刈割籽粒苋需水量较少。2005 年刈割籽粒苋全生育期需水量为 387.2 mm，耗水强度 2.29 mm/d，作物系数（Kc）为 0.76。

9.3.1　春播籽粒苋（未刈割）需水量

春播籽粒苋需水量只进行 1 年试验。测定日期为 2005 年 4 月 27 日至 8 月 28 日，全生育期 129 d。全生育期需水量为 426.7 mm，耗水强度为 3.33 mm/d，作物系数（Kc）为 0.87（表 9.2）。

表 9.2　籽粒苋各生育期需水量与作物系数（2005 年）

生育期	天数/d	需水量/mm	水面蒸发量/mm	作物系数（Kc）	耗水强度/（mm/d）	耗水模系数/%
苗期	15	17.8	50.9	0.35	1.19	4.2
营养期	32	91.7	126.5	0.72	2.87	21.5
开花期	10	67.5	50.3	1.34	6.75	15.8

续表

生育期	天数/d	需水量/mm	水面蒸发量/mm	作物系数（Kc）	耗水强度/（mm/d）	耗水模系数/%
灌浆期	29	130	118.3	1.1	4.48	30.5
成熟期	38	119.7	142.1	0.84	3.15	28.1
全生育期	124	427	488.1	0.87	3.44	100

从籽粒苋生育期需水量来看，苗期需水量最少，为 34.5 mm；营养期较长，达 32 d，需水量较多，为 91.7 mm；开花期需水量最多，达 130 mm；成熟期长达 41 d，需水量达 119.7 mm（图 9.1）；全生育期 426.7 mm。

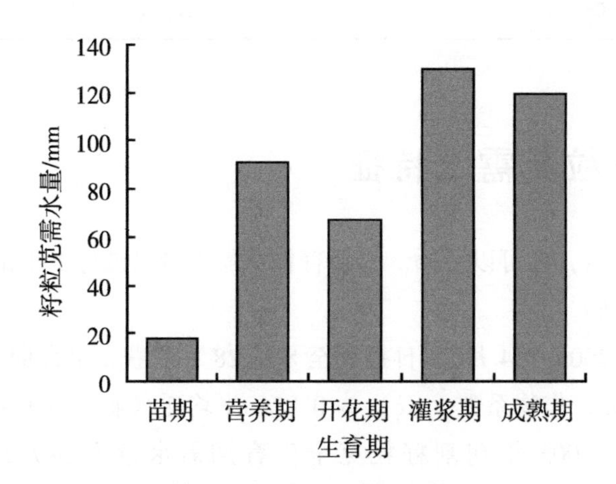

图 9.1　籽粒苋生育期需水量

由此可见，由于生育期各阶段长短不同，需水量差别很大。按理说，籽粒苋现蕾期处于生育盛期，需水量应较多，但因生育期仅为 10 d，因而现蕾期的需水量反而低于营养期。

9.3.2　春播籽粒苋（未刈割）需水强度

生育期耗水强度，是反映该生育期每天的耗水量，能反映作物的需水特性。

春播籽粒苋耗水强度呈抛物线变化（图 9.2）。春播籽粒苋由于苗期生长缓慢，耗水强度苗期最小，日平均耗水量只有 1.19 mm/d，而后逐渐增加，营养期约为 2.87 mm/d，开花期耗水强度最大，日平均值达 6.75 mm/d，此后逐渐减小，全生育期日平均耗水量为 3.33 mm/d。

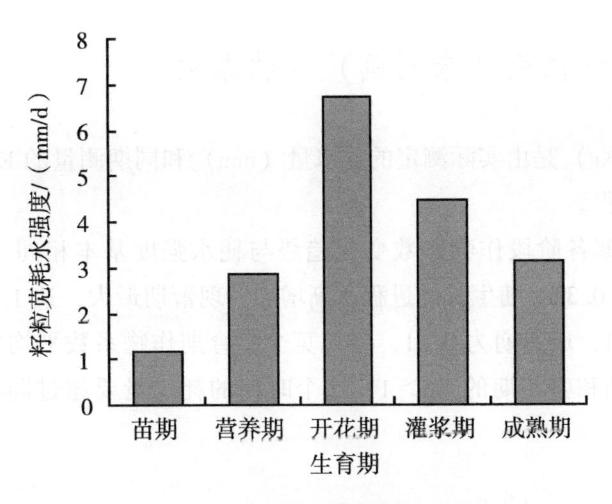

图 9.2　籽粒苋生育期耗水强度

9.3.3　春播籽粒苋（未刈割）耗水模系数

耗水模系数是籽粒苋生育期各阶段耗水量占全生育期总耗水量的比重。春播籽粒苋耗水模系数各生育期变化趋势（图 9.3），基本上与生育期各阶段需水量（图 9.1）类似。耗水模系数的多少受生育期长短影响很大。耗水模系数苗期最少、仅占 4.2 %，营养生长期 21.5 %，灌浆期最多，占 30.5 %，成熟期仍占较大比重，为 28.1 %。

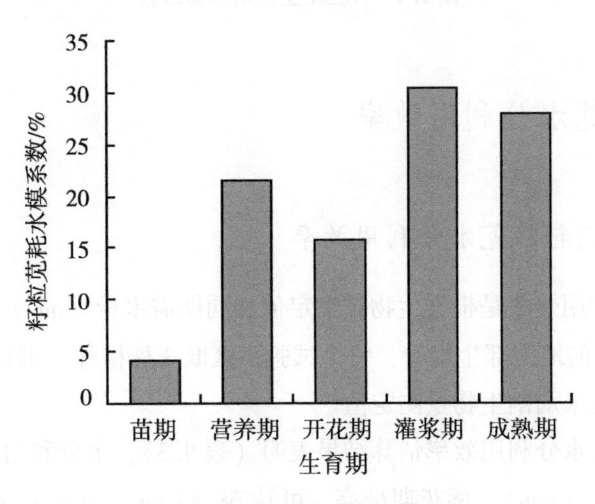

图 9.3　籽粒苋生育期耗水模系数

9.3.4 春播籽粒苋（未刈割）作物系数

作物系数（Kc）是由实际测定的需水量（mm）和同期测量的 E 601 水面蒸发量（mm）的比值求得。

籽粒苋生育期各阶段作物系数变化趋势与耗水强度基本相同（图 9.4），也是苗期最小，Kc 为 0.35，随生长的进程逐渐增加，现蕾期最大，达 1.34，而后逐渐减小，开花期为 1.1，成熟期为 0.81。籽粒苋全生育期作物系数平均值为 0.87。由图 9.4 可知，现蕾期和盛花期的 Kc＞1，这个时期的耗水量要超过同期水面蒸发量的 10 %~30 %。

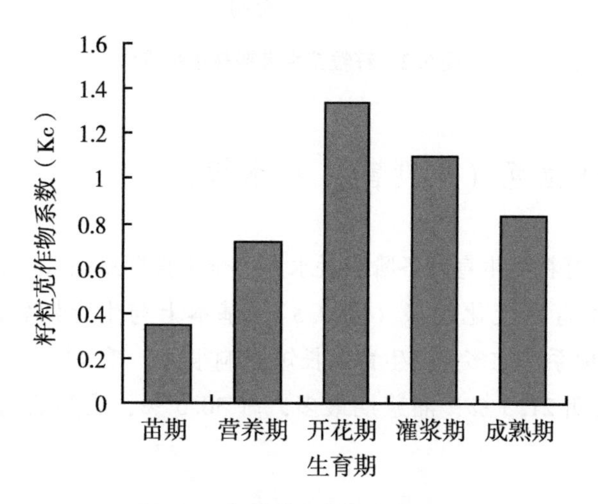

图 9.4 籽粒苋生育期作物系数

9.3.5 籽粒苋水分利用效率

9.3.5.1 未刈割籽粒苋水分利用效率

籽粒苋水分利用效率是根据生物量测定值和同期需水量（mm）之比求得。

每隔 7 d 测定的地上部生物量，每个试验小区取 3 株植株，求得 3 个试验小区的平均值记为籽粒苋未刈割生物量测定值。

籽粒苋未刈割水分利用效率估算结果表明（表 9.3），水分利用效率现蕾期最低，为 40.98 kg/（hm^2 · mm），盛花期最高，可达 68.83 kg/（hm^2 · mm），籽粒成熟期收割，水分利用效率也不高，为 48.35 kg/（hm^2 · mm）。由此可见，籽粒苋在盛花期收割，水分利用效率最高，最省水，需水量仅 300 mm，比成熟时收割，可以节省 120 mm 的水分。

表 9.3　籽粒苋（未刈割）水分利用效率

日期	生育期	鲜草产量/ (t/hm^2)	生物产量/ (t/hm^2)	需水量/ mm	水分利用效率/ [kg/ (hm^2 · mm)]
06-17	现蕾期	69.55	7.25	177	40.98
07-06	盛花期	236.88	21.13	307	68.83
08-28	籽粒成熟期	114.45	20.63	426.7	48.35

9.3.5.2　刈割籽粒苋水分利用效率

2005 年专门设计了小区进行 3 次刈割试验。籽粒苋不同时期刈割的水分利用效率见表 9.4。第 1 次刈割在出苗后的 63 d，为现蕾期，此时段主要处在苗期和营养生长期，土壤水分消耗比重较大，生产性耗水较少，需水量达 216.5 mm，而生物产量为 5.46 t/hm^2，水分利用效率为 25.22 kg/（hm^2 · mm）；第 2 次刈割在第 1 次刈割后的 45 d，处于盛花期，生物产量为 6.78 t/hm^2，需水量为 129.8 mm，水分利用效率为 52.23 kg/（hm^2 · mm）；第 3 次刈割为 10 月 12 日，生育期 60 d，处于籽粒成熟期，生物产量为 6.97 t/hm^2，需水量为 40.9 mm，水分利用效率为 125 kg/（hm^2 · mm）。按照 3 次刈割试验总生物产量（18.21 t/hm^2）和总需水量（387.2 mm）估算，籽粒苋全生育期水分利用效率为 47 kg/（hm^2 · mm）。

从籽粒苋各生育期水分利用效率来看，水分利用效率与生物产量密切相关。生物产量是根据鲜草产量烘干而成。第 1 次刈割，生物产量占鲜草产量的 10.05 %；第 2 次刈割，生物产量占鲜草产量的 11.92 %；第 3 次刈割，生物产量占鲜草产量的 16.67 %。由此可见，籽粒苋生育前期，以营养生长为主，此时可以充分发挥鲜草产量优势，用于鲜草饲料。在籽粒苋生育后期，植株干物质累积增加，可以作为饲料加工。

表 9.4　刈割籽粒苋产量、需水量、水分利用效率（2005 年）

日期/ (月-日)	天数/ d	割期	鲜草产量/ (t/hm^2)	生物产量/ (t/hm^2)	需水量/ mm	水分利用效率/ [kg/ (hm^2 · mm)]
04-27—06-28	63	第 1 次割	54.31	5.46	216.5	25.22
06-29—08-12	45	第 2 次割	56.88	6.78	129.8	52.23

续表

日期/（月-日）	天数/d	割期	鲜草产量/（t/hm²）	生物产量/（t/hm²）	需水量/mm	水分利用效率/［kg/（hm²·mm）］
08-13—10-12	60	第3次割	35.81	5.97	40.9	125
04-27—10-12	168	全生育期	146.99	18.21	387.2	47

9.4 夏播籽粒苋需水特征

夏播籽粒苋是在黑麦草和小黑麦收获后播种（一般在5月下旬至6月上旬）。属于一年两熟牧草栽培模式。2006年以来，一直采用这一种植模式。

9.4.1 夏播籽粒苋不同年份需水量

夏播籽粒苋需水量变化为350~450 mm。夏播籽粒苋需水量的基本特征为干旱年大于湿润年，干旱年可以超过500 mm，湿润年一般小于350 mm。另外，籽粒苋需水量的多少，除气候因素，主要受生育期长短的影响。

从2006—2008年测定数据来看（表9.5），不同年份籽粒苋需水量、耗水强度、作物系数差异都较大。需水量为340~450 mm；耗水强度为2.8~3.8 mm/d；作物系数为0.8~1。

表9.5 不同年份籽粒苋需水量比较（2006—2008年）

测定日期	天数/d	需水量/mm	E-601/mm	耗水强度/（mm/d）	作物系数（Kc）	降水量/mm
2006-05-29—10-19	144	395.4	490.8	2.75	0.81	221.3
2007-06-17—09-27	103	339	329.3	3.29	1.03	449.7
2008-05-27—10-02	129	457.2	447.9	3.54	1.02	390.9

9.4.2 夏播籽粒苋生育期需水量

2006年，籽粒苋生育期分为4个阶段。从2006年籽粒苋生育期各阶段需水量来看，呈抛物线型。苗期最少，需水量为57.1 mm，约占全生育期的14 %；开花期最多，需水量为 174 mm，约占全生育期的 44 %；结籽期又降低（表 9.6，图 9.5）。全生育期需水量为 395 mm。

表 9.6　籽粒苋生育期需水量与作物系数（2006 年）

要素	苗期	营养期	开花期	成熟期	全生育期
天数/d	23	35	44	42	144
需水量/mm	57.1	99.7	173.9	64.7	395.4
水面蒸发量/mm	122.8	141	127.5	99.5	490.8
耗水强度/（mm/d）	2.48	2.85	3.95	1.54	2.75
作物系数（Kc）	0.47	0.71	1.36	0.65	0.81
耗水模系数/%	14.44	25.22	43.98	16.36	100

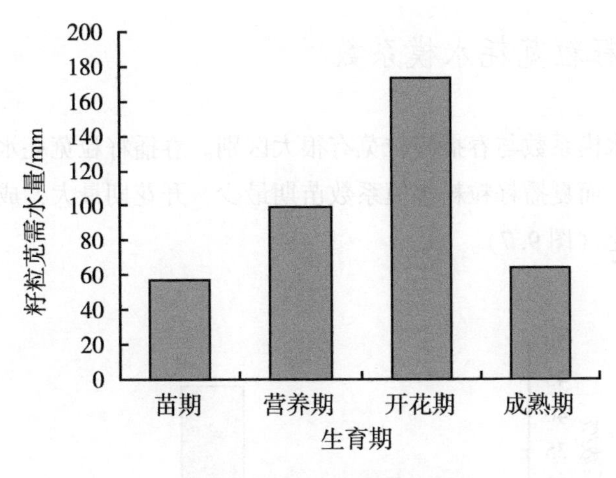

图 9.5　籽粒苋生育期需水量

9.4.3　夏播籽粒苋耗水强度

从耗水强度来看（图 9.6），夏播籽粒苋苗期生长较快，耗水强度苗期较大，日平均耗水量达 2.48 mm/d，营养期耗水强度为 2.85 mm/d，开花期耗水强度最大，日平均值达 3.95 mm/d，全生育期日平均耗水量为 2.75 mm/d。夏播籽粒耗水强度比春播籽粒苋耗水强度要小。

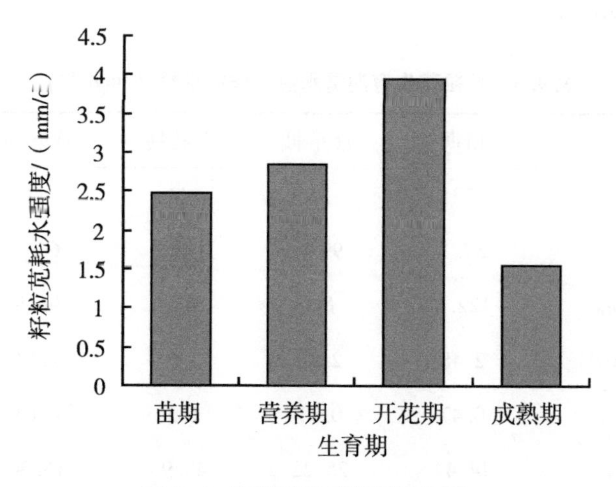

图 9.6 籽粒苋生育期耗水强度

9.4.4 夏播籽粒苋耗水模系数

夏播籽粒耗水模系数与春播籽粒苋有很大区别。春播籽粒苋耗水模系数基本上是随生育期而增长，而夏播籽粒耗水模系数苗期最少，开花期最大，成熟期又降低，基本上呈抛物线变化（图 9.7）。

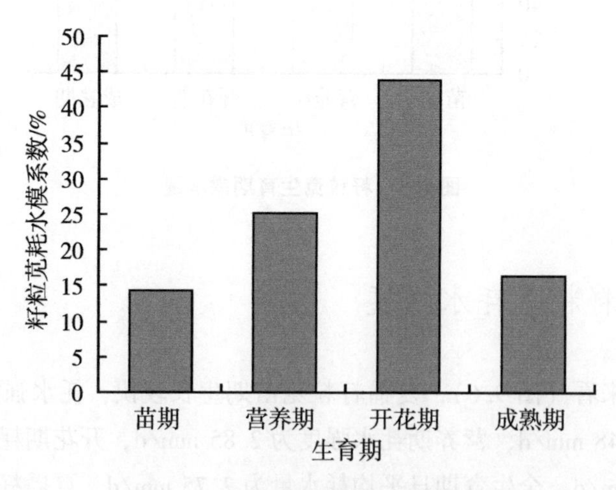

图 9.7 籽粒苋生育期耗水模系数

耗水模系数是籽粒苋生育期各阶段耗水量占全生育期总耗水量的比重。耗水模系数夏播籽粒与春播籽粒苋的差别，与生育期划分时段有关。

9.4.5　夏播籽粒苋作物系数（Kc）

从籽粒苋生育期各阶段作物系数来看（图9.8），2006年，从出苗后至现蕾期Kc呈缓慢增长，Kc苗期为0.47，现蕾期Kc值为0.71；开花期达最大值，Kc为1.36；而后又缓慢下降，成熟期Kc为0.65。全生育期Kc为0.81。

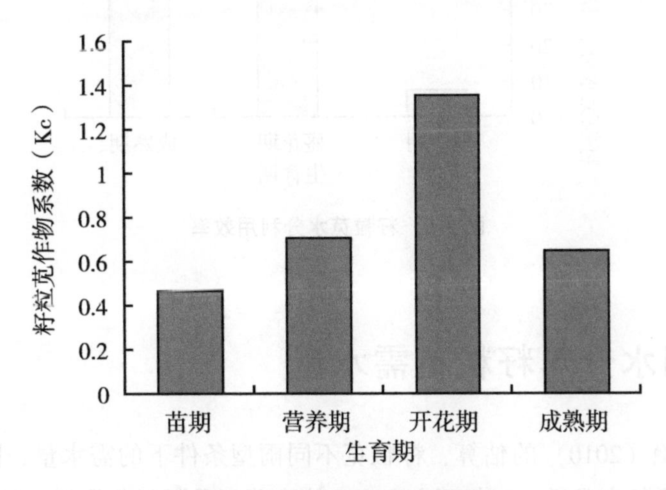

图9.8　籽粒苋生育期作物系数

刈割籽粒苋需水量较少。2006年，刈割需水量295.7 mm，耗水强度2.15 mm/d，作物系数（Kc）为0.76。籽粒苋刈割需水量与未刈割相比，需水量相差25%以上。如果籽粒苋每年刈割2次，至少可以水分蒸发100 mm，并且有利于增加生长季的生物量，提高水分利用效率。

9.4.6　夏播籽粒苋水分利用效率

产量水平的水分利用效率（WUE），是根据生物量测定值和同期需水量（mm）之比求得。

由图9.9可知，籽粒苋现蕾期收割，此期以营养生长为主，干物质累积量少，生物产量较低，水分利用效率相应较低，仅为7.25 kg/（hm^2·mm）。盛花期生物产量达21.13 t/hm^2，水分利用效率最高，达85.82 kg/（hm^2·mm）。成熟期收割，生物产量降低，为20.63 t/hm^2，水分利用效率为48.32 kg/（hm^2·mm）。因此，籽粒苋在盛花期收割，可以获取较高生物产量和水分利用效率。

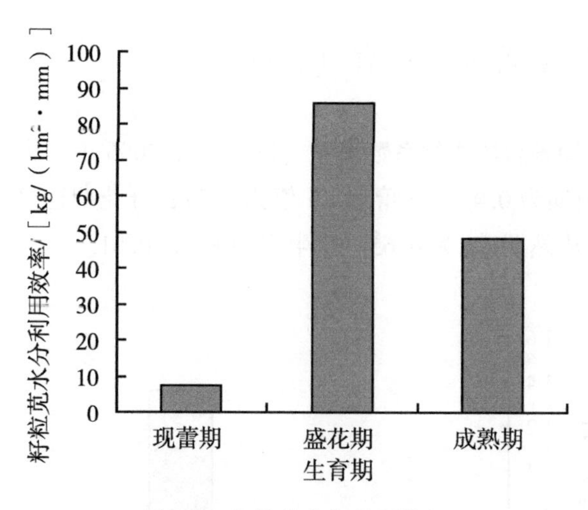

图 9.9 籽粒苋水分利用效率

9.5 不同水分年籽粒苋需水量

根据潘国艳（2010）的估算，籽粒苋不同雨型条件下的需水量，因气候条件的不同，年际间有较大差异。一般而言，在土壤水分不受限制条件下，籽粒苋需水量平水年>干旱年>湿润年；作物系数干旱年>平水年>湿润年；水分利用效率以湿润年最高，其次为平水年，干旱年最低（表 9.7）。

表 9.7 不同雨型条件下籽粒苋需水量

要素	湿润年	平水年	干旱年	平均值
需水量/mm	311.8	354.4	333	333.1
作物系数（Kc）	0.7	1	1.11	1
水分利用效率/[kg/（hm^2·mm）]	28.9	23.9	16.5	23.1

9.6 结论与分析

9.6.1 籽粒苋是一种需水量较少的牧草

籽粒苋是一种需水量较少的牧草。根据 2006 年 6 月 7 日至 9 月 1 日同时段观测的需水量资料来看，在供试的牧草中，籽粒苋需水量最少，耗水强度和作物系数也小于其他牧草（表 9.8）。

籽粒苋需水量为 309 mm，不仅比 C_3牧草菊苣、串叶松香草和鲁梅克斯少，也比其他 C_4牧草青饲玉米和高丹草少，耗水强度为 3.47 mm/d，作物系数为 0.97，也小于其他牧草。

表 9.8　籽粒苋与其他牧草需水量比较（2006-06-07—09-01）

要素	籽粒苋	高丹草	青饲玉米	鲁梅克斯	串叶松香草	菊苣
需水量/mm	309	345	368	440	441	458
耗水强度/（mm/d）	3.47	3.88	4.13	4.94	4.96	5.15
作物系数（Kc）	0.97	1.08	1.15	1.38	1.38	1.43

从不同雨型条件下的平均需水量来看（图 9.10），籽粒苋需水量也是最少，需水量为 333.1 mm，仅为多年生牧草紫花苜蓿的 41.93 %，为串叶松香草的 54.4 %。

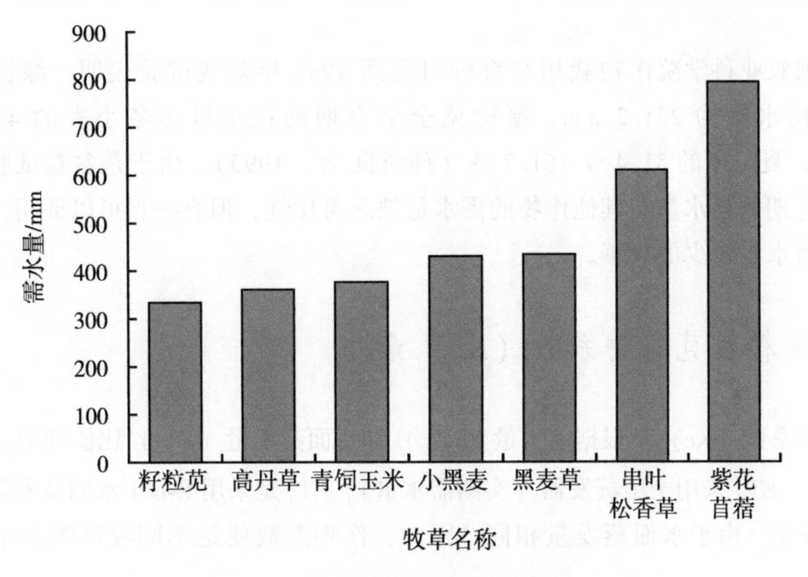

图 9.10　籽粒苋与其他牧草需水量比较

9.6.2　籽粒苋是一种水分利用效率较高的牧草

根据各种牧草生育盛期光合速率、蒸腾速率的观测资料比较，籽粒苋的光合速率较高、蒸腾速率较低。籽粒苋与其他 2 种 C_4牧草相比，光合速率和蒸腾速率相差不大；籽粒苋与 C_3牧草相比，光合速率高于 C_3牧草菊苣、串叶松香草和大豆，而蒸腾速率又低于 C_3牧草菊苣、串叶松香草和大豆。根据计算，籽粒苋的水分利用效率与其他 2 种 C_4牧草差异不大，仅比青饲玉米低 5.9 %，比高丹草低 10.5 %；但籽粒苋的与C_3牧草相比，水分利用效率远远高于C_3牧草菊苣、串叶松香草和大豆，分别高1.7倍、1.3倍和1.5倍（表9.9）。

表9.9　籽粒苋与其他牧草生育盛期蒸腾速率、水分利用效率比较

牧草名称	籽粒苋	青饲玉米	高丹草	菊苣	串叶松香草	大豆
生育期	现蕾期	拔节期	拔节期	现蕾期	莲座期	现蕾期
植物类型	C_4牧草	C_4牧草	C_4牧草	C_3牧草	C_3牧草	C_3牧草
光合速率/［mmol/（m^2·s）］	11.03	12.33	10.55	7.62	8.3	10.79
蒸腾速率/［mmol/（m^2·s）］	3.62	3.82	3.13	6.74	6.22	8.9
水分利用效率/［kg/（hm^2·mm）］	3.05	3.23	3.37	1.13	1.33	1.21

中国农业科学院作物栽培与育种研究所1984年盆栽试验表明，绿穗苋全生育期的耗水量为231.2 mm，绿穗苋全生育期的耗水量为冬小麦的41.8 %~46.7 %，夏玉米的51.4 %~61.7 %（孙鸿良 等，1993）。由于是盆栽试验，绿穗苋全生育期的耗水量与其他作物的需水量缺乏可比性，但有一点可以证明，籽粒苋是一种需水量较少的牧草。

9.6.3　籽粒苋作物系数（Kc）最小

作物系数（Kc）是根据需水量（ET_C）和水面蒸发量（ET_0）比值确定，即$Kc=ET_C/ET_0$。ET_C采用土壤蒸发器（实测需水量），ET_0是采用E-601水面蒸发器实测的水面蒸发量。由于水面蒸发量相同，因此，作物系数便是不同牧草需水量大小的反映。

在供试的所有牧草中，全生育期作物系数Kc籽粒苋最小。以3种C_4牧草为例，全生育期，籽粒苋作物系数最小，为0.81，其次是高丹草，为0.9，青饲玉米的作物系数最高，也只有1.04（表9.10）。

生育盛期作物系数高于全生育期的作物系数。3种C_4牧草生育盛期作物系数也是籽粒苋最小，为0.97；高丹草居中，为1.08；青饲玉米最大，达1.15。从生育盛期的作物系数来看，籽粒苋和高丹草的作物系数基本上接近1，表明它们需水量与水面蒸发量大体相等；青饲玉米的作物系数则较高。

表 9.10　3 种 C_4 牧草作物系数

牧草名称	生育盛期	全生育期
籽粒苋	0.97	0.81
高丹草	1.08	0.89
青饲玉米	1.15	1.04

9.6.4　结论

籽粒苋是一种需水量较少的牧草。籽粒苋需水量不仅比 C_3 牧草少，也比其他 C_4 牧草要少。

籽粒苋作物系数（Kc）较小。在供试牧草中，全生育期籽粒苋 Kc 最小。在 3 种 C_4 牧草中，籽粒苋作物系数（Kc）均小于高丹草和青饲玉米，是比较省水的牧草。

籽粒苋水分利用效率较高。盛花期生物产量达 21.13 t/hm^2，水分利用效率最高，达 85.82 kg/（hm^2 · mm）。在盛花期刈割，有利于提高籽粒苋的水分利用效率。

第10章 青饲玉米需水量

本章主要讨论3个方面：一是春播青饲玉米的需水特征；二是青饲玉米—黑麦草生态系统中青饲玉米需水量；三是牧草双冠层结构中青饲玉米需水量。

青饲玉米是指采收青绿的玉米茎叶和果穗作饲料的一类玉米。青饲玉米茎叶柔嫩多汁、营养丰富，尤其经过微贮发酵以后，适口性更好，利用转化率更高，是畜禽的优质饲料来源。我们从2005年起，进行6年的青饲玉米的需水量试验，获取大量资料，这些资料对于了解青饲玉米的需水量、耗水规律非常有益。

试验期间，牧草生长发育不受土壤水分限制，土壤水分含量不低于田间持水量的70 %，因此，在此条件下测定的耗水量等同于需水量。

春播青饲玉米供试品种为新青1号，于2005年4月27日播种，8月28日收割，历时124 d。全生育期需水量为446.7 mm，需水强度为3.6 mm/d，作物系数全生育期0.96，产量水平的水分利用效率以抽雄期生物产量最高，达53.65 kg/（hm^2·mm）。

夏播青饲玉米与冬牧70黑麦或中新830小黑麦轮作。夏播青饲玉米需水量由于供试品种、播种期、种植模式不同，以及年际气候条件的差异，因此，年际间青饲玉米需水量也不相同。夏播青饲玉米需水量变化为300~450 mm。

10.1 前言

青饲玉米是指将果穗和茎叶都用于家畜饲料的玉米品种，生产周期短、种植密度大，生物产量高，提高了土地利用率，有更高的经济效益。青饲玉米营养物质含量较丰富，各种能量相当于普通玉米的4~5倍。

青饲玉米也叫青贮玉米，是指收割玉米鲜嫩植株或收获乳熟期至蜡熟期的整株玉米，或在蜡熟期先采摘果穗，然后再把青绿茎叶的植株割下，经切碎加工后直接或贮藏发酵后用作牲畜饲料。对牛、羊等反刍动物来说，玉米饲用转化增值最高的途径就是全株青饲。

青饲玉米的优势十分明显，研究表明：在土地和耕作条件相对一致的情况下，青饲玉米比籽实玉米每公顷多生产可消化蛋白53 kg，奶牛喂青饲玉米比不喂的日产奶增加3.64 kg。青饲玉米可作饲料直接喂养反刍动物，还可以晒制干草备用，贮存条件和设施都比较简单，而且其营养物质可以保存很长一段时间，节省大量的建库资金。此外，青饲玉米连作危害小，可机械化栽培，因此，优质青饲玉米的经济效益显著。不仅可解决当前青饲作物生产能力不足问题，而且对农牧混合区大幅度提高农民收入有现实意义。

10.1.1　国内外青饲玉米生产现状

青饲玉米是世界上畜牧业发达国家的重要饲料来源，如法国、加拿大、英国、荷兰等，早在十几年前就培育出大量的青饲专用玉米进行全株青饲，并且大面积进行推广种植，据统计，1988 年欧洲种植的青饲玉米面积达 330×10^4 hm^2，德国、法国等青饲玉米种植面积占玉米总面积的 80 %以上，美国全株青饲玉米占玉米面积的 12 %以上。

在我国，受传统粮食观和种植业政策等诸多因素的限制，长期以来一直将籽粒产量水平的提高作为品种更换的主要目标，畜牧业也主要依靠家庭式的小规模饲养，人畜共粮、粮饲共用为主要饲料供给方式。青饲玉米育种研究起步较晚，20 世纪 80 年代前我国还没有青饲玉米的专用品种，大都用籽粒品种生产青饲，因而青饲产量低、质量差。直到 1985 年，我国才首次审定了京多 1 号青饲型玉米新品种，接着在 1989 年又审定了科多 4 号等一批新品种，青饲玉米的生产有了明显的改善，青饲玉米的新品种选育也有了良好的开端，使用的品种以京多 1 号、科多 4 号、科多 8 号、墨白 1 号、辽原 1 号等适合密植和产量高、适口性好的品种为主。

10.1.2　青饲玉米发展前景

由于青饲玉米具有营养价值高、非结构性碳水化合物含量高、木质素含量低、单位面积产量高等优点，这就决定了青饲玉米将成为我国最重要的栽培饲草之一。2002 年，全国种植青饲玉米面积达 270×10^4 hm^2，根据我国牛奶业发展的实际需要，即使我国人均用奶量达到发达国家的 1/2，也至少需要种植青贮玉米 400×10^4 hm^2。

近几年国家在财政和政策方面加大了对青贮玉米的支持力度，国家农业综合开发办公室将建设优质饲料粮基地问题列为今后农业开发的四大重点之一；农业部农业技术推广中心也在 2002 年开始主持全国范围内的青饲玉米新品种区试。青饲玉米是以收青茎、叶及青穗为目的，其产量及营养品质是衡量品种优劣的重要指标，无论对玉米生产者、畜牧业养殖者还是科研工作者来说，选育、种植营养价值高的青饲玉米品种将带来很大的效益。

总的来看，我国青饲玉米品种刚刚起步，品种少，种植规模小，尚有很长的发展道路要走，当前就应在科研和品种开发等方面加强投入。科研上要避免走急功近利的路线，要加强研究青饲玉米性状的遗传规律。可广泛利用转基因技术、分子标记技术与玉米常规育种技术相结合，搜集育种材料，合成与改良青饲玉米群体，尽快选育出适合我国国情的青饲玉米杂交种。

20 世纪 90 年代后，全世界用于饲料的玉米占玉米总产量的 75. 6 %，用于粮食的占玉米总产量的 12. 5 %，用于工业的占玉米总产量的 12 %。用于粮食的比例趋于下降，用于饲料的比例还在上升。因此，在当前农业结构调整中，不应再把玉米单纯看作粮食作物，应将玉米定位在主要饲料作物上，为达到优质饲料玉米的要求，玉米本身应积极进行专用类型及品种结构调整，大力发展优质青饲玉米。

10. 1. 3　青贮玉米的经济价值

由于生产单位面积的青贮玉米比生产相同面积的粮食能增加 2~3 倍的营养物质，优势十分明显。因此，欧洲、北美洲等国家很重视青贮玉米的生产，青贮玉米面积占很大比例。在我国，在人多地少的国情下发展奶牛业、推广青贮玉米是具有深远意义的。由于青贮玉米充分地利用了植物茎、叶，同时也可增加其营养物质的产量，因此，将籽粒玉米改为全株青贮玉米，其营养物质至少可多收 50 %，即 1 hm^2饲用青贮玉米可得到相当于 2 hm^2 普通玉米的饲料单位。研究表明，在土地和耕作条件相对一致的情况下，青贮玉米比籽粒玉米多生产可消化蛋白 53 kg/hm^2，喂青贮饲料比不喂的日产奶增加 3. 64 kg。另外，饲料品质改良对肉牛亦有明显效益。据美国的先锋种子公司用 2 个先锋杂交种对仔牛进行喂养比较试验，在其相似的产量水平条件下，用高品质饲料品种比普通饲料品种喂养仔牛，使仔牛日增重超过 8 %，饲养效益超过 10 %。因此，优质青贮玉米的经济效益是显著的，不仅可以解决当前青饲作物生产能力不足的问题，而且能大幅度提高农牧交错区农民收入，实现农业由数量型增长向优质高效方面转变。

10. 1. 4　青饲玉米是未来玉米种植业的主导方向

众所周知，农业上种植的玉米品种绝大多属粮用品种，其籽粒和秸秆蛋白质含量较低，饲用价值差，不能满足快速发展的畜牧业生产，特别是我国奶牛业的快速发展对优质饲料饲草需求量。青饲玉米不但生物学产量高，而且其含有丰富的营养成分。分析表明：青饲玉米的秸秆营养丰富，糖分、胡萝卜素、维生素 B_1 和维生素 B_2 含量高，是较为理想的食草动物饲料。近几十年来，农牧发达国家广泛种植青饲玉米，其青饲玉米种植面积占整个玉米种植面积的 30 %~40 %。而我国青饲玉米则处于刚起步阶段，在 20 世纪 80 年代前我国没有青饲玉米品种，生产上大都用粮食品种生产青饲，因而产量低，质量差。但随着畜牧养殖业不断发展和一些高产优质青饲青贮品种的出现，青饲青贮玉米生产有了明显改观，它也将逐渐成为玉米种植业的一个主导方向。

10.2　青饲玉米需水量试验及种植模式

青饲玉米需水量试验在中国科学院禹城综合试验站牧草水分试验场进行。供试品种：新青 1 号（2005 年）、科多 4 号（2006—2007 年）、饲宝 1 号（2008—2010 年）；种植方式：点播，播种行距为 60 cm；种植密度：10×10^4株/hm^2。

由于青饲玉米供试品种、播种期、种植模式不同以及气候差异，因此，年际间青饲玉米需水量也不相同。

青饲玉米需水量试验种植模式：其一，一年两熟轮作，黑麦草（小黑麦）+青饲玉米（夏播）；其二，间作套种，青饲玉米套种三叶草。

青饲玉米需水量包括 2 个部分：一是全生育期需水量，即从播种至腊熟期，表示青饲玉米一生的需水规律；二是从播种至最佳收获期的需水量，最佳收获期大致在灌浆期至乳熟期。

10.3　春播青饲玉米需水量规律

10.3.1　春播青饲玉米需水量

春播青饲玉米供试品种为新青 1 号，于 2005 年 4 月 27 日播种，8 月 28 日腊熟期收割，历时 124 d。表 10.1 为春播青饲玉米需水量观测结果的汇总，从中可以了解春播青饲玉米需水量的基本特征。

表 10.1　春播青饲玉米需水规律

生育期	天数/d	需水量/mm	需水强度/（mm/d）	耗水模系数/%	作物系数（Kc）
苗期	9	20.2	2.24	4.45	0.62
分蘖期	32	98.5	3.08	21.7	0.82
拔节期	40	148.8	3.72	32.78	0.86
抽雄期	7	28.5	4.07	6.28	1.2
灌浆期	10	43.9	4.39	9.67	1.5
乳熟期	15	65.9	4.66	14.52	1.39

续表

生育期	天数/d	需水量/mm	需水强度/(mm/d)	耗水模系数/%	作物系数(Kc)
腊熟期	11	48.2	4.38	10.62	1.27
全生育期	124	454	3.66	100	0.96

从图 10.1 来看，春播青饲玉米不同生育期需水量呈驼峰型变化。春播青饲玉米不同生育期需水量差异较大。以苗期最小，需水量为 20.2 mm，分蘖期需水量为 98.5 mm，拔节期最高，达第 1 峰值，需水量达 148.8 mm。此后需水量逐渐下降，至乳熟期达第 2 峰值，需水量达 65.9 mm。全生育期需水量为 454 mm。

春播青饲玉米不同生育期需水量差异，主要有 2 个原因：一是青饲玉米生物学和植物学特性的差异。以苗期和灌浆期为例，两者生育期相差 1 d，但灌浆期需水量比苗期高 1.17 倍；二是不同生育期生长天数长短差异很大，例如拔节期生长天数达 40 d，需水量达 148.8 mm，而抽雄期生长天数为 7 d，需水量为 28.5 mm，同时处于生育盛期，但需水量相差 4.2 倍。

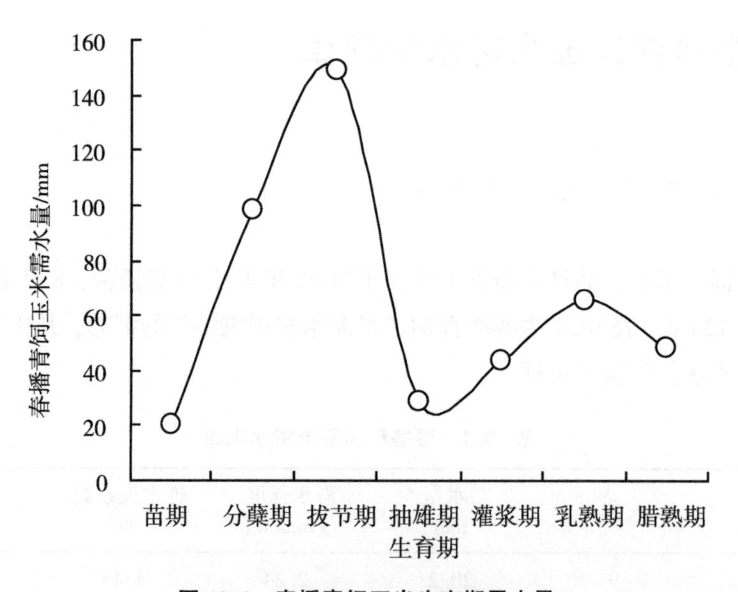

图 10.1 春播青饲玉米生育期需水量

由于春播青饲玉米与春播食用玉米种植密度相同，需水量相差无几。根据中国科学院禹城综合试验站北丘试验基地春播食用玉米的耗水量的试验，观测结果：高密度春玉米（10×10^4株/hm^2）的耗水量为 483.7 mm，低密度春玉米（5×10^4株/hm^2）的耗水量为 427.1 mm。用能量平衡法，对春玉米农田进行观测和计算春玉米的耗水量为 439.9 mm（程维新 等，1994）。由此可见，春播青饲玉米的需水量与春播食用玉米的耗水量差异不大。

对于青饲料而言，从节约水资源的角度来看，应以生物产量最大、水分利用效率最高和营养价值最高为出发点，最佳收获期应为灌浆期。从累计需水量来看，春播青饲玉米从播种至灌浆期，历时 98 d，需水量仅 340 mm。从需水量角度来看，灌浆期应是青饲玉米最佳收获期。若在灌浆期收割，大约可以节省 25 %的水分。

10. 3. 2　春播青饲玉米需水强度

春播青饲玉米耗水强度随着生育期进程逐渐增大。从不同生育期需水强度来看，苗期最小，需水强度为 2. 24 mm/d，然后呈线性增加，乳熟期达最大值，达 4. 66 mm/d。全生育期需水强度为 3. 66 mm/d（图 10. 2）。

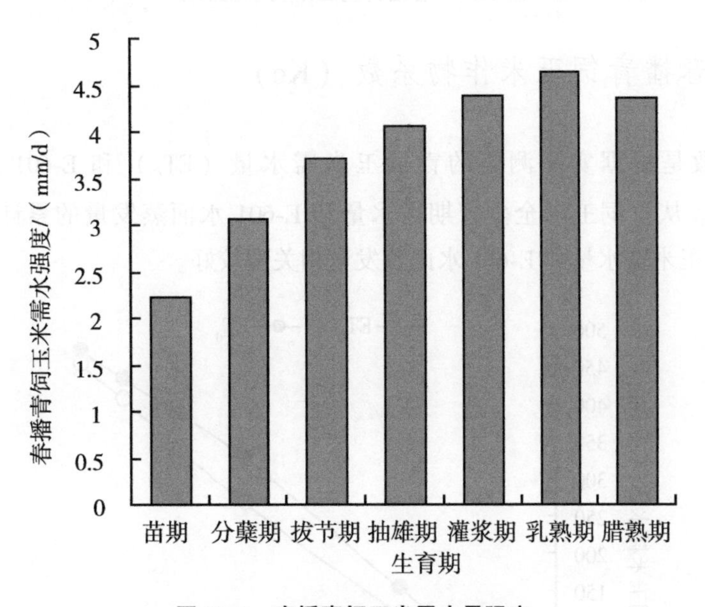

图 10. 2　春播青饲玉米需水量强度

10. 3. 3　春播青饲玉米耗水模系数

由于青饲玉米各生育期历时不同，耗水模系数差异较大。春播青饲玉米全生育期耗水模系数呈驼峰型变化。耗水模系数苗期最小，然后快速递增，至拔节期达第 1 峰值而后急剧下降，抽雄期降至第 2 低值、此后又缓慢增加，至乳熟期达第 2 峰值（图 10. 3）。

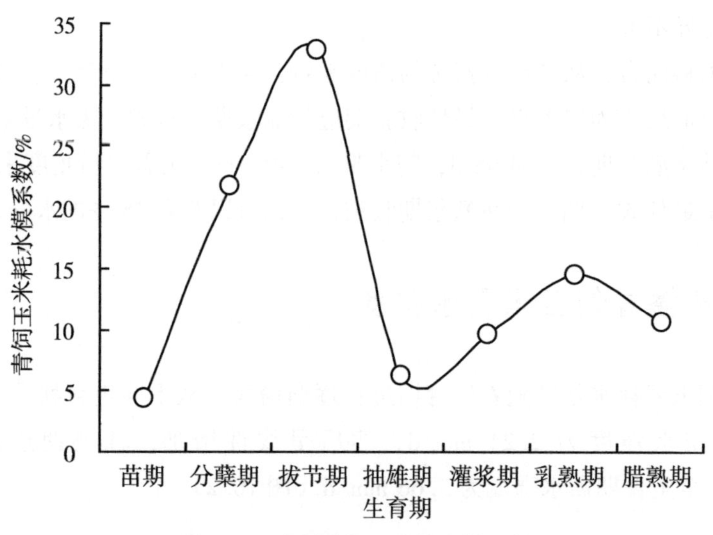

图 10.3　春播青饲玉米耗水模系数

10.3.4　春播青饲玉米作物系数（Kc）

作物系数是根据实际测定的青饲玉米需水量（ET_C）和 E-601 水面蒸发量（ET_0）求得。从青饲玉米全生育期需水量和 E-601 水面蒸发量的累计值来看（图 10.4），青饲玉米需水量和 E-601 水面蒸发量相关性较好。

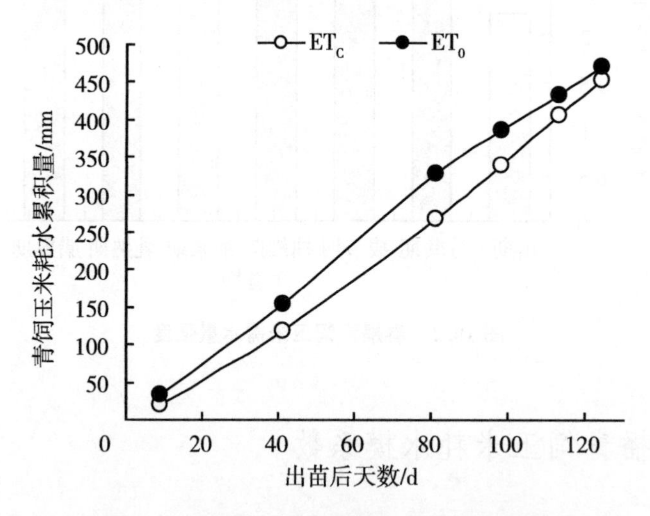

图 10.4　青饲玉米需水量和 E-601 水面蒸发量

青饲玉米作物系数生育前期较低，苗期最小，为 0.62，而后逐渐增加，抽雄期作物系数已达 1.2，灌浆期最高，Kc 达 1.5，此后缓慢下降。

由图 10.5 可知，青饲玉米抽雄期以后，作物系数大于 1，表明青饲玉米的需水量大于水面蒸发量。从全生育期来看，青饲玉米作物系数为 0.96，表明春播青饲玉米需水量与水面蒸发量大致相同。

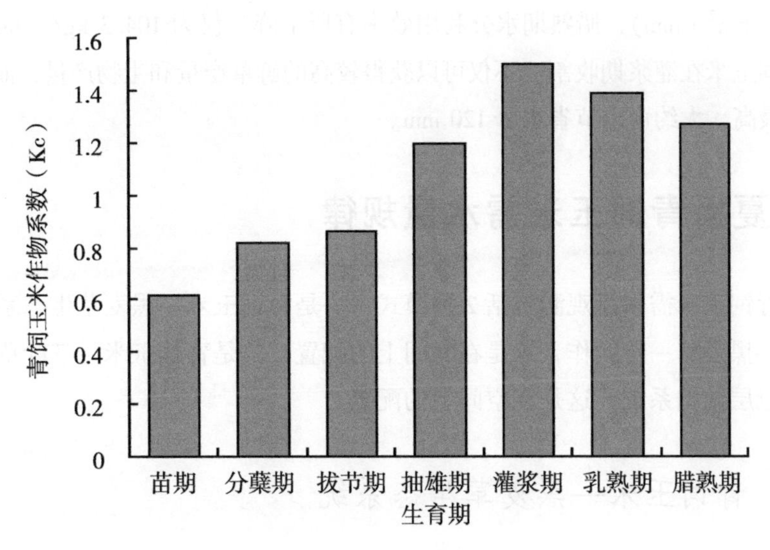

图 10.5　青饲玉米作物系数

10.3.5　春播青饲玉米水分利用效率

水分利用效率指的是产量水平水分利用效率，是根据生物产量（kg/hm^2）和同期作物需水量（mm）比值求得。生物量是根据每隔 7 d 采样测定值，由鲜草产量计算求得地上部生物量干重，需水量由土壤蒸发器测定。

由图 10.6 可知，春播青饲玉米不同生育期水分利用效率差异很大。拔节期刈割的水分利用效率最低，水分利用效率为 12.64 kg/（hm^2 · mm），然后，水分利用效

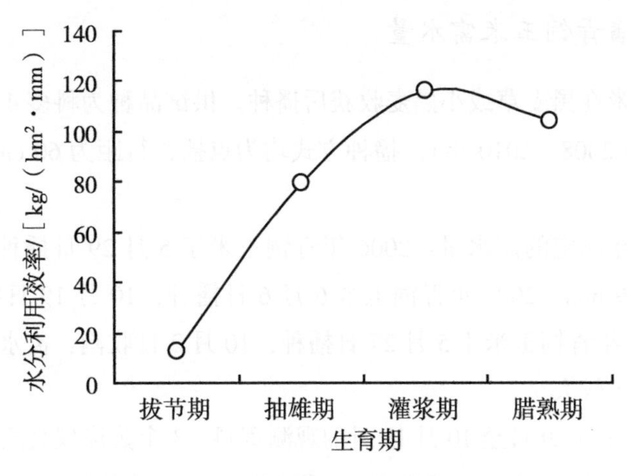

图 10.6　青饲玉米水分利用效率

率随着生长发育的进展而呈线性增加，灌浆期水分利用效率最高，达116.1 kg/（hm^2·mm），腊熟期水分利用效率有所下降，仅为104.3 kg/（hm^2·mm）。因此，青饲玉米在灌浆期收割，不仅可以获得较高的鲜草产量和生物产量，而且水分利用效率也最高，大约可以节省水分120 mm。

10.4 夏播青饲玉米需水量规律

夏播青饲玉米需水量观测包括2种模式：一是青饲玉米—黑麦草生态系统，实行青饲玉米—黑麦草一年两作，这是在时间上的配置；二是青饲玉米—三叶草间作，建立牧草双冠层结构系统，这是在空间上的配置。

10.4.1 青饲玉米—黑麦草生态系统

青饲玉米—黑麦草生态系统，是中国科学院禹城综合试验站牧草水分试验场的一种主要种植模式。实行青饲玉米—黑麦草（小黑麦）一年两作，以实现第一性生产的高转化效率，为畜牧业发展提供高产优质的饲草来源，降低生产成本，提高畜牧业的转化效率和效益。

我国对“饲用玉米—黑麦草”草地农业系统已有研究（张新跃 等，2001，2006），主要针对青贮饲用玉米的品种比较与生产性能等。

作者对青饲玉米—麦草生态系统中的青饲玉米和黑麦草与小黑麦的需水量均进行系统观测。黑麦草与小黑麦的需水量，本书有专门一章加以论述，此处主要讨论夏播青饲玉米的需水特征。

10.4.1.1 夏播青饲玉米需水量

夏播青饲玉米在黑麦草或小黑麦收获后播种。供试品种为科多4号（2006—2007年）、饲宝1号（2008—2010年）。播种方式均为点播，行距为60 cm，种植密度10×10^4株/hm^2。

青饲玉米历年测定的需水量：2006年青饲玉米于5月29日播种，10月19日收割，需水量为509 mm；2007年青饲玉米6月6日播种，10月19日收割，需水量为368.8 mm；2008年青饲玉米于5月27日播种，10月2日收割，需水量为454.2 mm。年际间需水量差异较大。

根据2006年5月29日至10月19日的观测资料，3个蒸渗仪观测的夏播青饲玉米生长季的需水量分别为531 mm、503.9 mm和491.9 mm，平均值为509 mm（表10.2）。3个蒸渗仪观测的需水量有一定差异，主要由于青饲玉米生长状况差异所致。

表 10.2　夏播青饲玉米生长季的需水量（2006 年）

测定日期	天数/d	观测桶号 3-1	观测桶号 3-2	观测桶号 3-3	平均值
05-29—06-20	23	142	144	143.1	143
06-21—07-26	36	84.5	72.6	86.8	81.3
07-27—09-10	46	255.1	257.3	245.4	252.6
09-11—10-19	39	49.8	30	16.7	32.2
全生育期	144	531.3	503.9	491.9	509

10.4.1.2　不同水分年青饲玉米需水量

根据潘国艳（2010）对该地区不同水分年青饲玉米需水量的估算（表 10.3），青饲玉米需水量干旱年最多，为 402.3 mm，平水年次之，为 372.1 mm，湿润年最少，为 354.7 mm。作物系数湿润年最小，为 0.86，干旱年最大，为 1.06。水分利用效率以平水年最高，湿润年次之，干旱年最低，青饲玉米在平水年的水分利用效率最高，达到 62 kg/（hm^2 · mm），这可能得益于较高的生物产量和较低的耗水量，这一结果与 Lothar Mueller et al.（2005）采用地下供水式蒸渗仪测定的结果相一致。

表 10.3　不同雨型条件下青饲玉米需水量

要素	湿润年	平水年	干旱年
需水量/mm	354.7	372.1	402.3
作物系数（Kc）	0.86	0.96	1.06
水分利用效率/［kg/（hm^2 · mm）］	28.8	62	26.2

10.4.1.3　青饲玉米—黑麦草生态系统需水量

如从青饲玉米生物量及营养价值最佳时期估算，青饲玉米乳熟期收获效益最好，分析这个时段的需水量具有实践意义。

以 2006 年的观测资料为例，2006 年 5 月 29 日至 10 月 19 日观测的需水量为 509 mm。如果从青饲玉米乳熟期估算，需水量为 387.9 mm（表 10.4），需水量比全生育减少 122 mm。作物系数（Kc）平均值为 1.05。在华北平原，青饲玉米需水量大体与 E-601 水面蒸发量相等。

表 10.4 青饲玉米需水量（2006-05-29—09-01）

观测器编号	需水量/mm	E-601/mm	作物系数（Kc）
器 3-1	390	371.3	1.05
器 3-2	381.4	371.3	1.03
器 3-3	392.2	371.3	1.06
平均值	387.9	371.3	1.05

青饲玉米—黑麦草生态系统，是由青饲玉米与中新 830 小黑麦构建。根据测定，中新 830 小黑麦全生育期的需水量为 367.1 mm，青饲玉米生育期的需水量为 387.9 mm，青饲玉米—黑麦草生态系统总需水量为 755 mm。

10.4.2 牧草双冠层结构青饲玉米需水量

10.4.2.1 基本原理

牧草双冠层结构，是指利用牧草生物学特性，进行间作系统合适的物种组合，建立良好的农业生态系统，在单位时间内和有限的单位土地面积上获得 2 种牧草的最佳经济产量和生物产量，降低逆境风险，达到高效利用水资源的目的。

间作系统在我国有悠久的历史，特别是豆科与禾本科间作是传统农业中最成功的一种组合，这个组合无疑是可持续的生产系统。

牧草复合系统，是一种充分利用光、温、水、土资源，发挥最大生态、经济和社会效益的重要模式，在世界范围被广泛应用，有广阔的前景。

生态位概念是间作系统的理论基础。各种生物处在不同的时间、空间和营养位上，并呈现立体配置状态。充分利用牧草的生物学特性，有目的地配置物种，把不同牧草配置在一个系统的不同位置，充分利用光、温、水、土等自然资源。

必须遵循物种组合原则：高秆作物与矮秆作物，豆科作物与非豆科作物，浅根作物与深根作物，耐荫作物与喜光作物，C_4作物与 C_3作物等（图 10.7）。

豆科和禾本科间作是我国传统农业中应用最成功的一个组合。玉米和大豆间作是复合种植的典型范例。在豆科与非豆科间作模式中，豆科作物从空气中获取大部分氮，而非豆科作物依赖土壤中的氮。

10.4.2.2 试验布置

试验在中国科学院禹城综合试验站牧草水分试验场进行。根据物种配置原则，选择白花三叶草与青饲玉米组合进行需水量试验。

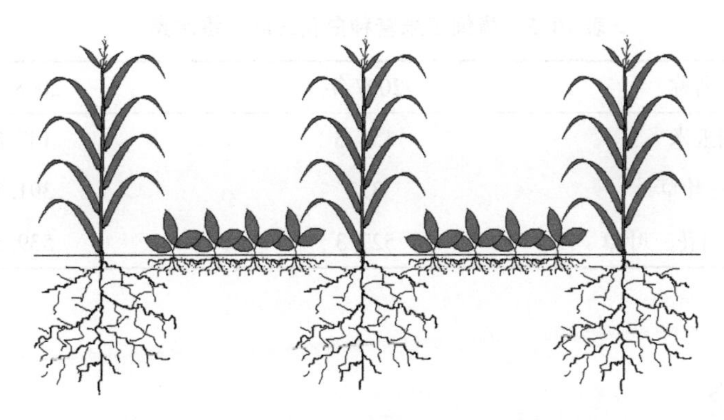

图 10.7　三叶草—青饲玉米间作系统示意图

白花三叶草（*Trifolium repens* L.）是世界上分布最广的一种豆科牧草，属 C_3植物，我国各地均有栽培，尤以长江以南地区种植面积最大，成为当家豆科牧草。白花三叶草产量低，但品质极佳，多年生，一般生存 8~10 年。主根较短，侧根发达，根系浅，根群集中于 10~20 cm 表上层，有许多节，长 30~60 cm。白花三叶草适宜生长温度为15~25 ℃。喜温暖湿润气候，能耐湿，耐阴，在果树下也能生长良好。白花三叶草茎叶细软，叶量较多，营养丰富，富含蛋白质，初花期蛋白质含量达 24.7 %，开花期达 24.5 %，是间作系统中首选豆科、矮秆、浅根、耐荫品种。

青饲玉米是典型的喜光作物 C_4作物。是指将果穗和茎叶都用于家畜饲料的玉米品种，生产周期短、种植密度大，生物产量高，提高了土地利用率，有更高的经济效益。青饲玉米营养物质含量较丰富，相当于普通玉米籽粒的 51 %~57 %，而青贮玉米产量相当于普通玉米的 4~5 倍。

10.4.2.3　测定结果

根据上述物种配置原则，选择白花三叶草与青饲玉米组合，进行需水量试验。三叶草—青饲玉米需水量试验只开展了 2 年（2007 年、2008 年）。利用 2006 年种植的白花三叶草间作青饲玉米。青饲玉米间距为 120 cm，青饲玉米占试验小区面积的 1/3，白花三叶草占试验小区面积的 2/3。

三叶草—青饲玉米间作系统需水量，根据 2 种牧草所占比例，按照实际面积折算。2007 年，青饲玉米实际需水量为 154.3 mm，白花三叶草实际需水量为 373 mm，2 种牧草需水量合计为 527.3 mm；2008 年，青饲玉米实际需水量为 147.8 mm，白花三叶草实际需水量为 391.7 mm，2 种牧草需水量合计为 539.5 mm（表 10.5）。根据 2 年实测结果表明，三叶草—青饲玉米间作系统，2 种牧草需水量小于 540 mm，是一种比较省水的牧草种植结构。

表 10.5　青饲玉米套种白花三叶草需水量　　单位：mm

牧草名称	2007 年	2008 年
青饲玉米	154.3	147.8
白花三叶草	373	391.7
青饲玉米+白花三叶草	527.3	539.5

10.5　结论

10.5.1　青饲玉米需水量相对较多

需水量测定是在土壤水分不受限制条件下进行，需水量测定结果比实际耗水量偏大，因此称为需水量。全生育期需水量青饲玉米为 509 mm，需水强度为 3.54 mm/d。作物系数生育期的 Kc 约 1.04。均高于其他 2 种 C_4 牧草高丹草和籽粒苋（表 10.6）。

表 10.6　3 种 C_4 牧草全生育期需水量比较（测定日期：05-29—10-19）

要素	青饲玉米	高丹草	籽粒苋
天数/d	144	144	144
蒸发量/mm	509	439.7	395.4
降水量/mm	269.5	269.5	269.5
E-601/mm	490.8	490.8	490.8
耗水强度/（mm/d）	3.54	3.06	2.75
作物系数（Kc）	1.04	0.9	0.81

10.5.2　夏播青饲玉米乳熟期需水量

生长季需水量为 387.9 mm，作物系数（Kc）平均值为 1.05。全生育期需水量平均值为 509 mm，比生长季需水量多消耗水分 121.1 mm。作物系数 0.89。

10.5.3　牧草双冠层结构青饲玉米需水量

选择白花三叶草与青饲玉米组合进行需水量试验，青饲玉米间距为 120 cm，青饲玉米占 1/3 的面积，白花三叶草占 2/3 的面积。三叶草—青饲玉米间作系统需水量测定，按照实际面积折算，2007 年青饲玉米实际需水量为 154.3 mm，白花三叶草实际需水量为 373 mm，2 种牧草需水量合计为 527.3 mm。2008 年青饲玉米实际需水量为 147.8 mm，白花三叶草实际需水量为 391.7 mm，2 种牧草需水量合计为 539.5 mm。实测结果表明，三叶草—青饲玉米间作系统，是比较省水的牧草种植结构。

第 11 章　饲料玉米需水量研究

玉米需水量研究内容丰富，包括 3 个部分：即夏玉米需水量、春玉米需水量和单株玉米需水量，以及夏玉米需水量的变化趋势。我们对玉米需水量研究时间跨度较长、从 20 世纪 60 年代至今，经历 50 余年的试验研究，试验资料十分丰富。

玉米需水量研究亮点很多。例如 1 株玉米一生要消耗多少水？这是至今尚无定论的问题；又如玉米需水量是否随种植密度的增加和单产水平的提高而增大？也存在不同看法；再如玉米需水量是否随年代而增加？相信从我们的试验资料以及有关分析中，将有助于大家对这些问题的认识。

由于中国科学院禹城综合试验站有高精度大型蒸渗仪，可以测定作物耗水量的日变化过程，这些也有助于读者对玉米需水特性的了解。

11.1　前言

为什么把玉米定为饲料玉米？为什么把饲料玉米列入牧草需水量的研究内容？因为我国饲料玉米消费量占玉米消费总量的 80 %以上，实际上玉米早已是典型的饲料作物。

玉米（*Zea mays* L.）属一年生禾本科 C_4植物，是全世界总产量最高的粮食作物。随着全世界畜牧业的大发展，饲料工业得以迅速发展，全世界饲料用玉米需求呈现增长趋势，中国饲料用玉米需求也呈现增长趋势。

中国是全球玉米第二大消费国，也是饲用玉米大消费国。20 世纪 80 年代，饲用玉米占玉米总产量的 48 %；20 世纪 90 年代，占玉米总产量的 68 %；进入 21 世纪，饲料消费占玉米总产量的 80 %以上。

据报道，2010 年，我国配合饲料中的玉米的比重按 50 %推算，玉米用量为 1.59×10^8 t；比重按 60 %推算，玉米用量为 1.65×10^8 t，因此，大体上国内的玉米饲料用粮应该在 1.60×10^8 t 的水平，这个数字，已超过我国 2007 年的生产水平。2010 年中国转变为玉米进口国，进口量达到 1.57×10^6 t。

中国是玉米生产大国。2010 年，玉米种植面积为 3 136×10^4 hm^2，全国玉米平均单产达到 5 410 kg/hm²，总产量为 16 968×10⁴ t。

除籽粒用于饲料外，大量玉米秸秆用于青贮，被草食牲畜利用，玉米秸秆是我国农区发展畜牧业重要的饲草资源。

随着畜牧产业化的快速发展，饲料饲草需求量日益增加，我国玉米 80 %以上用作饲料。毋庸置疑，玉米是名副其实的饲料之王、高产之王（保持世界 1 663 kg/亩高产纪录）。玉米不再是简单的粮食概念，而应当定位在主要饲料作物。

华北平原是我国最大的玉米产区，播种面积占我国玉米种植面积的 40 %以上，栽培制度主要是冬小麦—夏玉米两熟制，部分地区实行春玉米—冬小麦—夏玉米（夏大豆）两年三熟制。

玉米是一种喜温、喜光、高光效 C_4作物。在华北平原自然条件下，玉米的光温生产潜力很大。玉米又是一种耗水比较少的作物，据测定，华北平原夏玉米耗水量为 300~450 mm，平均为 350 mm。玉米的水分利用效率相当高，1 mm 水分的利用效率，生产的籽粒为 15~18 kg/hm²，最高为 29~33 kg/hm²。

华北平原玉米生育期间，光照充足，热量丰富，水热同步，自然条件有利于玉米生长发育（表 11.1）。

表 11.1　夏玉米生育期间自然资源供需状况（山东禹城）

要素	积温/℃	辐射值/（MJ/m²）	降水量/mm	日照时间/h
自然资源量	2 425	1 984.5	426.4	874.3
玉米需求量	2 400	1 804.5	300~400	750~800
差值	25	180	26~126	74~100

在现有自然资源条件下，只要其他措施相配合，华北平原玉米可以获得很高的产量，以近几年的高产典型材料来看，仍有很大的潜力可挖。只要采用优良品种，推广综合栽培技术，采用覆盖栽培措施，耗水量还会减少，水分利用效率还会提高，玉米产量还会持续增加。

由于玉米在我国农业发展中的重要地位，我国许多学者十分重视玉米需水量问题，开展深入研究，取得了大批成果（肖俊夫 等，2008；陈玉民 等，1995；孙景生 等，1999；李应林 等，2002；王健 等，2007；曹云者 等，2003；孙景生 等，2005）。

玉米需水量是指玉米生长期间在适宜的土壤水分条件下的棵间蒸发量与叶面蒸腾量的总和，是玉米本身生物学特性与环境条件综合作用的结果。在一定地区，玉米需水量是相对稳定的。它既是玉米栽培管理制定灌溉制度的依据，也是农田水利工程设计的基本参数（肖俊夫 等，2008）。

对玉米需水量研究以试验研究为主，时间跨度较长。1960 年，在山东德州西郊建立了农田蒸发试验站；1979 年，建立了中国科学院禹城综合试验站。经历 50 余年的试验研究，试验资料十分丰富。

11.2 玉米需水量测定方法

玉米需水量资料获取，主要采用土壤蒸发器（Lysimeter）测定，包括 6 种类型土壤蒸发器：其一，ГПИ-51 型水力称重式土壤蒸发器，高 1.5 m、截面积 2 000 cm^2，测量精度 0.02 mm；其二，ГГИ-500-50 型和 ГГИ-500-100 型 2 种称重式土壤蒸发器，截面积 500 cm^2，高 0.5 m 和 1 m；其三，自动供水式土壤蒸发器，截面积 3 000 cm^2，高 80 cm；其四，注水式土壤蒸发器截面积为 3 000 cm^2，高为 80 cm（程维新 等，1994）；其五，大型原状土蒸渗仪，截面积 3 m^2，深度 2 m，测量精度 0.013 mm，可测量各种作物的耗水量（唐登银 等，1987 年），当时在国内是唯一的大型原状土蒸渗仪；其六，大型称重式蒸渗仪（Lysimeter），截面积 3.14 m^2，深度 5 m，测量精度 0.02 mm，可测量各种作物的耗水量（刘士平 等，2000 年），是国内唯一的可测量四水关系的仪器，是检验其他估算作物耗水量方法的基础。

此外，为了求得作物系数（Kc），还采用了中国科学院禹城综合试验站 1985—2009 年 20 m^2 蒸发池和 E-601 蒸发器水面蒸发观测数据。

本章除一般性的介绍玉米需水量和耗水规律外，还提供给读者许多感兴趣的问题，有些是有争论的问题：例如玉米耗水量变化趋势？一株玉米一生究竟要消耗多少水？玉米耗水量是否随单产增加而增加？将以实际观测资料加以阐述。

11.3 夏玉米耗水特征

夏玉米是华北平原主要种植模式。本节采用了国内较为先进的观测手段，对夏玉米需水量进行系统观测，分析了夏玉米需水量特征与耗水规律。

11.3.1 夏玉米耗水量测定结果

根据中国科学院禹城综合试验站采用大型土壤蒸渗仪，1989—2006 年对夏玉米耗水量长期观测（图 11.1）。观测结果表明，夏玉米全生育期的耗水量为 300～450 mm，多年平均值约为 358 mm。从夏玉米耗水量变化趋势线来看，年际间耗水量虽然有起伏，总体而言，夏玉米耗水量呈下降趋势。

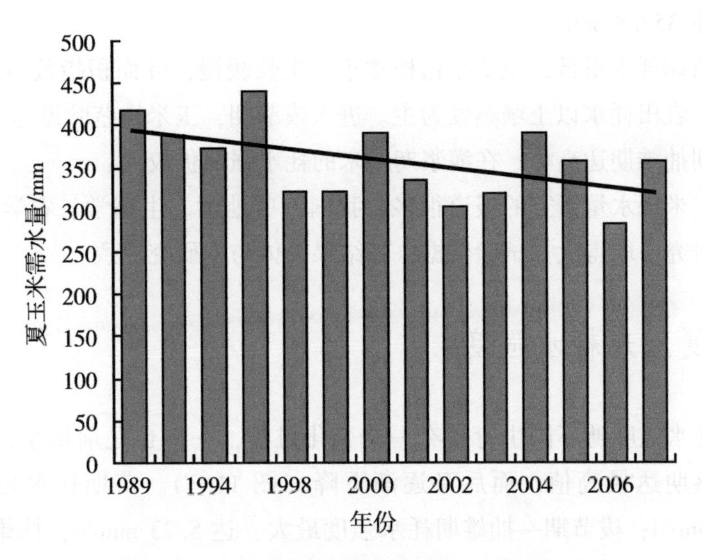

图 11.1 夏玉米耗水量测定结果（山东禹城）

11.3.2 夏玉米不同生育期耗水量

玉米一生的需水量随不同生育期而有一个变化过程，一般前期小，而后逐渐增大，到生育盛期达最高值，而后又逐渐下降（图 11.2），呈单峰型变化。

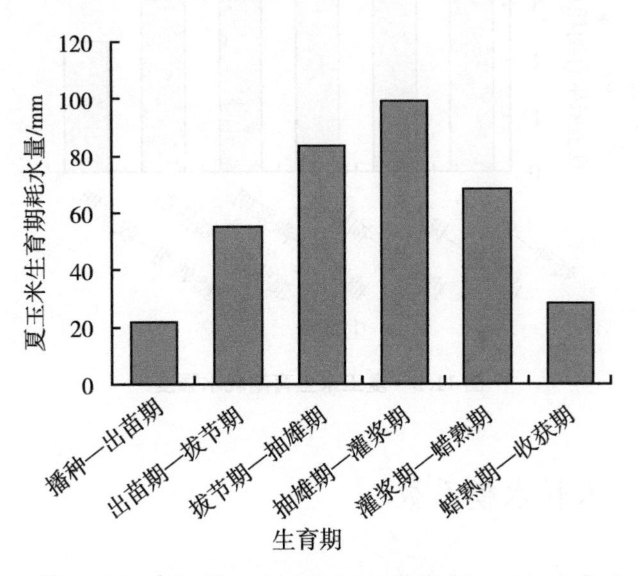

图 11.2 夏玉米生育期耗水量

播种—出苗期和蜡熟期—收获期最低，分别为 21.9 mm 和 28.4 mm；拔节期—抽雄期耗水量最高，达 99.5 mm；其次为抽雄期—灌浆期，达 83.7 mm。夏玉米全生育期耗水量为 357.8 mm。

玉米幼苗期耗水量低，主要是植株矮小，生长缓慢，叶面积指数小于 0.1，大部分土壤裸露，农田耗水以土壤蒸发为主。进入拔节期，玉米株茎叶迅速增长，耗水量增长较快，到抽雄期达高峰，在灌浆期玉米的耗水强度仍较大。

有关夏玉米耗水量研究的报道很多。我国一些地学、生态学、农学等研究单位，都做过不少研究，取得大量试验数据，其结果大体与本研究一致。

11.3.3 夏玉米耗水强度

夏玉米耗水强度随不同生育期有一个变化过程，一般也是前期小，然后逐渐增大，到生育盛期达最高值，而后又逐渐下降（图 11.3）。苗期耗水强度较小，为 3.56~3.71 mm/d；拔节期—抽雄期耗水强度最大，达 5.23 mm/d；抽雄期—灌浆期居次高，为 4.98 mm/d；进入蜡熟期，植物的生物体机能下降，导致耗水强度也开始下降，至收获前降至最低，为 2.37 mm/d；全生育期耗水强度为 3.93 mm/d。

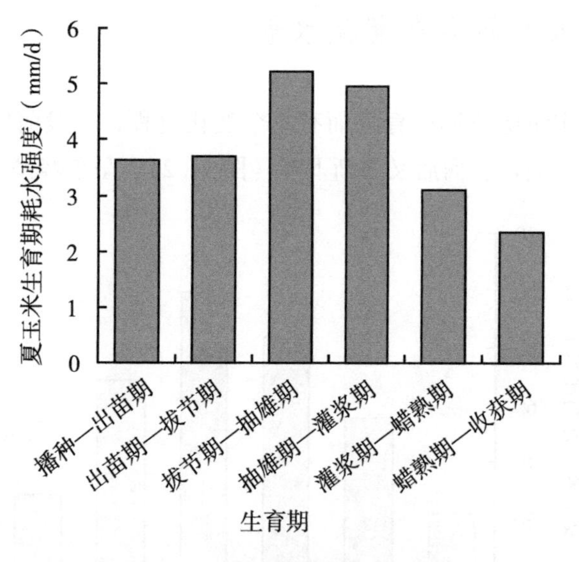

图 11.3 夏玉米生育期耗水强度

11.3.4 夏玉米耗水模系数

夏玉米耗水模系数呈抛物线变化（图 11.4）。夏玉米因生育期长短不同，需水量差异较大。播种—出苗期最小，约占 6.12 %，然后逐渐增加；拔节期—抽雄期已占总耗水量的 23.41 %；抽雄期—灌浆期最高，占总耗水量的 27.81 %。

播种—出苗期和蜡熟期—收获期，由于持续时间短且耗水强度小，故耗水量和耗

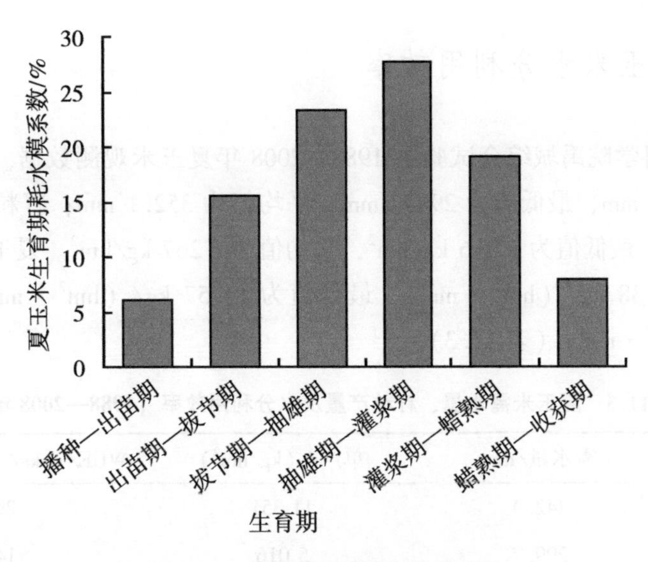

图 11.4　夏玉米生育期耗水模系数

水模系数都比较低。抽雄期—灌浆期，是夏玉米需水盛期，适逢华北地区雨热同期，一般不需要灌溉。

11.3.5　夏玉米作物系数（Kc）

在适宜土壤水分条件下，气象条件对玉米水分消耗有决定性的影响，也可以说，玉米的耗水量与环境条件是统一的。在评价气象条件对耗水量的影响时，许多学者都引用蒸发力这个概念。蒸发力是一个地区的最大可能蒸发，从这个意义上来看，可以认为蒸发力是全部气象条件综合作用的结果。由于水面蒸发综合了气象因子对蒸发的影响，一般认为蒸发力接近于自由水面蒸发量。

根据试验资料分析，在适宜土壤水分条件下，玉米耗水量与同期水面蒸发量有着极为密切的关系（表 11.2），华北平原的夏玉米的作物系数接近于 1，也即玉米耗水量与同期水面蒸发量几乎相等。

表 11.2　玉米耗水量、水面蒸发量及作物系数

年份	耗水量/mm	水面蒸发量/mm	作物系数（Kc）	地点
1961	330	336	0.98	山东德州
1964	308	309	1	北京
1980	373	372	1	山东禹城
1981	333	337	0.99	山东禹城
平均值	336	338.5	0.99	

11.3.6 夏玉米水分利用效率

根据中国科学院禹城综合试验站 1988—2008 年夏玉米观测数据，夏玉米需水量最高值为 442.4 mm，最低值为 299.7 mm，平均值为 352.1 mm；籽粒产量最高值为 11 351 kg/hm^2，最低值为 5 016 kg/hm^2，平均值为 7 267 kg/hm^2。夏玉米水分利用效率最高值为 29.38 kg/（hm^2 · mm），最低值为 14.57 kg/（hm^2 · mm），平均值为 20.64 kg/（hm^2 · mm）（表 11.3）。

表 11.3 夏玉米需水量、籽粒产量及水分利用效率（1988—2008 年）

观测值	需水量/mm	单产/（kg/hm^2）	WUE/［kg/（hm^2 · mm）］
最高值	442.4	11 351	29.38
最低值	299.7	5 016	14.57
平均值	352.1	7 267	20.64

11.3.7 小结

根据测定，夏玉米需水量最高值为 442.4 mm，最低值为 299.7 mm，20 年平均值为 352.1 mm。全生育期耗水强度为 3.93 mm/d，作物系数为 0.99。玉米水分利用效率：最高值为 29.38 kg/（hm^2 · mm），最低值为 14.57 kg/（hm^2 · mm），平均值为 20.64 kg/（hm^2 · mm）。

11.4 华北平原夏玉米耗水量的变化趋势

作物耗水是一个地区主要水量支出。作物耗水量的历史演变特征，对当地水资源配置产生直接影响。缺水严重的华北平原，作物耗水量问题尤为引人关注。中华人民共和国成立以来，随着生产条件改善、作物良种培育和栽培技术的进步，我国粮食单位面积产量大幅度提高，以地处华北平原的山东禹城为例，20 世纪 50 年代玉米籽粒产量 1 657 kg/hm^2，60 年代为 2 528 kg/hm^2；2008 年，平均已达到 7 202 kg/hm^2，与 20 世纪 50 年代相比，玉米籽粒产量增加 3.35 倍。随着作物单产增加，玉米耗水量是否也相应增加？这一问题一直为人们所关注。

有关华北地区作物耗水量历史演变有 2 种结论：一种观点认为作物耗水量呈增加趋势，Mo et al.（2009）计算了华北平原 1951—2006 年冬小麦、夏玉米耗水量，结果表明，作物耗水伴随着粮食单产的增加相应增加，20 世纪 90 年代与 60 年代相比，冬小麦生长季耗水增量达130 mm，玉米耗水增量为90 mm，冬小麦—夏玉米一年两熟的年耗水量从700 mm增加到1 000 mm；另一种观点认为作物耗水量呈下降趋势，刘晓英等（2005）计算了华北地区近50年主要作物的耗水量，华北冬小麦和夏玉米两大作物耗水均呈下降趋势，冬小麦减少0.9～19.2 mm/10 a，夏玉米减少8.3～24.3 mm/10 a。其他研究也得到冬小麦耗水量呈下降趋势的结果（康西言 等，2006；周贺玲 等，2006，2009）。

关于华北地区作物产量与作物耗水量历史演变方面的研究，大多数学者采用模型来计算作物的耗水量。例如Mo利用植被界面过程模型（VIP）；刘晓英采用Penman-Monteith公式，但计算的作物耗水缺乏试验资料的检验。

本章基于中国科学院禹城综合试验站的长期观测资料，比较真实地反映夏玉米耗水量变化特征。夏玉米耗水量与粮食单产增加之间的分析，说明作物耗水量随着作物单产增加相应增加还是减少的问题。

11.4.1　资料来源

为深入分析近50年华北平原夏玉米耗水量的变化趋势，本研究根据中国科学院禹城农业综合试验站长期以来积累的实测作物耗水数据，并搜集相关机构在该地区的研究成果，阐述了华北平原夏玉米的耗水规律。

为了慎重起见，除了应用中国科学院禹城综合试验站1979—2009年夏玉米耗水量观测资料外，还应用了1960—1966年中国科学院地理研究所德州农田蒸发试验站夏玉米耗水量观测资料。

中国科学院地理研究所德州农田蒸发试验站1960—1966年夏玉米耗水量观测资料（程维新 等，1994）。采用的蒸发器有3种：一是ГПИ-51型水力称重式土壤蒸发器，高1.5 m、面积2 000 cm^2，测量精度0.02 mm，这是当时国内最先进的测定农田蒸发器；二是ГГИ-500型土壤蒸发器，面积500 cm^2，高0.5 m和1 m；三是自动供水式土壤蒸发器，面积3 000 cm^2，高0.5 m。

中国科学院禹城综合试验站1979—2009年夏玉米耗水量观测资料。采用的蒸发器有4种：一是ГПИ-51型水力称重式土壤蒸发器；二是自动供水式土壤蒸发器；三是大型原状土蒸渗仪（唐登银 等，1987），面积3 m^2，深度2 m，测量精度0.013 mm，可测量各种作物的耗水量，这是当时国内唯一的大型原状土蒸渗仪；四是大型称重式蒸渗仪（刘士平 等，2000），面积3.14 m^2，深度5 m，测量精度0.02 mm，可测量各种作物的耗水量，该蒸渗仪结构包括主体系统、称重系统、供排水系统和数据采集系统，能够同时测定蒸散量和地下水对土壤水的补给量，是国内最早可测量四水转化关系的仪器，是检验其他作物耗水量估算方法的基础。

中国科学院禹城综合试验站 1985—2009 年水面蒸发观测数据。中国科学院禹城综合试验站水面蒸发场是国内最大的陆地水面蒸发场，包括 20 m^2 蒸发池在内的不同类型、不同面积、不同深度、不同环境处理的 13 种国内外测量水面蒸发的标准仪器和专用仪器。

参考了其他学者有关作物耗水量的部分研究成果（陈玉民，1995；曹云者 等，2003；肖俊夫 等，2008；宋振伟 等，2009）。

11.4.2 禹城试验区 20 年夏玉米耗水量变化趋势

根据中国科学院禹城综合试验站大型土壤蒸渗仪 1989—2009 年夏玉米耗水量的测定，夏玉米耗水量只有 2 年超过 400 mm，其他年份为 300 ~ 400 mm，平均值为 357.8 mm。年际变化虽有波折起伏，但总体上呈持续下降趋势（图 11.5）。本研究认为华北平原夏玉米耗水量呈下降趋势。禹城实测耗水量变化，在华北平原具有典型代表性。

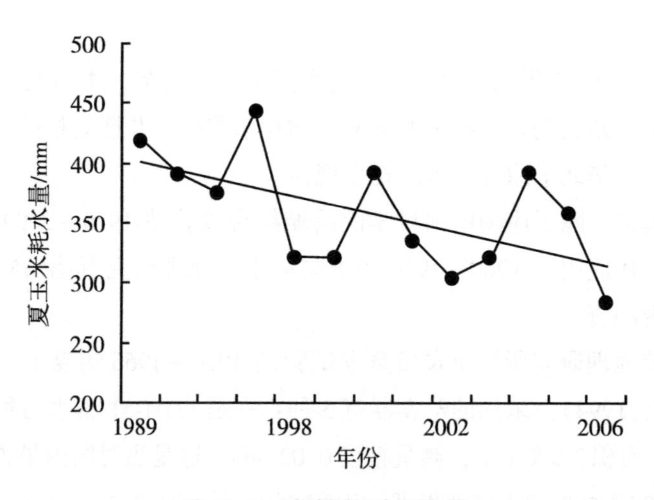

图 11.5 禹城夏玉米耗水量

11.4.3 华北平原近 50 年夏玉米耗水量与籽粒产量变化

根据《中国玉米栽培学》（郭庆法 等，2004）记载资料和国家农业统计资料，可以得到华北平原近 50 年夏玉米单产变化趋势。由图 11.6 可以看出，近 50 年来，华北平原夏玉米单产增长迅速，夏玉米单产由 20 世纪 50 年代的 1 300 kg/hm^2 增长到 21 世纪初的 7 810 kg/hm^2，夏玉米单产增长了 4.35 倍。

近 50 年，夏玉米单产变化经历了 3 个阶段：20 世纪 50—70 年代，为缓慢增长阶

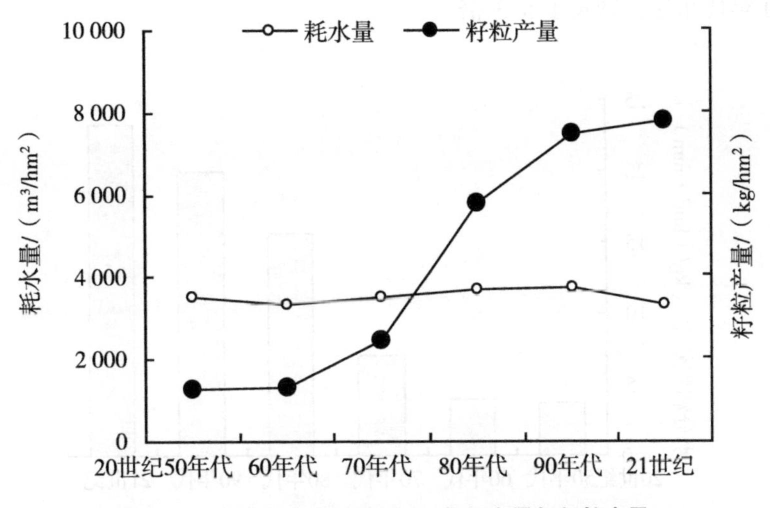

图 11.6　华北平原夏玉米近 50 年耗水量与籽粒产量

段，夏玉米单产从 50 年代的 1 300 kg/hm² 增加到 70 年代的 2 468 kg/hm²；20 世纪 80—90 年代，为快速增长阶段，夏玉米单产从 70 年代的 2 468 kg/hm² 增长到 90 年代的 7 493 kg/hm²，这一时期单产的快速增加得益于黄淮海地区开展的大规模盐碱地治理和农业科技水平的提升；20 世纪 90 年代至 21 世纪初，为徘徊阶段。该时期夏玉米单产增长缓慢，主要是由于单产水平已经很高，增产潜力变小。华北平原夏玉米需水量 300~400 mm，平均需水量约 350 mm。

由图 11.6 可知，近 50 年夏玉米需水量变化不大，略有起伏，但基本处于同一水平线。近 50 年华北平原夏玉米需水量变化经历了 3 个阶段：20 世纪 50—70 年代，夏玉米需水量约为 350 mm，夏玉米需水量变化不大，需水量属于平稳阶段；20 世纪 80—90 年代夏玉米需水量为 370 mm 左右，夏玉米需水量略有增加；20 世纪 90 年代至 21 世纪初，夏玉米需水量从 374 mm 下降为 334 mm，夏玉米耗水量呈下降趋势，这与图 11.5 结果相吻合。

由此可见，近 50 年夏玉米需水量变化不大，基本处在同一水平线。没有随产量增加而增加。夏玉米需水量的多寡与种植密度和产量没有直接关系。

11.4.4　近 50 年夏玉米水分利用效率的变化

近 50 年，华北平原夏玉米水分利用效率呈阶梯形增长（图 11.7）。20 世纪 50—60 年代，由于耕作粗放，夏玉米种植密度小，产量不高，因而水分利用效率较低，不足 5 kg/（hm² · mm）；70 年代为 7.26 kg/（hm² · mm）；80 年代水分利用效率提升最快，达 17.71 kg/（hm² · mm）；90 年代增至 18.83 kg/（hm² · mm）；21 世纪初，水分利用效率达到 23.36 kg/（hm² · mm）。21 世纪初夏玉米的水分利用效率与

20 世纪 50 年代相比，增长了 5.3 倍。

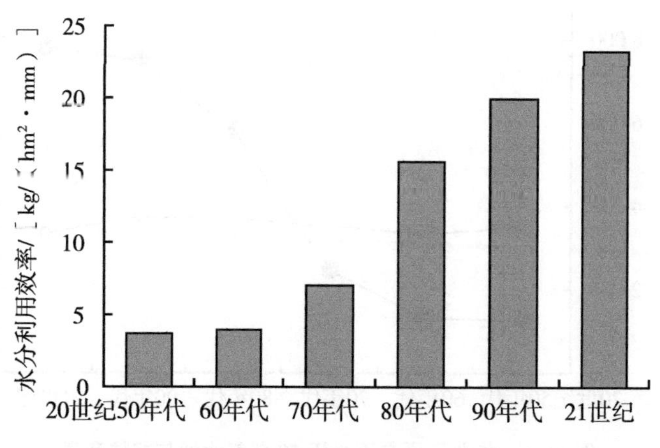

图 11.7 华北平原夏玉米近 50 年水分利用效率

11.4.5 近50年夏玉米耗水系数和用水效率的变化

耗水系数定义为作物生产 1 kg 籽粒所消耗的水量，单位为 m^3/kg。用水效率定义为作物消耗 1 m^3的水量所生产籽粒产量，单位为 kg/m^3。

由图 11.8 可知，近 50 年，华北平原夏玉米的耗水系数大幅度降低。夏玉米的耗水系数 20 世纪 50—60 年代为 2.69 m^3/kg 左右，70 年代快速下降至 1.42 m^3/kg，而后呈线性下降，至 21 世纪初，已降到 0.48 m^3/kg，与 20 世纪 50 年代相比，耗水系数下降了近 4.6 倍。

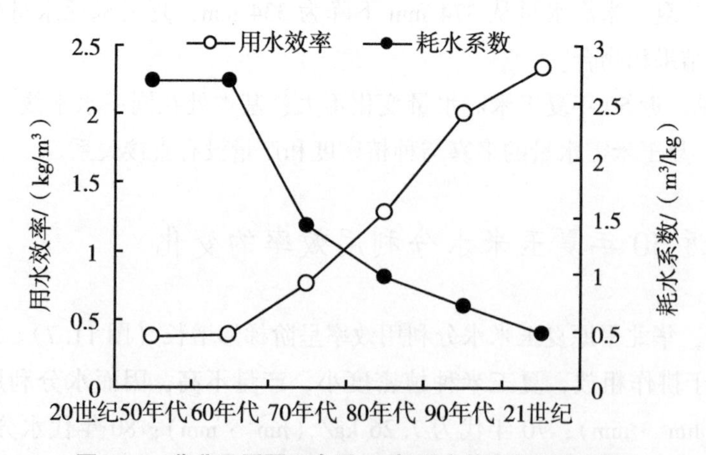

图 11.8 华北平原夏玉米近 50 年用水效率和耗水系数

再从用水效率来看，华北平原夏玉米的用水效率的变化趋势与耗水系数的变化趋势与正好相反（图 11.8）。近 50 年，华北平原夏玉米的用水效率也快速递增，由 20 世纪 50 年代每立方米水仅能生产 0.33 kg 的玉米籽粒，到 21 世纪初，每立方米水仅能生产 1.58 kg 的玉米籽粒，用水效率提高了 3.79 倍。

11.4.6　影响作物耗水特性的气象因素

根据式 $ET_C = Kc \times ET_0$ 可以看出，作物耗水量是由作物生物学特性和大气蒸发能力两部分决定。式中，ET_C 为作物耗水量（mm），Kc 为作物系数，ET_0 为大气蒸发能力（mm）。Kc 对于某种作物而言，保持相对稳定（程维新 等，1994），而 ET_0 作为大气蒸发能力，主要受气象因子制约。水面蒸发综合反映气象因子的影响，是大气蒸发能力的重要指标。

11.4.6.1　大气蒸发能力的变化趋势

中国科学院禹城综合试验站观测数据表明，25 年的玉米生长季的水面蒸发量呈下降趋势（图 11.9）。与夏玉米需水量上的变化趋势相一致。表明大气蒸发能力，是影响夏玉米需水量的重要因素。

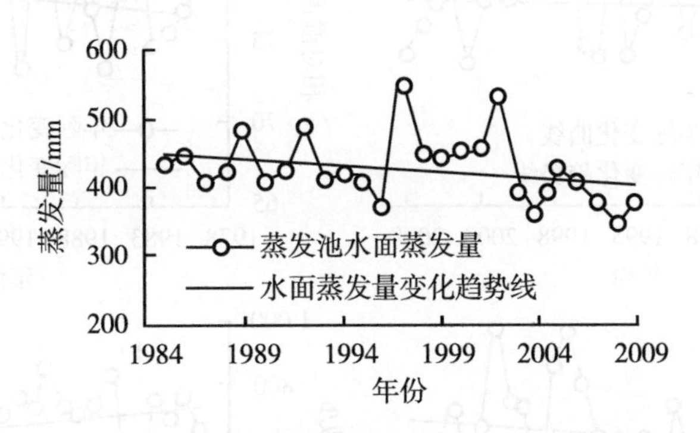

图 11.9　夏玉米生长季水面蒸发量（20 m² 水面蒸发池）

水面蒸发量的多少反映一个地区气候特征的综合影响。从夏玉米生长季水面蒸发量变化来看，水面蒸发量从 1985 年的 437 mm 降低到 2009 年的 382 mm，这表明禹城地区的蒸发能力有所下降。这一变化趋势和大型土壤蒸渗仪实测夏玉米耗水量变小的趋势是相吻合的。说明该地区蒸发能力降低是夏玉米耗水量降低的原因所在。水面蒸发主要受气象条件制约。对禹城地区夏玉米季 20 m² 水面蒸发池蒸发量与各气象要素的相关性分析表明：平均气温、平均风速、相对湿度和日照时数与水面蒸发量呈显著相关，是影响水面蒸发量大小的主要因子。

11.4.6.2 影响作物耗水量的气象要素

作物耗水量变化主要受作物生物学特性、气象条件和土壤墒情的影响。对于同一种作物而言，它们的生物学特性相对稳定，在没有干旱胁迫的条件下，作物需水量变化主要受气象因素制约。影响作物耗水量的主要气象因素包括大气温度、湿度、风速和日照时数，为分析作物耗水量变化的驱动力，对各气象要素的变化趋势进行分析。

在夏玉米生育期间，平均气温年际变化保持不变，平均风速略有增加，而相对湿度增加和日照时数减少明显（图 11.10）。平均相对湿度从 20 世纪 80 年代初的 77.2 %增加到 21 世纪初的 80.1 %；日照时数从 20 世纪 80 年代 679 h 减少到 21 世纪初的 549 h；风速增大会使耗水量呈增加趋势，但相对湿度的上升和日照时数的减少削弱了风速对夏玉米耗水量的影响，因而相对湿度上升和日照时数减少是夏玉米耗水量减少的主要原因。

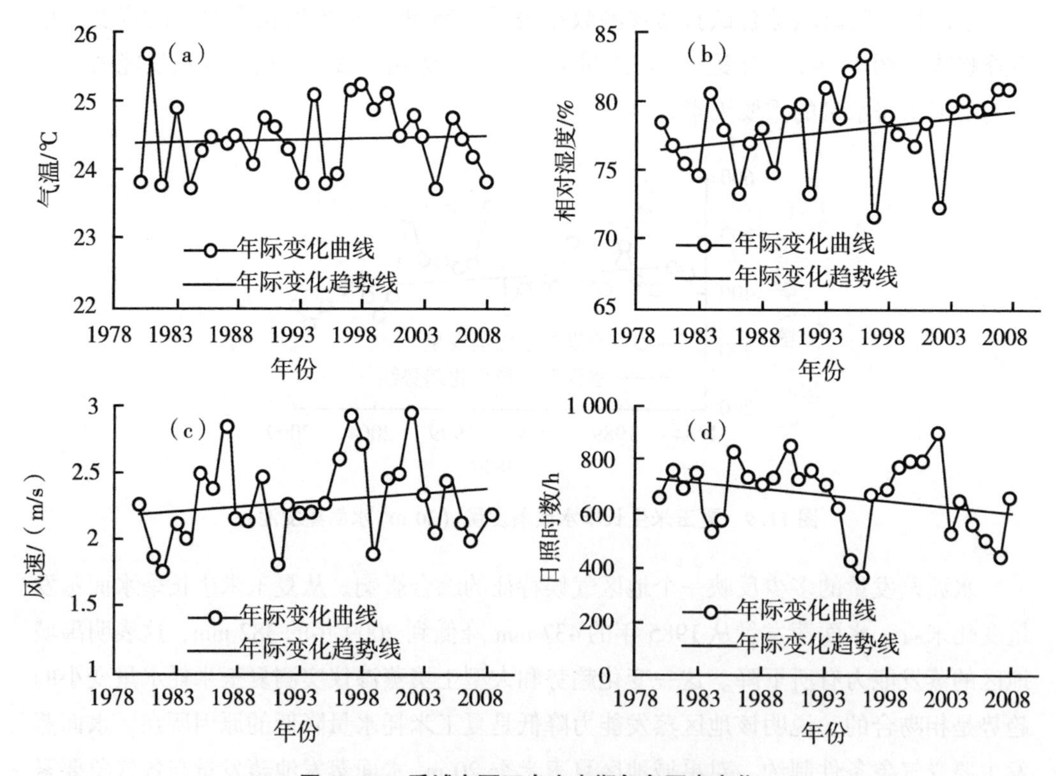

图 11.10 禹城市夏玉米生育期气象要素变化

华北平原夏玉米耗水量与平均气温、平均风速、相对湿度和日照时数的同步分析表明，夏玉米的耗水量变化趋势与日照时数减少和相对湿度增加趋势相一致。日照时数减少和相对湿度增加是夏玉米耗水量下降的主要原因。

气温和风速年际变化很小，故对作物耗水量增减的影响很小。这和其他研究认为日照时数是影响作物耗水量变化趋势的重要因素是相一致的。

11.4.7　小结

近 50 年来，随着华北平原夏玉米单位面积产量的逐年提高，作物耗水量并没有增加，反而呈下降趋势。夏玉米耗水量大体变化在 300～400 mm，平均为 350 mm 左右。

近 50 年来，华北平原夏玉米单产水平大幅度提高，使得水分利用效率也大幅度提高。夏玉米水分利用效率从 20 世纪 50 年代的 3.72 kg/（hm^2 · mm）提高到 21 世纪初的 23.36 kg/（hm^2 · mm）。

近 50 年来，华北平原夏玉米耗水量下降趋势和该地区大气蒸发能力减弱趋势相一致。夏玉米生长期间大气相对湿度增加和日照时数减少是蒸发能力减弱的主因，进而导致作物耗水量呈现下降趋势。

近 50 年来，华北平原夏玉米耗水特性的变化以及水分利用效率的大幅提高，不仅和气象条件的变化有关，而且还与作物品种改良、肥料投入的变化等有关。

近 50 年来，华北平原夏玉米耗水量与夏玉米产量分析表明：夏玉米耗水量不因产量增加而增加。夏玉米籽粒产量增加的同时，夏玉米耗水量反而呈下降趋势。

11.5　夏玉米耗水日变化

基于测量精度为 0.02 mm 的水力称重式土壤蒸发器，才能测量玉米耗水的日变化规律，在玉米主要生育期，选择典型天气，在玉米抽雄期至乳熟期，进行了 5 次昼夜连续观测，每日 7：00—21：00，每 2 h 观测 1 次。同时对气象要素进行观测。

11.5.1　玉米抽雄期耗水量日变化规律

图 11.11 是玉米抽雄期 2 次观测结果。由图可知，玉米抽雄期耗水量日变化规律基本一致，有明显的单峰型变化规律。在日出以后蒸发速度加快，11：00 后剧增，到 13：00 出现最大值，而后又骤降。在晴天情况下，太阳下山以后便出现凝结水，蒸发量出现负值。

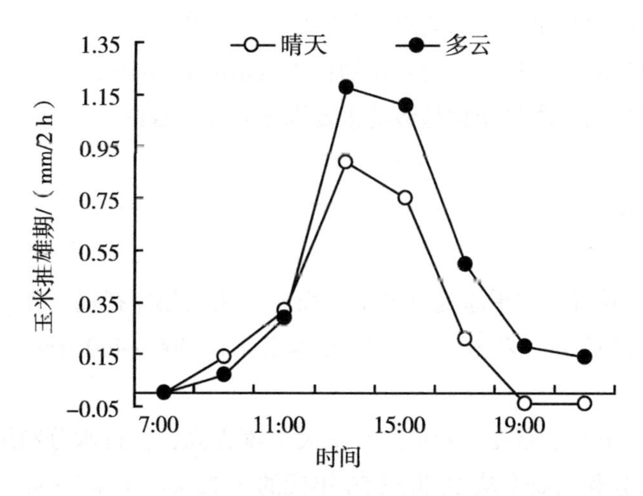

图 11.11　玉米抽雄期耗水量日变化过程

11.5.2　玉米与大豆、棉花生育盛期耗水量日变化

1981 年对 C_4玉米和 C_3棉花和 1982 年 C_4玉米和 C_3大豆的耗水量日变化过程进行了比较研究（图 11.12）。

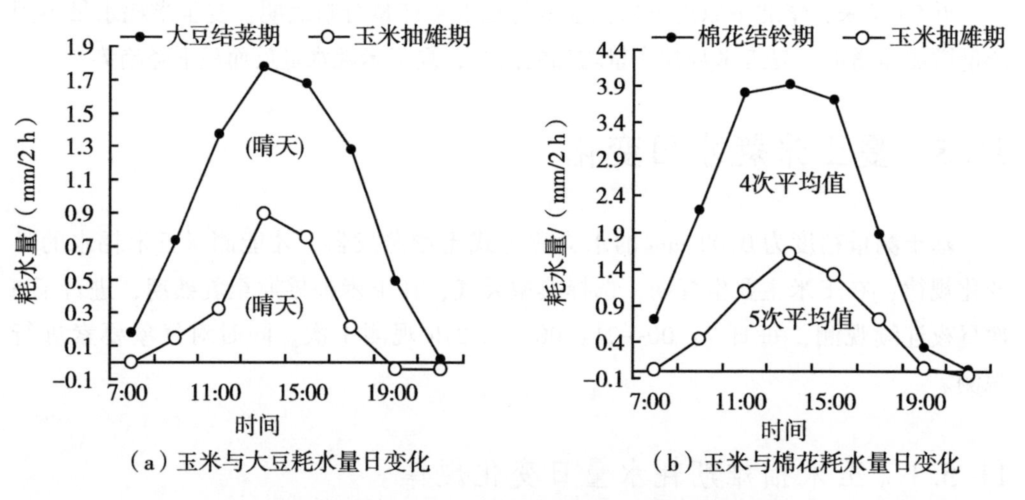

（a）玉米与大豆耗水量日变化　　（b）玉米与棉花耗水量日变化

图 11.12　玉米与大豆、棉花生育盛期耗水量日变化过程

1981 年，在玉米抽雄期至乳熟期，共进行了 5 次昼夜连续观测；在棉花结铃期，共进行了 4 次昼夜连续观测，每 2 h 观测 1 次，2 种作物均处于生育盛期。图 11.12（b）是由玉米 5 次昼夜连续观测平均值和棉花 4 次昼夜连续观测平均值绘制而成。玉米为 C_4植物，需水较小；棉花为 C_3植物，需水较大。结果表明，棉花生育盛期耗水量日变化，全天均高于玉米。从日耗水量来看，C_3棉花平均日

耗水量 16.36 mm/d，C_4 玉米为 5.13 mm/d，棉花平均日耗水量比玉米高 2.19 倍。

玉米为典型 C_4 植物，大豆是典型 C_3 植物，是许多学者都利用这 2 种植物比较研究 C_4 植物、C_3 植物生物学特性的材料。图 11.12（a）比较 2 种作物在生育盛期，在晴天条件下的耗水差异。结果表明，C_3 植物大豆白天的耗水量远远高于 C_4 植物玉米耗水量，C_3 植物大豆为 7.51 mm，C_4 植物玉米耗水量为 2.23 mm，大豆耗水量比玉米高 2.37 倍。

11.6　不同土壤水分条件下夏玉米耗水量

在 1985 年以前，夏玉米耗水量主要采用了 3 种测定仪器：即水力称重式土壤蒸发器、自动供水式土壤蒸发器和注水式土壤蒸发器。这 3 种蒸发器的土壤水分条件不一样；水力称重式土壤蒸发器内的土壤水分条件与农田大体一致，器内外的土壤水分误差不超过 2 %，观测资料能代表农田耗水量；自动供水式土壤蒸发器 0~50 cm 土层内的含水量，平均值在田间持水量的 70 %~80 %，观测资料可以代表生长在适宜土壤水分条件下的玉米耗水量；注水式土壤蒸发器的土壤水分含量保持在田间持水量 90 %~100 %，能代表充分湿润条件下的玉米耗水量，也可作为玉米生育期的最大可能蒸发量。

1982 年，进行 3 种土壤水分处理：田间持水量 90 %~100 %、田间持水量 70 %~80 %和雨养。田间持水量 90 %~100 %为充分供水玉米耗水量，是由注水式土壤蒸发器测定的，即每日傍晚测量，并向器内注入适量水分，由加水量和渗漏量计算耗水量；田间持水量 70 %~80 %为适宜水分玉米耗水量，由自动供水式土壤蒸发器测定，0~60 cm 土壤水分保持在田间持水量的 70 %~80 %；自然降水条件的夏玉米耗水量，也是采用自动供水式土壤蒸发器测定，耗水量是根据蒸发器内的起始与结束时的土壤水分变化与降水量决定。

由于当年玉米生育期降水量较多，夏玉米生育期降水量达 455.5 mm，完全能满足玉米的需水要求。雨养条件下的耗水量为 374 mm；土壤水分占田间持水量的 70 %~80 %条件的耗水量为 392 mm；充分供水条件下的耗水量达 514.9 mm。

结果表明，随着土壤含水量的减少，玉米耗水量也相应随之减少（表 11.4）。

玉米于 1982 年 6 月 4 日播种，9 月 10 日收割，根据测定，雨养条件下，0~100 cm 土壤蓄水起始值为 278 mm，收获时为 361.99 mm，表示土壤水分有剩余，生育期多保蓄水分 83.9 mm。

由于当年降水量较多，夏玉米生育期降水量达 455.5 mm，完全能满足玉米的需水要求，故雨养条件下玉米耗水量最少，为 371.6 mm，产量最高。

表 11.4　不同土壤水分条件下夏玉米耗水量和最高产量（山东禹城）

要素	占田间持水量/%		
	自然降水	70~80	90~100
耗水量/mm	371.6	392	514.9
最高产量/（kg/hm^2）	9 000	8 171	8 910

根据多年实测平均值分析，夏玉米耗水量为 357.8 mm，同期降水量为 471 mm，降水大于需水，降水量完全可以满足玉米需水要求。但因降水分配不均匀，在某些生育期仍感到水分亏缺，尤其是 5 月下旬至 6 月上旬的缺水，影响玉米苗期生长。但 7 月、8 月水分有余，玉米生育盛期正好与降水期相吻合，有利于玉米的生长发育。

1990 年在河南新乡曾对不同土壤水分下限条件的玉米生育状况及其耗水量进行试验。结果表明，夏玉米各生育期对土壤水分要求不同，因此，不同土壤水分下限对夏玉米的生长和耗水量的影响也不同，根据资料整理于表 11.5。

表 11.5　不同土壤水分下限时的玉米耗水量　　单位：mm

生育期	占田间持水量/%			
	50	60	70	80
幼苗期	77.9	85.1	99.8	113.3
拔节期	42.9	52.4	56.7	109.2
抽雄期	63	60.6	56	56.9
灌浆期	42.9	53	75.9	145.1
全生育期	226.7	251.7	288.4	424.5

夏玉米苗期植株矮小，生长缓慢，对土壤水分要求不严格。在不同土壤水分下限时，株高、叶面积差异不很明显，只有土壤水分占田间持水量 50 %处理的生长量明显减少，其他几个处理几乎一样。但耗水量差异比较大，土壤水分在田间持水量的 80 %、70 %、60 %、50 %时，耗水量分别为 113.3 mm、99.8 mm、85.1 mm 和 78 mm，高低相差 35.3 mm。这是由于玉米株行距较大，土壤裸露，土壤蒸发量占主导地位，因此，水分含量高的土壤，水分易从地表逸散入大气。夏玉米进入拔节期，是营养体迅速生长时期，干物质积累较快，雌穗开始分化。叶面积指数 2~2.8，要求适宜的土壤水分。由于土壤水分的差异，玉米的株高、单株叶面积、叶面积系数都有很大差别，耗水量差异尤为显著，分别为 109.2 mm、56.7 mm、52.4 mm 和 42.9 mm，最高与最低相差 1.55 倍，足见玉米耗水量与土壤水分含量和生长状况有密切关系。玉米抽雄后，茎叶生长停止，叶面积指数为 4~4.6，叶面蒸腾达最高峰。夏玉米进入开花、授粉、结实阶段，体内新陈代谢旺盛，对土壤水分反应敏感，是玉米需水临界期。从抽雄期和灌浆期的资料

来看，不同土壤水分条件下的玉米耗水量差距加大，进入灌浆期后，土壤水分在田间持水量 80 %时的耗水量为 145. 1 mm，而占田间持水量 50 %时耗水量仅为 42. 9 mm，前者比后者大 2. 38 倍。从全生育期的耗水量来看，4 种水分条件的耗水量分别为 424. 5 mm、288. 4 mm、251. 7 mm 和 226. 7 mm。

从多数试验资料来看，玉米各生育期的适宜土壤含水量要求各不相同，苗期应在田间持水量的 60 %以上，拔节期为 70 %，抽雄期应为 70 %~80 %，灌浆期同土壤水分保持在田间持水量的 70 %为宜。

11. 7　华北平原玉米耗水量的空间变化特征

对华北平原玉米需水量进行了估算，并参照各地有关玉米耗水量试验资料，绘制了夏玉米耗水量分布图（程维新，1994）。由图 11. 13 可知，在华北平原地区夏玉米耗水量为 300~400 mm。

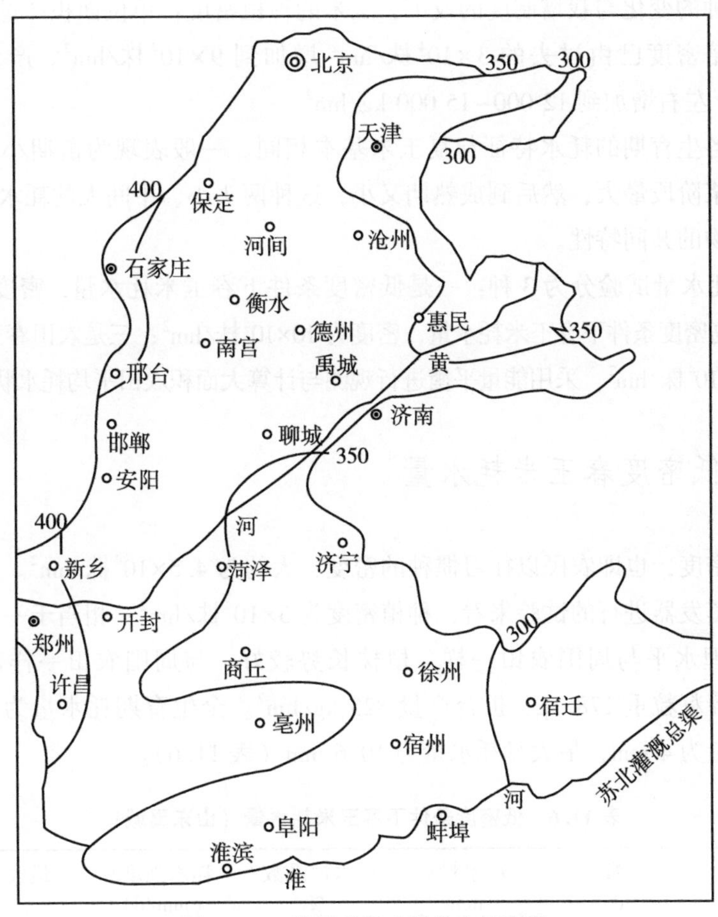

图 11. 13　夏玉米耗水量分布示意图

华北平原玉米耗水量的空间变化特征：西部高，东部低，由东向西耗水量逐渐递增。在天津—沧州—禹城—聊城—菏泽—商丘—亳州以西广阔地带，夏玉米耗水量为350~400 mm；徐州—宿州—蚌埠以东地区，夏玉米耗水量为300 mm左右。由于夏玉米整个生育期处于雨季，水分条件较好，地区间差异不太明显。太行山前平原夏玉米耗水量较高，约为400 mm，渤海滨海平原和苏北平原，夏玉米耗水量较低，约为300 mm，黄淮海平原大部分地区的夏玉米耗水量约为350 mm，地区间最大差异也只有100 mm。

11.8 玉米耗水量

随着种植制度的改革，黄淮海平原两年三作制的面积逐渐减少，一年两熟制的面积不断扩大，因此，春玉米种植面积也在减少。黄淮海平原由于水资源紧缺，特别是华北平原的黑龙港地区，有可能恢复两年三作制的种植模式。

随着品种的变化与栽培制度的改革，玉米的种植密度：单位面积产量都有很大提高。玉米栽培密度已由过去的 3×10^4 株/hm^2 增加到 9×10^4 株/hm^2。产量由过去的3 000 kg/hm^2左右增加到12 000~15 000 kg/hm^2。

春玉米各生育期的耗水特征与夏玉米基本相同。一般表现为苗期小，生育盛期大，抽雄灌浆阶段最大，然后到成熟期又小，这种两头小、中间大的耗水规律，是大多数栽培植物的共同特性。

春玉米耗水量试验分为3种：一是低密度条件下春玉米耗水量，密度为 5×10^4 株/hm^2；二是高密度条件下春玉米耗水量，密度为 10×10^4 株/hm^2；三是农田春玉米耗水量，密度为 $8.6.\times10^4$ 株/hm^2，采用能量平衡进行观测与计算大面积农田平均耗水状况。

11.8.1 低密度春玉米耗水量

所谓低密度，也即农民以往习惯种的密度，大约为 4.5×10^4 株/hm^2。从采用水力称重式土壤蒸发器进行的试验来看，种植密度为 5×10^4 株/hm^2；相当于一般农田的栽培株数。管理水平与周围农田一样，植株长势较好，与周围农田一样茁壮，株高2.15 m，单棒籽粒重178.5g，折合产量825 kg/hm^2。全生育期耗水量为427.1 mm，平均日耗水量为4 mm，最大日耗水量为10.6 mm（表11.6）。

表 11.6　低密度条件下春玉米耗水量（山东禹城）

生育期	天数/d	耗水量/mm	耗水模系数/%	耗水强度/(mm/d)	最大日耗水量/mm
幼苗期	30	94.1	21.6	3.1	5.3

续表

生育期	天数/d	耗水量/mm	耗水模系数/%	耗水强度/(mm/d)	最大日耗水量/mm
拔节期	15	49.6	11.4	3.3	6
抽雄期	16	56.3	14.8	3.5	7.3
灌浆期	26	144.1	33.1	5.5	10.6
成熟期	20	83	19.1	4.2	6.7
全生育期	107	427.1	100	4	10.6

11.8.2　高密度春玉米耗水量

高密度种植密度为 10×10^4株/hm^2，相当于当地高产农田的栽培株数。株高 2.3～2.4 m，单棒重 102.8～170.4 g，折合产量 13 885 kg/hm^2。全生育期耗水量为 483.7 mm，平均日耗水量为 4.5 mm，耗水量最大值出现在灌浆期，其值为 174.5 mm，平均日耗水量为 6.7 mm，最大日耗水量为 10.9 mm（表 11.7）。

表 11.7　高密度条件下春玉米耗水量（山东禹城）

生育期	天数/d	耗水量/mm	耗水模系数/%	耗水强度/(mm/d)	最大日耗水量/mm
幼苗期	30	94.8	19.6	3.2	5.6
拔节期	15	54.6	11.3	3.6	5.4
抽雄期	16	63.1	13	3.9	9.3
灌浆期	26	174.5	36.1	6.7	10.9
成熟期	20	96.5	20	4.8	8.7
全生育期	107	483.5	100	4.5	10.9

11.8.3　能量平衡法计算的春玉米农田耗水量

采用能量平衡观测与计算的春玉米农田耗水量，可以表示大面积农田平均耗水状况。观测日期从 1989 年 5 月 29 日至 9 月 11 日，每日观测 5 次（每次间隔 3 h），然后用面积积分法计算出一日的蒸发总量，同时观测降水量。

从其不同生育期的日变化过程看，其日变化是很有规律的，呈单峰形变化曲线形式，而且随着玉米的生长发育，蒸发量数值也是各不相同的。在玉米发育盛期，如授粉期（7 月 29 日）和鼓粒期（8 月 14 日）蒸发量最大，日蒸发量分别为 5. 7 mm 和 5. 4 mm，其次是抽雄期间（如 7 月 15 日）日蒸发量为 5. 1 mm，在幼苗期（如 6 月 14 日）和成熟期（如 9 月 6 日）蒸发量都较小，日蒸发量分别为 4 mm 和 3. 6 mm。

从 5 月 29 日至 9 月 11 日玉米成熟收割，各月蒸发耗水总量和全生育期的蒸发耗水总量列于表 11. 8。

表 11. 8　能量平衡计算的春玉米农田耗水量　单位：mm

要素	5 月	6 月	7 月	8 月	9 月	全生育期
月蒸发量	11. 7	114. 6	136. 7	139. 7	37. 4	439. 9
日均蒸发量	3. 9	3. 8	4. 4	4. 5	3. 8	4. 1
降水量	0	30. 5	175. 9	2. 3	6. 6	215. 3
蒸发—降水	11. 7	84. 1	−39. 2	137. 4	30. 8	224. 6

在春玉米生长最旺盛的 7—8 月耗水量最大，各占生育期 30. 8 %和 31. 5 %。各月的降水量，除 7 月超出蒸发量 39. 2 mm 外，其他月份均不能满足玉米蒸发耗水需要，整个生育期的降水量比蒸发耗水量少 228. 7 mm，降水量仅占蒸发耗水量的 48. 5 %。

11. 8. 4　植株密度对耗水量的影响

主要比较春玉米高密度与低密度的测定结果。2 种玉米密度相差 1 倍（表 11. 9），在这种特殊的情况下，春玉米耗水量差异是否随种植密度增加而增加？高密度与低密度的玉米各生育期的耗水量如何变化？

表 11. 9　3 种密度条件下耗水量

要素	低密度	高密度	试验农田
平均株高/m	2. 15	2. 25	2. 27
密度/（$\times 10^4$株/hm^2）	5	10	8. 6
平均单棒重/g	178. 5	136. 6	115
产量/（kg/hm^2）	8 925	1 8 85	9 855
水量/mm	427. 1	483. 4	439. 9
水分利用效率/［kg/（hm^2·mm）］	20. 9	28. 7	22. 4

从耗水量来看，全生育期耗水量高密度为 483. 4 mm，低密度为 427. 1 mm，高密度的耗水量仅比低密度高 11. 2 %；从产量来看，平均单棒重量低密度为 178. 5 g，高

密度 136.6 g，低密度的单棒重量比高密度高 30.67 %，但由于种植密度的差异，高密度的单位面积产量达 13 885 kg/hm^2，低密度的单位面积产量为 8 925 kg/hm^2，高密度的单位面积产量比低密度高 55.6 %；从水分利用效率来看，高密度的水分利用效率达 28.7 kg/（hm^2 · mm），低密度为 20.9 kg/（hm^2 · mm），相差 37.3 %。

从玉米高密度与低密度比较研究中发现，在玉米密度增加 1 倍的情况下，两者仅相差 56.9 mm，耗水量差异不明显。

11.8.5　玉米高密度与低密度耗水量比较

从玉米高密度与低密度不同生育期耗水量比较来看（图 11.14），幼苗期植株很小，大部土地裸露，农田耗水量以土壤表面蒸发为主，幼苗期耗水量几乎没有差别，仅差 0.8 mm；拔节期—抽雄期，耗水量差异也不大，这个阶段叶面积指数较小，耗水量差异为 5 mm 和 6.8 mm；只是进入生育盛期后，农田耗水量以蒸腾为主，蒸腾耗水量约占农田总耗水量的 80 %，灌浆期差异最大，为 30.4 mm；进入蜡熟期，高密度耗水量比低密度高 12.5 mm；全生育期高密度耗水量为 483.5 mm，低密度耗水量为 427.1 mm，相差 11.2 %。

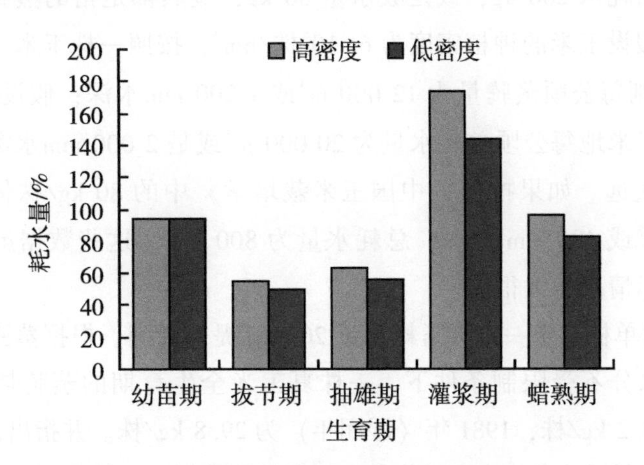

图 11.14　玉米生育期高密度与低密度耗水量

作物消耗的水量，同种植密度和产量不是都成正比的。生长不良的与生长良好的耗水量差异不会太大。应当在栽培技术、作物品种和培肥地力上下功夫，保证有限的水分获得最大的收成。

11.9　单株玉米耗水量

关于玉米的水分利用效率问题，在有关玉米需水量的文献中，都把玉米列为耗水较多的作物，一株玉米一生要消耗水 200 kg，这是不正确的。根据作者多年的试验研究，一株春玉米，一生所消耗的水分不足 100 kg，夏玉米耗水量更少，一株玉米一生耗水量也只有 60~80 kg。其实，玉米是一种需水量少，水分利用效率相当高，非常省水的 C_4作物。玉米并不是耗水较多的作物，相反，玉米实际上属于耗水较少的作物。

11.9.1　一株玉米一生需要消耗多少水

一株玉米一生要消耗多少水？这是涉及作物的蒸腾系数、蒸腾效率、耗水量估算和生物节水等诸多问题。一株玉米一生究竟需要消耗多少水，很多研究对此问题的答案不同。国内外许多著作中常常引用一株玉米一生要消耗水 200 kg 这一数据，例如在王忠主编的《植物生理学》（2004 年版）中“植物蒸腾作用”一节指出：“据估算，一株玉米一生需耗水 200 kg 以上”。而在郭庆法等主编的《中国玉米栽培学》认为：“一株玉米一生的吸水量约 80 kg，其中 99 %左右在蒸腾过程中散失”。很显然，郭庆法等这里指的是蒸腾耗水量，不包括棵间土壤蒸发量。无论是一株玉米一生需耗水 200 kg，或是吸水量 80 kg，显然都是指的蒸腾耗水量，两者相差 2.5 倍。假设玉米的种植密度为 $6×10^4$株/hm^2，按照一株玉米一生蒸腾耗水量为 200 kg 计，则每公顷蒸腾量为 12 000 m^3或 1 200 mm水深；假设蒸腾量/蒸散量为 0.6 计，则玉米地每公顷总耗水量为 20 000 m^3或是 2 000 mm水深。这些数据与实际情况差距太远。如果按照《中国玉米栽培学》中的 80 kg/株估算，每公顷蒸腾量为 4 800 m^3或 480 mm 水深，总耗水量为 800 mm，这些数据虽然比前者小很多，但也比实际情况偏大很多。

程维新曾对单株玉米一生蒸腾耗水量 200 kg 提出疑问。根据蒸腾耗水量的实际测定，在土壤水分不受限制条件下，一株夏玉米全生育期的蒸腾耗水量，1980 年（偏旱年）为 34.2 kg/株，1981 年（湿润年）为 29.8 kg/株。并指出，玉米是一种耗水量较少，水分利用效率相当高的作物。根据试验数据，一株夏玉米的总耗水量不会超过 80 kg，一株春玉米一生的总耗水量（包括蒸腾量和棵间蒸发量）也不会超过 100 kg。

那么，一株玉米一生需要消耗多少水？这是一个值得探讨的问题。利用中国科学院禹城综合试验站长期的玉米农田蒸发研究资料，分析了玉米一生的总耗水量和蒸腾耗水量，其结果有助于对单株玉米耗水量的认识。我国有关研究单位和高校，有关玉米耗水量资料也很丰富，为评价单株玉米耗水量提供了依据。

采用水力称重式土壤蒸发器测定，夏玉米单株耗水量 60~80 kg/株，春玉米耗水量 50~100 kg/株（表 11.10）。

表 11.10　单株夏玉米总耗水量测定结果

年份	作物	单株耗水量/kg	耗水量/mm	地点
1961	夏玉米	66	330	山东德州
1964	夏玉米	61.6	308	北京北郊
1980	夏玉米	74.6	373	山东禹城
1981	夏玉米	66.6	333	山东禹城
1982	夏玉米	74.4	372	山东禹城

11.9.2　春玉米单株耗水量

由于中国科学院禹城综合试验站位于鲁西北平原，该地区以小麦—玉米一年两作为主，春玉米试验观测资料较少，只进行了 1 年 3 个密度的试验。另外 1966 年笔者在陕西延安进行过 1 次观测（表 11.11）。

表 11.11　单株春玉米总耗水量测定结果

年份	种植密度/（株/hm^2）	耗水量/（kg/株）	产量/（kg/hm^2）	地点
1966	$5×10^4$	98	8 000	陕西延安
1989	$5×10^4$	87	8 925	山东禹城
1989	$8.5×10^4$	51.4	9 848	山东禹城
1989	$10×10^4$	48.3	13 665	山东禹城

由表 11.11 可知，单株春玉米耗水量与种植密度密切相关，密度越大单株春玉米耗水量越小。密度为 $5×10^4$ 株/hm^2 的单株玉米总耗水量达 98 kg/株（延安）和 87 kg/株（禹城）。$8.5×10^4$株/hm^2 为 51.4 kg/株，$10×10^4$株/hm^2 为 48.3 kg/株。

我国春玉米耗水量大部分地区为 450~550 mm，折合单株耗水量为 75~92 kg/株。

11.9.3　夏玉米单株耗水量

中国科学院禹城综合试验站夏玉米耗水量资料较多，观测仪器主要有水力称重式土壤蒸发器和大型蒸渗仪，部分观测结果列于图 11.15。单株夏玉米总耗水量最大值为 77.5 kg/株，最小值为 49.8 kg/株，平均值为 61.5 kg/株。

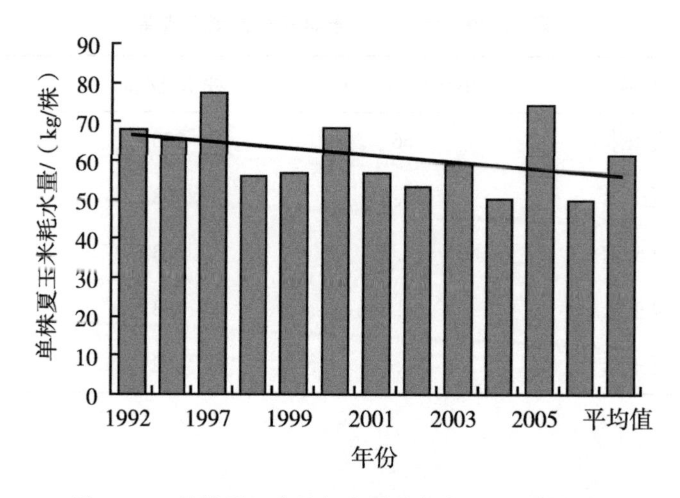

图 11.15　单株夏玉米总耗水量测定结果（山东禹城）

11.9.4　夏玉米单株蒸腾耗水量

单株玉米蒸腾耗水量采用水力称重式土壤蒸发器观测，测量精密度为 0.02 mm 水深。水力称重式土壤蒸发器安装在农田中央，相对土壤含水量在 70 %左右，它能真实地反映生长在自然条件下的玉米耗水特征。

玉米蒸腾耗水量观测进行了 2 年。1980 年偏旱年，玉米蒸腾量为 171 mm，折算成单株玉米蒸腾耗水量为 34.2 kg/株。1981 年偏湿润，蒸腾量为 149 mm，折算成单株玉米蒸腾耗水量为 29.8 kg/株（表 11.12）。

表 11.12　单株夏玉米蒸腾量测定结果（山东禹城）

年份	总耗水量/mm	蒸腾量/mm	单株蒸腾量/（kg/株）	单株总耗水量/（kg/株）	蒸腾/总耗水/%
1980	330	171	34.2	66	51.82
1981	292	149	29.8	58.4	51.03

11.9.5　玉米蒸腾量占总耗水量的比例

作物蒸腾耗水是农田水分主要支出量，也是农田水量平衡的重要组成部分。通过对作物蒸腾耗水规律的研究，不仅可以阐明作物自身的耗水特性及其与外界环境条件的关系，而且也可为水平衡计算和植物水分控制提供依据。

在土壤—植物—大气系统中，植物的蒸腾过程起着纽带作用，相当明显地反映出植物水分消耗与生物特性和环境因子的关系。有关植物蒸腾的研究，一直得到植物学家、植物生理学家、生态学家和气象学家的重视，他们从不同的角度，用多种方法进行过大量的研究。

研究栽培在自然条件下的作物蒸腾是很复杂的。在多种测定方法中，各有其特点，也存在不足之处。衡量一种测定方法是否适用，主要看所获得的资料是否具有代表性，是否能真实地反映农田作物的实际耗水状况。

采用 ГПИ-51 型水力称重式土壤蒸发器测定玉米的蒸腾量，这也是在测量方法上的一次尝试。通过几年的实践，这种方法是可行的。这种方法的优点是可以使作物与外界环境保持一致，所获得的资料能反映出生长在自然条件下的作物群体耗水特性。由于 ГПИ-51 型水力称重式土壤蒸发器测量精度达 0.02 mm，不仅可以取得全生育期蒸腾量，而且还能测出日变化过程，这对于深入了解作物的蒸腾机制是很有利的。

研究测定，玉米蒸腾耗水量约占总耗水量的 1/2。但玉米各生育期的耗水量相差很大，总的来说是两头小、中间大（图 11.16）。从图中可以看出，玉米蒸腾耗水有 2 个峰值，分别处在抽雄期和灌浆期。

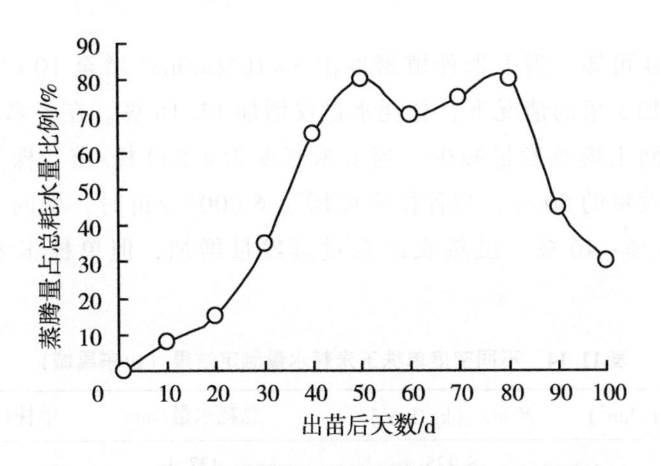

图 11.16　夏玉米蒸腾量占总耗水量的比例（山东禹城）

玉米蒸腾量与棵间蒸发量互为消长。在玉米苗期，由于植株幼小、地面裸露大，以棵间蒸发为主，苗期的蒸腾量约占总耗水量的 10 %。随着植株叶面积系数增大，蒸腾耗水也逐渐大于棵间蒸发，从拔节期至乳熟期，蒸腾量占总耗水量的 70 %~80 %。到玉米快成熟时，叶子枯黄，生理活动减弱，蒸腾量相应减少。玉米蒸腾耗水量变化基本上与叶面积系数变化相一致。

根据中国科学院禹城综合试验站对夏玉米蒸腾量和总耗水量的逐日观测资料，全生育期蒸腾耗水量占总耗水量的比值变化为 51.03 %~51.82 %，平均值为 51.43 %。根据王健等 2001—2004 年观测资料，蒸腾量占总耗水量的比值为 47.48 %~56.73 %，平均值为 53.1 %。两者测定结果差异较小，在计算单株玉米蒸腾耗水量时，即使按蒸腾量占总耗水量 60 %计算，单株玉米蒸腾耗水量最大值也只有 46.5 kg/株，平均值为 37.6 kg/株（表 11.13）。

表 11.13　单株玉米总耗水量、蒸腾量

要素	最大值	最小值	平均值
总耗水量/mm	442.2	283.9	357.3
单株耗水量/（kg/株）	77.5	49.5	62.6
单株蒸腾量/（kg/株）	46.5	29.7	37.6

11.9.6　种植密度对单株玉米耗水量的影响

1989 年进行玉米 3 个种植密度处理，其中 5×10^4株/hm^2 和 10×10^4株/hm^2，由水力蒸发器测定，8.5×10^4株/hm^2 为大田种植水平，由热量平衡法测定。玉米品种为掖单 14 号。

由表 11.14 可知，当玉米种植密度由 5×10^4株/hm^2 增至 10×10^4株/hm^2 时，在种植密度增加 1 倍的情况下，总耗水量仅增加 13.18 %。在玉米种植密度增加的情况下，棵间土壤蒸发量减少。当玉米密度为 4 500 株/亩，棵间蒸发量约占玉米田间总蒸发量的 50 %；当种植密度增至 6 000株/亩时，棵间土壤蒸发量占总蒸发量的 35 %~40 %。虽然农田总量蒸发量增加，但单株玉米的耗水量却减少。

表 11.14　不同密度单株玉米耗水量测定结果（山东禹城）

种植密度/（10^4株/hm^2）	产量/（kg/hm^2）	总耗水量/mm	单株耗水量/（kg/株）
5	8 925	427.1	87
8.5	9 848	439.3	51.4
10	13 665	483.4	48.3

11.9.7　土壤水分状况对单株玉米耗水量的影响

土壤水分状况对单株玉米耗水量有较大的影响。当土壤相对含水量较低时，单株耗水量随土壤水分含量增高而增加，土壤湿度为 70 %时最高，而后下降。

土壤湿度大于 60 %时，单株玉米耗水量最大差异仅为 3.7 %。只有土壤相对含水量低于 50 %时，才会对单株玉米耗水量产生较大影响（表 11.15）。

表 11.15　不同土壤湿度单株玉米耗水量测定结果

土壤湿度（/%FC）	单株耗水量/（kg/株）	与最大值比较/%
40	50.8	61.88
50	73.7	89.77
60	80.5	98.05
70	82.1	100
80	80.7	98.3
90	79.2	96.47

11.9.8　我国单株玉米耗水量时空变化特征

根据我国玉米种植密度的变化以及玉米耗水量的测定结果（山东禹城），估算了我国单株玉米耗水量的变化。

由于我国玉米种植密度的增加单株玉米耗水量也逐渐减少。单株玉米耗水量从 20 世纪 50—60 年代的 103 kg/株，逐年下降到 90 年代的 59.6 kg/株（表 11.16）。根据 2000—2006 年夏玉米耗水量测定，单株平均值为 59 kg/株，估算值与大型蒸渗仪测定值一致。

表 11.16　我国单株玉米耗水量变化趋势

要素	20 世纪 50—60 年代	20 世纪 70 年代	20 世纪 80 年代	20 世纪 90 年代后期
密度/（10^4株/hm^2）	3	3.75	5.34	6
总耗水量/mm	309	309	330	357.3
单株耗水量/kg	103	103	88	59.6

表 11.17 资料由大型蒸渗仪测定。大型蒸渗仪面积为 31.4 m^2，深度为 5 m，测量精密度为 0.02 mm 水深。由于面积大，夏玉米可以种植 25 株左右，这就使植株数量、植物结构、生理生态特征能与周围农田保持一致。由于玉米品种的更替，器内种植密度也作了相应调整。

由表 11.17 可知，2005 年种植丹玉 86 号玉米，单株玉米的需水相应增加到 74.6 kg。2000—2006 年单株总耗水量平均值为 58.5 kg/株。

表 11.17 夏玉米总耗水量测定结果（山东禹城）

年份	密度/（10^4株/hm^2）	单产/（kg/hm^2）	耗水量/mm	单株耗水量/kg
2000	5.7	5 700	391	68.7
2001	5.7	6 741	335	58.8
2002	5.7	5 016	303	53.2
2003	5.7	8 580	338	59.3
2004	7.3	8 186	367	50.2
2005	4.8	7 695	357.9	74.6
2006	5.7	5 885	283.9	49.8
平均值	5.8	6 829	339.5	59.2

综合我国各地春玉米试验与估算资料（表 11.18），将春玉米总耗水量与蒸腾耗水量汇总于此。我国玉米耗水量的区域分布特征大体表现为南低北高，东低西高。最小值出现在长江流域以南地区，最大值出现在新疆吐鲁番、哈密等地。

单株玉米耗水量的时空变化，主要受气候条件的影响，偏干旱年份的单株耗水量比湿润年份高 15 %左右。而干旱地区的吐鲁番等地的玉米单株耗水量比湿润的长江流域增加近 1 倍。

表 11.18 我国典型地区单株春玉米总耗水量与蒸腾量　　单位：kg/株

地区	总耗水量	蒸腾量
长江流域	50~67	30~40
黄河流域	67~83	40~50
黄土高原	78~85	47~51
华北平原	58~75	35~45
内蒙古中西部	83	50
新疆	83~100	50~60
荒漠绿洲	78~92	47~55
松嫩平原	68~81	41~49

11.9.9 小结

根据玉米耗水量的试验研究，单株春玉米总耗水量（包括蒸腾量和棵间蒸发量）为 100 kg/株左右，蒸腾耗水量为 60 kg/株左右；华北平原夏玉米总耗水量为

50～80 kg/株，蒸腾耗水量为 30～40 kg/株。

根据我国玉米种植密度的变化，估算了单株玉米的总耗水量，由 20 世纪 50—60 年代的 103.1 kg/株逐年下降到 90 年代后期的 59.2 kg/株。根据 2000—2006 年夏玉米单株总耗水量测定结果，平均值为 59.1 kg/株，估算值与大型蒸渗仪测定值一致。

种植密度对单株玉米耗水量产生重大影响。当种植密度增加 1 倍时，总耗水量仅增加 13.18 %，而单株耗水量减少了 44.48 %。

只要土壤水分不出现长期干旱，土壤水分不会对单株玉米耗水量产生大的影响。

11.10　结论

根据 20 年测定结果，华北平原夏玉米需水量最高值为 442.4 mm，最低值为 299.7 mm，平均值为 352.1 mm；全生育期耗水强度为 3.93 mm/d；作物系数为 0.99。玉米水分利用效率：最高值为 29.38 kg/（hm^2 · mm），最低值为 14.57 kg/（hm^2 · mm），平均值为 20.64 kg/（hm^2 · mm）。夏玉米需水量年际变化呈下降趋势，水分利用效率呈上升趋势。

根据 50 年来华北平原夏玉米耗水规律分析，21 世纪初与 20 世纪 50 年代比较：夏玉米单产增长了 4.35 倍；夏玉米需水量基本没有变化，近 20 年呈下降趋势；水分利用效率增长了 5.3 倍。

50 年来，作物耗水量没有随华北平原夏玉米单位面积产量的逐年提高而增加，反而呈下降趋势。夏玉米需水量的多寡与种植密度和产量没有直接关系。

华北平原夏玉米耗水量下降趋势和该地区大气蒸发能力下降趋势相一致。夏玉米生长期间，大气相对湿度增加和日照时数减少，是蒸发能力减弱和夏玉米耗水量下降的主因。

春玉米高密度与低密度的测定结果表明。2 种玉米密度相差 1 倍，全生育期高密度耗水量为 483.5 mm，低密度耗水量为 427.1 mm，相差 11.2 %。由此可见，农田所消耗的水量，不是都与种植密度和产量成正比的。高密度与低密度的耗水量差异不会太大。

华北平原单株总耗水量（蒸腾量+棵间蒸发）春玉米为 66.7～83.6 kg/株；夏玉米为 49.8～77.5 kg/株，平均值为 61.5 kg/株。测定表明：单株夏玉米蒸腾量 34.2 kg/株（1980 年）、29.8 kg/株（1981 年）。全生育期蒸腾耗水量占总耗水量的比值变化在 51.03 %～51.82 %。即使按蒸腾量占总耗水量 60 %计算，单株玉米蒸腾耗水量最大值也只有 46.5 株/kg，平均值为 37.6 株/kg。单株夏玉米总耗水量年际变化也呈下降趋势。

第 12 章　高丹草需水量与水分利用效率

高丹草是一种省水、高产、优质 C_4牧草。我国对于高丹草的生物学特性和栽培技术等进行了大量研究，但对高丹草需水量研究还未见报道。本章以实测资料为基础，分析了高丹草需水量及其需水特征，提出了华北平原高丹草的作物系数。

12.1　前言

高丹草是高粱与苏丹草杂交的一种新型的 C_4禾本科饲料作物。高丹草将双亲的抗旱、耐涝、耐盐碱、再生能力强、适应性广等优良因子较完善的结合在一起，杂种优势十分强大。

高丹草另一个优良特性是营养生长期长，产量高；营养丰富，适口性好，消化率高(体外消化率比苏丹草高 15 %)。既可用于刈割，也可放牧；既可鲜喂，也宜调制成优质青贮料或晒制成青干草，广泛用于喂养各种畜禽和食草性鱼类（刘建宁 等，2011)。

高丹草的粗蛋白质含量高达 13 %，可消化的纤维素和半纤维素的含量增加，而难以消化的木质素含量则减少 40 %～60 %，消化率大大提高；高丹草光周期敏感，在南方约 180 d，北方为 165 d。苗期生长快，播种后 45 d 即可收割，这对于解决优质青饲料的供应紧张问题有着更为重要意义。

高丹草属于高光效 C_4植物，再生能力强，可多次刈割利用，在江淮流域 1 年可刈割 4 次，北方地区可刈割 2 次，生物产量比高粱和苏丹草高 50 %（王和平 等，2000)。

高丹草根系发达，抗旱、耐涝、耐盐碱、耐瘠薄、耐高温等抗逆性特强，适应区域十分广泛，热带、温带、亚寒带均可种植，茎叶柔软，营养含量充分，氰化物含量低，品质好，在畜牧业生产上有着广阔的开发利用前景（詹秋文 等，2001)。

12.2　高丹草试验品种和播种情况

高丹草 2005 年为春播，其他年份为夏播。供试品种主要有润宝和超级 2 号。夏播高丹草的前茬为冬牧 70 黑麦或中新 830 小黑麦，实行牧草一年两作。

由于润宝株型较矮，株高在 2 m 左右，生物产量较低，从 2006 年开始改种超级 2 号品种。超级 2 号株型较高，最高可达 4 m，生物产量更高。

高丹草播种方式：条播，播种行距 40 cm；刈割时间：在株高 140 cm 时刈割，留茬高度为 5 cm；收获 2 次。

12.3　春播高丹草需水量

春播高丹草只进行了 1 年试验，于 2005 年 4 月 27 日播种至 8 月 28 日收获，生育期 124 d（表 12.1）。

表 12.1　春播高丹草需水量

要素	幼苗期	分蘖期	拔节期	拔节期后期	全生育期
时段	04-27—05-05	05-06—06-06	06-07—06-27	06-28—08-28	04-27—08-28
天数/d	9	32	21	62	124
需水量/mm	17	76	167	311	570
水面蒸发量/mm	32.7	120.9	109.1	208.9	471.6
作物系数（Kc）	0.52	0.63	1.53	1.49	1.21
耗水强度/（mm/d）	1.9	2.4	7.9	5	4.6
耗水模系数/%	2.98	13.3	29.23	54.49	100

春播高丹草需水量分未刈割和刈割 2 种处理。未刈割高丹草需水量为 570 mm，需水强度为 4.6 mm/d，作物系数为 1.21；刈割高丹草需水量为 471.1 mm，需水强度为 3.89 mm/d，作物系数为 1.02（表 12.2）。

表 12.2　春播高丹草需水量

处理	天数/d	需水量/mm	水面蒸发量/mm	需水强度/（mm/d）	作物系数（Kc）
高丹草（未刈割）	124	570	471.1	4.6	1.21
高丹草（刈割）	124	481.7	471.1	3.89	1.02

12.3.1　春播高丹草需水规律

春播高丹草需水量随生育期而增长，基本上呈阶梯形变化（图 12.1）。幼苗期需水量最少，为 17 mm；然后逐渐增加，拔节期后期需水量最多，达 311 mm。

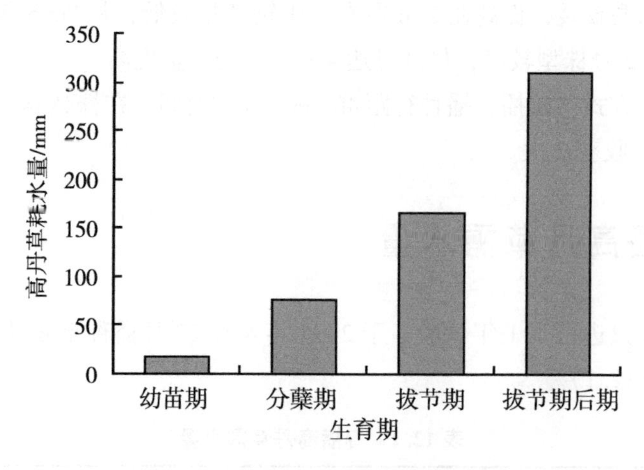

图 12.1 春播高丹草生育期需水量

12.3.2 春播高丹草耗水强度

春播高丹草的耗水强度苗期最小，只有 1.98 mm/d，然后逐渐递增，至拔节期达最大值，为 7.93 mm/d，拔节期后期耗水强度又开始下降，生育后期为 5.01 mm/d，全生育期耗水强度为 4.6 mm/d（图 12.2）。

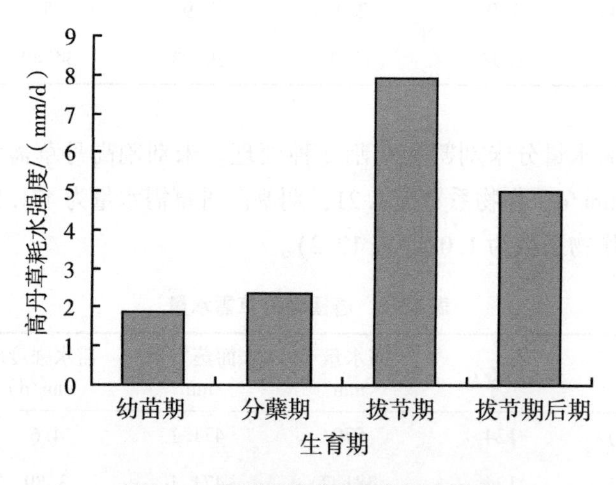

图 12.2 春播高丹草生育期需水强度

12.3.3 春播高丹草耗水模系数

耗水模系数主要与生育期长短有关。出苗期为 9 d，耗水量占 5.31 %，分蘖期为

32 d，耗水量仅占 12.79 %，但拔节期仅 22 d，耗水量却占 29.22 %，生育后期 62 d，耗水量占 54.48 %（图 12.3）。

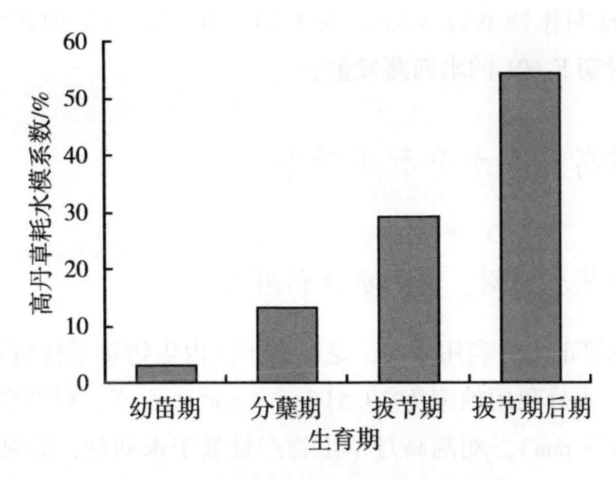

图 12.3　春播高丹草生育期耗水模系数

从经济、节水角度来看，如果高丹草拔节期刈割，耗水量占全生育期的 45 %左右，以获得较高生物量和水分利用效率。

12.3.4　春播高丹草作物系数

高丹草生育期作物系数（Kc）是根据实际测定的需水量（ET_C）和 E-601 水面蒸发器测定的水面蒸发量（ET_0）求得，即 $Kc = ET_C/ET_0$。

由图 12.4 可知，作物系数幼苗期为 0.52，分蘖期为 0.63，而进入拔节期，作物

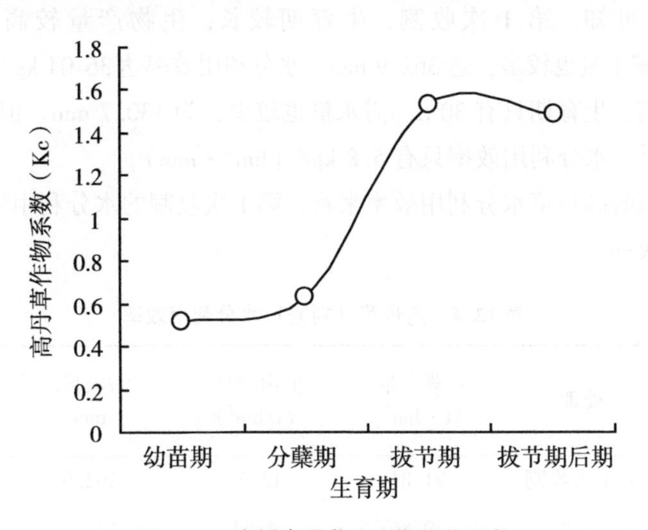

图 12.4　春播高丹草生育期作物系数

系数达 1.53，表明这个时期高丹草已进入需水高峰期，拔节期后期作物系数仍然较高，为 1.49。全生育期作物系数为 1.21。

高丹草全生育期作物系数（Kc）为 1.21；刈割高丹草的作物系数（Kc）为 1.02，相当于同时期 E-601 的水面蒸发量。

12.3.5 春播高丹草水分利用效率

12.3.5.1 高丹草未刈割、刈割水分利用效率

高丹草产量水平的水分利用效率，是根据小区内生物量采样资料与需水量求得。高丹草（未刈割）水分利用效率为 39.51 kg/（hm^2·mm），刈割高丹草水分利用效率 35.01 kg/（hm^2·mm）。刈割高丹草生物产量低于未刈割，但是需水量同样低于未刈割，因此，水分利用效率两者相差不大（表 12.3）。

表 12.3 高丹草未刈割、刈割水分利用效率

处理	鲜草产量/（t/hm^2）	生物产量/（t/hm^2）	需水量/（mm）	水分利用效率/［kg/（hm^2·mm）］
高丹草（未刈割）	148.89	22.52	570	39.51
高丹草（刈割）	132.45	16.86	481.7	35.01

12.3.5.2 高丹草两次刈割的水分利用效率

由表 12.4 可知，第 1 次收割，生育期较长，生物产量较高，生物产量达 12.72 t/hm^2，需水量也较多，达 362.9 mm，水分利用效率达 36.04 kg/（hm^2·mm）。

第 2 次收割，生育期只有 30 d，需水量也较少，为 130.7 mm，但生物产量较低，仅为 4.62 t/hm^2，水分利用效率只有 5.8 kg/（hm^2·mm）。

从 2 次刈割的高丹草水分利用效率来看，第 1 次收割的水分利用效率高于第 2 次收割水分利用效率。

表 12.4 高丹草（刈割）水分利用效率

刈割日期	处理	鲜草产量/（$t·hm^2$）	生物产量/（t/hm^2）	需水量/mm	水分利用效率/［kg/（hm^2·mm）］
07-29	第 1 次收割	91.81	12.72	362.9	36.04
08-28	第 2 次收割	39.86	4.62	130.7	5.8

12.3.5.3 高丹草不同生育期刈割的水分利用效率

未刈割的高丹草各生育期水分利用效率差异较大。拔节期前期水分利用效率最低，为 23.88 kg/（hm^2·mm）；拔节期后期，高丹草无论是鲜草产量或是生物产量达最大值（表 12.5），水分利用效率最高，达 93.51 kg/（hm^2·mm）；此后，鲜草产量或是生物产量均呈下降趋势，而累计需水量却大幅度增加，水分利用效率反而下降。

由此可见，高丹草最佳刈割时期应当在拔节期后期。

表 12.5 高丹草耗水量与水分利用效率（2005 年）

日期	生育期	鲜草产量/（t/hm^2）	生物产量/（t/hm^2）	需水量/mm	水分利用效率/[kg/（hm^2·mm）]
06-17	拔节期前期	22.62	3.82	160	23.88
07-23	拔节期后期	257.89	33.29	356.1	93.51
08-28	籽粒成熟期	148.89	22.52	570	39.51

12.4 夏播高丹草需水量

夏播高丹草在黑麦草或小黑麦收获后播种，在黑麦草或小黑麦播种前收割。建立高丹草—黑麦草或小黑麦牧草生态系统。

由于高丹草需水量观测年份较多，各年生育期长短不一，气候条件的差别较大，年际间需水量也不相同。根据 2006—2008 年观测资料，夏播高丹草需水量变化为 300~450 mm。

夏播高丹草需水量观测，每种处理均安装 3 台蒸发器。从 2006 年的测定数据来看（表 12.6），3 台蒸发器观测的高丹草需水量有差异，需水量分别为 415.3 mm、472.7 mm 和 431 mm，需水量平均值为 439.6 mm。每个时段内的耗水量也不相同，这是由于蒸发器内高丹草的生长状况所决定。因此，本研究都是采用 3 台蒸发器的平均值，这样可以消除测量误差，其资料更有代表性。

本章夏播高丹草需水规律分析，以 2006 年的测定资料为依据。高丹草生育期降水量为 269.2 mm，水面蒸发量为 490.8 mm。

表 12.6　高丹草需水量（2006 年）

要素	05-29—06-20	06-21—07-25	07-26—09-07	09-08—10-19	合计
生育期	苗期	分蘖期	拔节期前期	拔节期后期	全生育期
天数/d	23	35	44	42	144
需水量/mm	51. 3	82. 8	213. 8	87. 2	439. 6
E-601/mm	122. 8	141	127. 5	99. 5	490. 8
耗水强度/（mm/d）	2. 23	2. 37	4. 86	2. 08	3. 05
耗水模系数/%	11. 67	18. 84	48. 64	19. 84	100
作物系数（Kc）	0. 42	0. 59	1. 68	0. 88	0. 91

12. 4. 1　夏播高丹草需水规律

夏播高丹草各生育期需水量与生育期长短有关。苗期最小，需水量为 51. 3 mm。然后逐渐增加，至拔节期达最高值，而后又下降，呈抛物线型变化（图 12. 5）。

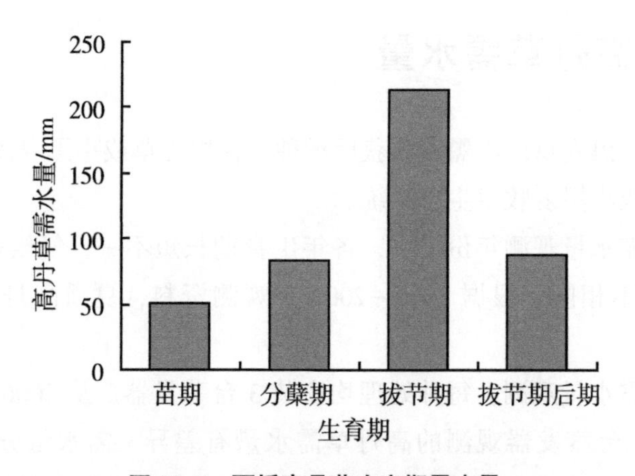

图 12. 5　夏播高丹草生育期需水量

12. 4. 2　夏播高丹草耗水强度

夏播高丹草的耗水强度与春播高丹草的耗水强度相似，苗期和分蘖期较小，耗水强度分别为 2. 23 mm/d 和 2. 37 mm/d，进入拔节期后达最大值，达 4. 86 mm/d，拔节期后期耗水强度下降至 2. 08 mm/d，全生育期为 3. 05 mm/d（图 12. 6）。

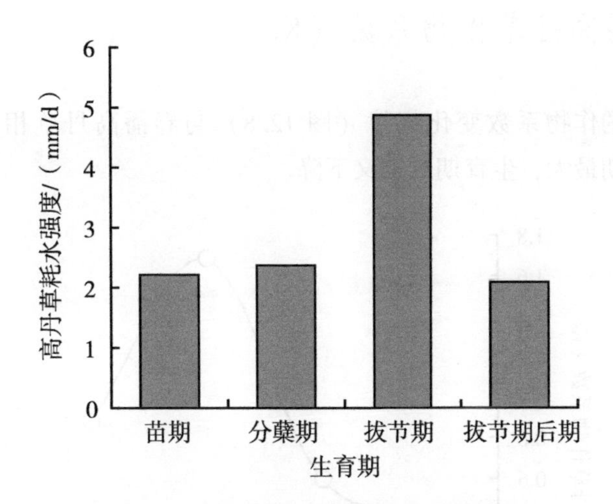

图 12.6　夏播高丹草生育期耗水强度

12.4.3　夏播高丹草耗水模系数

夏播高丹草耗水模系数变化与春播高丹草相似。夏播高丹草各生育期耗水模系数苗期后逐渐增加，至拔节期达最高值，而后又下降（图 12.7）。

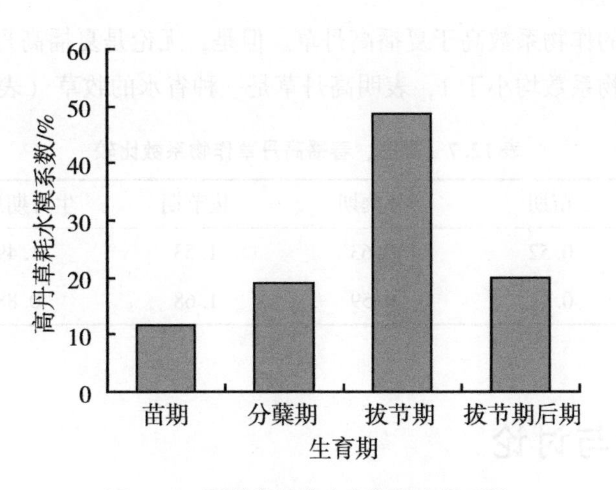

图 12.7　夏播高丹草生育期耗水模系数

耗水模系数的变化与生育期长短、耗水强度有关。从经济、节水角度来看，拔节期刈割可以获得较高生物量，耗水量占全生育期的 55 %左右。

12.4.4 夏播高丹草作物系数（Kc）

夏播高丹草的作物系数变化规律（图 12.8）与春播高丹草相似，基本特征是苗期最小，拔节期最大，生育期后期又下降。

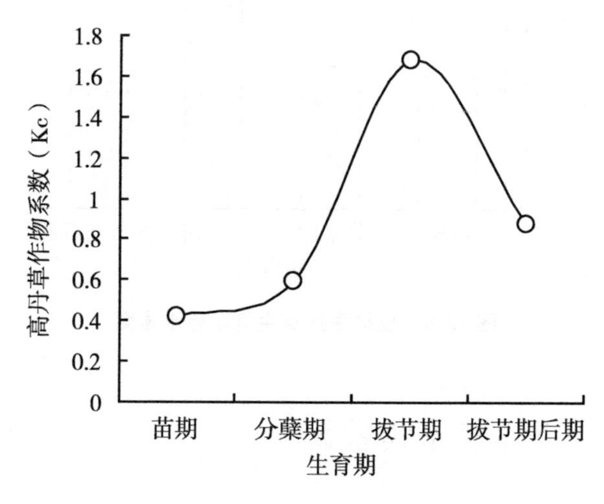

图 12.8 夏播高丹草作物系数

夏播高丹草作物系数除拔节期大于春播高丹草，其他生育期和全生育期的作物系数均小于春播高丹草。

春播高丹草的作物系数高于夏播高丹草。但是，无论是夏播高丹草或是春播高丹草，全生育期作物系数均小于 1，表明高丹草是一种省水的牧草（表 12.7）。

表 12.7 夏播、春播高丹草作物系数比较

播种季节	苗期	分蘖期	拔节期	生育期后期	全生育期
春播高丹草	0.52	0.63	1.53	1.49	1.21
夏播高丹草	0.42	0.59	1.68	0.88	0.91

12.5 结论与讨论

12.5.1 高丹草是一种需水量较少的牧草

高丹草是一种需水量较少的牧草。根据 2006—2008 年观测资料，夏播高丹草需水量变化为 300~450 mm。

为了使各种牧草需水量可比较，选择 2006 年 6 月 7 日至 9 月 1 日 6 种类牧草同期观测资料加以分析（表 12.8），结果表明，高丹草与其他牧草比较，需水量仅高于 C_4牧草籽粒苋，但低于同属 C_4牧草的青饲玉米，低于 C_3牧草鲁梅克斯、串叶松香草和菊苣等。该期间，高丹草的需水量为 345.5 mm，作物系数为 1.08。高丹草的需水量相当于同期水面蒸发量，属于省水牧草之一。

表 12.8　高丹草与其他牧草需水量比较（2006-06-07—09-01）

要素	籽粒苋	高丹草	青饲玉米	鲁梅克斯	串叶松香草	菊苣
需水量/mm	308.9	345.5	367.9	440.2	441.1	457.7
耗水强度/（mm/d）	3.47	3.88	4.13	4.94	4.96	5.15
作物系数（Kc）	0.97	1.08	1.15	1.38	1.38	1.43

注：每种牧草的需水量均为 3 个观测器的平均值；同期 E-601 水面蒸发量为 320 mm，20 m^2 蒸发池水面蒸发量为 310 mm。

12.5.2　高丹草是一种水分利用效率较高的牧草

高丹草是水分利用效率比较高的 C_4牧草。从 2006 年 6 月 7 日至 9 月 1 日的实测资料来看，高丹草与其他 2 种水分利用效率比较高的 C_4牧草比较，高丹草的水分利用效率是籽粒苋的 1.04 倍，是青饲玉米的 4.69 倍（表 12.9）。

表 12.9　C_4牧草水分利用效率比较

要素	高丹草	籽粒苋	青饲玉米
生物量干重/（kg/hm^2）	49 525.5	21 761.7	9 316
需水量/mm	345	309.9	368.9
水分利用效率/［kg/（hm^2·mm）］	143.6	70.2	25.3

为什么同属 C_4牧草水分利用效率差异这么大？主要是高丹草的株型高、叶片宽而长，叶面积系数大，因此生物量干重就高于其他 C_4牧草。拔节期后期，高丹草的株高比青饲玉米高 369 cm，比籽粒苋高 169 cm，比青饲玉米高 133 cm（从附图可知，牧草试验场高丹草与青饲玉米生长状况，可见高丹草与青饲玉米株高的差异）。

12.5.3　高丹草是优质高产牧草

从 3 种 C_4牧草生物指标测定结果来看，几乎所有生物指标高丹草都高于籽粒苋和青饲玉米（表 12.10）。

表 12.10　C_4牧草生物指标测定结果

要素	青饲玉米	籽粒苋	高丹草
最大叶面积系数	4.18	11.62	22.47
株高/cm	231	195	364
生物量鲜重/（t/hm^2）	42.7	165.8	339.9
生物量干重/（t/hm^2）	8.32	21.8	49.5

高丹草粗蛋白质含量高达 13 %，可消化的纤维素和半纤维素的含量增加，而难以消化的木质素含量则减少 40 %~60 %；鲜草产量可达 339.9 t/hm^2，干草产量可达 49.5 t/hm^2，无论是鲜草产量或是干草产量，都高于青饲玉米和籽粒苋。

12.5.4　结论

高丹草是一种需水量较少的牧草。根据 2006—2008 年观测资料，夏播高丹草需水量变化为 300~450 mm。

高丹草是水分利用效率比较高的 C_4牧草。高丹草与其他牧草比较，需水量仅高于 C_4牧草籽粒苋，但低于同属 C_4牧草的青饲玉米和 C_3牧草鲁梅克斯、串叶松香草和菊苣等。

高丹草是优质高产牧草，粗蛋白质含量高，可消化的纤维素和半纤维素的含量增加，而难以消化的木质素含量减少，鲜草产量高于青饲玉米和籽粒苋。

第13章　3种C_4牧草耗水量与光合特性比较

籽粒苋、高丹草、青饲玉米同属一年生C_4植物，都是省水、高产、优质牧草，但它们之间生物学特性仍然存在差别。本章根据试验资料，对籽粒苋、高丹草、青饲玉米的耗水量与生物学特性进行比较分析，从中略知它们的异同。

13.1　前言

籽粒苋（*Amaranthus paniculatus* L.）是一种粮食和饲料兼用作物，具有高产、优质、抗逆性强、生长速度快等特性。籽粒苋植株高大，根系发达，直根系，深50~80 cm。籽粒苋营养价值高，蛋白质含量为14 %~18 %，赖氨酸含量为0.92 %~1.02 %，籽粒苋脂肪含量为7 %。籽粒苋是富钾植物（梁登富 等，1995；王隽英 等，1999），籽粒苋植株吸收的钾主要来源于土壤中的缓效钾和矿物态钾，占植株从土壤中吸钾总量的82 %~92 %，其中来源于矿物态钾的可高达62 %。籽粒苋是一种优良的饲料，其生物量比青贮玉米高，营养成分与紫花苜蓿相近，远高于常用的饲草饲料。据不完全统计，2013年我国籽粒苋种植面积为10×10^4 hm^2以上，是世界上籽粒苋的种植面积、总产量最多的国家。

高丹草（*Sorghum bico* Lor × *Sorghum Sudanense CV*）是高粱与苏丹草杂交的一种新型禾本科饲料作物，将双亲的抗旱、耐涝、耐盐碱、再生能力强、适应性广等优良因子较完善的结合在一起，杂种优势十分强大。高丹草再生能力强，可多次刈割利用，在江淮流域一年可刈割4次，北方地区可刈割2次。高丹草根系发达，抗旱、耐涝、耐盐碱、耐瘠薄、耐高温等抗逆性特强，适应区域十分广泛。高丹草另一个优良特性是营养生长期长，产量高；营养丰富，适口性好，消化率高（比苏丹草高15 %）。高丹草的粗蛋白质含量高达13 %，可消化的纤维素和半纤维素的含量增加，而难以消化的木质素含量则减少40 %~60 %，消化率大大提高。

青饲玉米也叫青贮玉米（*Zea mays* L.）是指收割玉米鲜嫩植株，或收获乳熟初期至蜡熟期的整株玉米，或在蜡熟期先采摘果穗，然后再把青绿茎叶的植株割下，经切碎加工后直接或贮藏发酵后用作牲畜饲料。青饲玉米的优势十分明显，研究表明，在土地和耕作条件相对一致的情况下，青饲玉米比籽粒玉米每公顷多生产可消化蛋白 53 kg，奶牛喂青饲玉米比不喂的日产奶增加 3. 64 kg，而且发展青饲玉米可以很好地解决玉米秸秆的利用问题。青饲玉米可作青贮饲料直接喂养反刍动物，还可以晒制干草备用，贮存条件和设施都比较简单，而且其营养物质可以保存很长一段时间，节省大量的建库资金。此外，青饲玉米连作危害小，可机械化栽培，因此，优质青饲玉米的经济效益显著，不仅可解决当前青饲作物生产能力不足问题，而且对农牧混合区大幅度提高农民收入有现实意义。

本章以翔实的试验数据，分析了 3 种一年生 C_4 植物需水量、光合速率、蒸腾速率和水分利用效率，其目的在于通过对 3 种夏季生长牧草的生物学特性的比较研究，为读者和生产者提供试验依据。

13. 2　试验地基本情况

试验小区依据 FAO 标准建设，小区规格为 5 m×10 m。每种牧草分刈割与未刈割 2 种处理，每个处理设 3 次重复。

13. 2. 1　需水量测定

采用注水式土壤蒸发器测定。每个小区内安装 3 套土壤蒸发器（即 3 个重复）。器内的土壤水分维持在田间持水量的 70 %以上。由注水式土壤蒸发器测定的蒸发量可视为作物的需水量。

13. 2. 2　生物量测定

籽粒苋、高丹草、青饲玉米 3 种牧草，在每个小区选择 3 株有代表性植株，每隔 7 d测定地上部生物量鲜重、干重。

13. 2. 3　株高测定

测定频度与生物量一致，选择 3 株有代表性植株测定株高。

13. 2. 4　叶面积测定

使用 Li-3000 便携式叶面积仪与 Li-3050C 透明胶带输送机配件组合测定。

13.2.5　试验处理

本试验供试的 3 种牧草均为夏播，在小黑麦和黑麦草收获后，于 2006 年 5 月 29 日同期播种。2006 年 10 月 19 日同期收获，每种牧草设刈割与不刈割处理。

13.2.6　供试品种

籽粒苋为绿苋，条播，行距 40 cm，密度为 20 cm×40 cm；高丹草为超级 2 号品种，条播，行距 40 cm，密度为 20 cm×40 cm；刈割处理在株高 140 cm 时刈割；青饲玉米为科多 4 号品种，点播，行距 60 cm，密度为 40 cm×60 cm；在蜡熟期收获。

由于青饲玉米是按照大田玉米密度种植，因此，试验结果其叶面积指数、鲜草产量、干草产量明显偏小。

13.3　3 种 C_4 牧草需水量比较

需水量是牧草全生育期或其中某时段消耗于牧草蒸腾、棵间蒸发以及构成植物组织的水量，也叫需水量，包括蒸发蒸腾、田间渗漏、灌水的田间水量损失以及整地、移栽、冲洗等所需的水量总称需水量，以 mm 或 m^3/hm^2 计。对于牧草田间耗水量即作物需水量；需水量是草场规划设计、灌溉工程和计划用水的基本依据。

13.3.1　蒸发器测定数据可靠性、代表性

籽粒苋、高丹草、青饲玉米 3 种牧草需水量均由 3 个蒸发器测定（即 3 次重复）。同一牧草 3 次重复之间，需水量存在一定差异，但差异很小。表明观测的需水量数据可靠，其平均值具有代表性（表 13.1）。

表 13.1　籽粒苋、高丹草、青饲玉米需水量（2006-06-07—09-01）　单位：mm

牧草名称	蒸发器 1	蒸发器 2	蒸发器 3	平均值
籽粒苋	306	325.4	295.3	309.9
高丹草	335.7	357.6	343.1	345
青饲玉米	370	361.4	372.2	368.9

观测期间，同期降水量为 256.7 mm，E-601 水面蒸发量为 319.9 mm，作物系数按 E-601 水面蒸发量估算。

13.3.2 3种C_4牧草生育盛期需水量比较

这里指的生育盛期需水量，系指从出苗至灌浆或乳熟期间观测的需水量，因为这3种牧草发育阶段不同，例如青饲玉米各生育期比较明显，高丹草没有发现抽穗、结籽等生育期，而籽粒苋的花期和籽粒形成期较长，因此只能用相同时段来表达，也即从2006年6月7日达全苗开始至9月1日测定资料作为生育盛期需水量。

由表13.2可知，3种牧草生育盛期需水量差异较小，籽粒苋最少，为309.9 mm，其次为高丹草，为345 mm，青饲玉米期需水量最多，达368.9 mm。同期降水量为256.7 mm，均不能满足3种牧草的需水要求，牧草要达到高产，仍然要进行灌溉。(生育期天数87 d，降水量256.7 mm，水面蒸发量319.9 mm)。

表13.2 生育盛期需水量（2006-06-07—09-01)

牧草名称	需水量/mm	耗水强度/（mm/d)	作物系数（Kc)
籽粒苋	309.9	3.56	0.97
高丹草	345	3.99	1.08
青饲玉米	368.9	4.24	1.15

生育盛期作物系数以籽粒苋最小，为0.97，高丹草居中，为1.08，青饲玉米最大，达1.15。因为3种C_4牧草均处于生育盛期，耗水强度较大，从数量值来看，生育盛期的作物系数要大于全生育的作物系数。生育盛期籽粒苋耗水量与E-601水面蒸发器测定的水面蒸发量大体相等；高丹草高出水面蒸发量的8 %；青饲玉米高出水面蒸发量的15 %。

13.3.3 3种C_4牧草全生育期需水量比较

3种C_4牧草的生育期天数144 d。从全生育期的需水量来看，3种C_4牧草的需水量差异较大。籽粒苋需水量最低为395.4 mm；高丹草次之为439.7 mm；青饲玉米最高达509 mm。青饲玉米的需水量比高丹草高15.7 %，比籽粒苋高38.73 %（表13.3)。

表13.3 全生育期需水量（2006-05-29—10-19)

牧草名称	需水量/mm	耗水强度/（mm/d)	作物系数（Kc)
籽粒苋	395.4	2.75	0.81
高丹草	439.7	3.05	0.9

续表

牧草名称	需水量/mm	耗水强度/（mm/d）	作物系数（Kc）
青饲玉米	509	3.53	1.04

全生育期作物系数也是籽粒苋最小，为 0.81；其次是高丹草，为 0.9；青饲玉米最大，达 1.04。由此可见，籽粒苋、高丹草，作物系数（Kc）小于 1，均小于同期水面蒸发量，是比较省水的牧草。青饲玉米的作物系数（Kc）也只有 1.04，与E-601 蒸发器的水面蒸发量相当，这一结果，与普通玉米相似。

13.3.4　全生育期与生育盛期需水量比较

生育盛期生长天数为 87 d，全生育期生长天数为 144 d，全生育期生长天数增加 57 d。籽粒苋、高丹草、青饲玉米全生育期需水量分别比生育盛期增加 85.5 mm、94.7 mm 和 140.1 mm（图 13.1）。

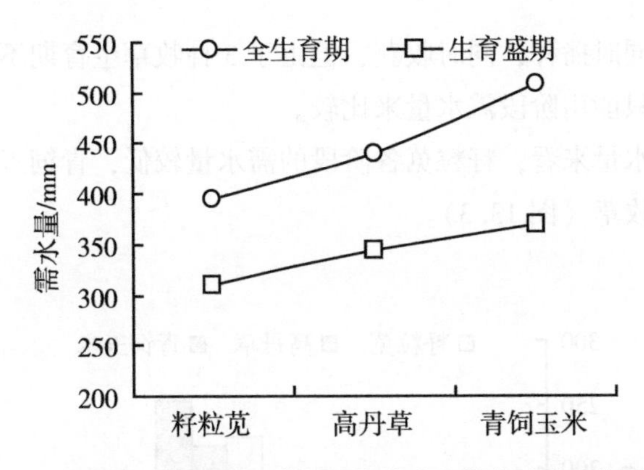

图 13.1　籽粒苋、高丹草、青饲玉米全生育期与生育盛期需水量

13.3.5　全生育期与生育盛期作物系数（Kc）比较

作物系数（Kc）是根据耗水量（ET_C）和水面蒸发量（ET_0）比值确定的，由于水面蒸发量相同，因此，作物系数便是不同牧草耗水特性的反映。

由图 13.2 可知，全生育期作物系数籽粒苋＜高丹草＜青饲玉米，作物系数分别为 0.81、0.89 和 1.04；生育盛期作物系数也是籽粒苋＜高丹草＜青饲玉米，但作物系数比全生育期高，分别为 0.97、1.08 和 1.15。

3 种牧草生育盛期的作物系数均高于全生育期（图 13.2）。这是由于牧草生长

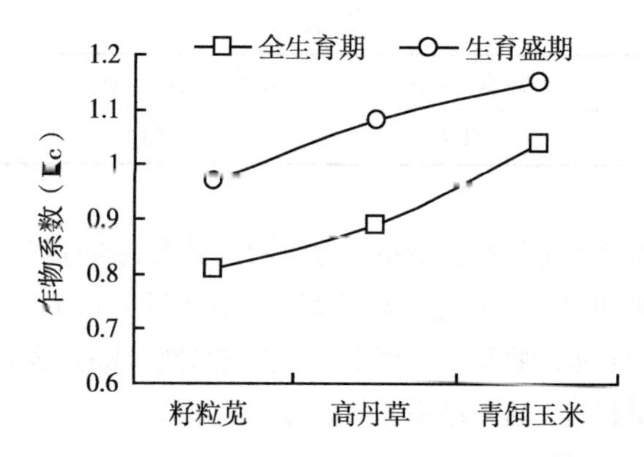

图 13.2　籽粒苋、高丹草、青饲玉米全生育期与生育盛期作物系数（2006 年）

初期，以土壤蒸发为主，在华北地区，春季蒸发潜力较大，而生育后期，作物蒸腾能力减弱，秋季蒸发潜力也较大，所以全生育期的作物系数要小于生育盛期。基于此，在选用作物系数时，应当根据使用对象而定。

13.3.6　3 种 C_4 牧草不同阶段需水量比较

虽然 3 种牧草同时播种，同时收获，但由于 3 种牧草生育期不同，因此在评价不同阶段需水量时，只能用阶段需水量来比较。

从不同阶段需水量来看，籽粒苋各阶段的需水量较低，青饲玉米各阶段的需水量一直高于其他 2 种牧草（图 13.3）。

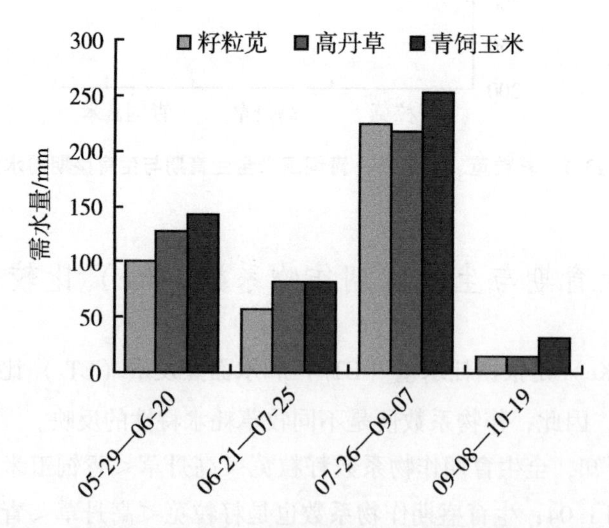

图 13.3　籽粒苋、高丹草、青饲玉米不同阶段需水量（2006 年）

13.3.7 3 种 C_4牧草不同阶段需水强度比较

从不同阶段需水量来看，苗期耗水较多，耗水强度为 4.53~6.01 mm/d。苗期耗水强度如此之大，显然不合理，主要有几个原因：一是播种时由于造墒，土壤水分较大，土壤水分含量在田间持水量的 80 %以上；二是多风天气干燥，大气蒸发能力强；三是牧草处于幼苗期，尚未建立生物覆盖层，以土壤蒸发为主。如果播种前进行地面覆盖，可以有效减少这部分水分损失。7 月 26 日至 9 月 7 日，是牧草生长最旺盛期，这一时期的水分消耗，以植株蒸腾为主，耗水强度为 4.75~5.61 mm/d。9 月 8 日至 10 月 19 日，此期植物已进入生育后期，需水强度最低(图 13.4)。

从全生育期来看，各个阶段青饲玉米的需水强度都最高，籽粒苋相对较低。全生育期需水强度平均值籽粒苋为 2.75 mm/d、高丹草为 3.05 mm/d、青饲玉米为 3.54 mm/d。

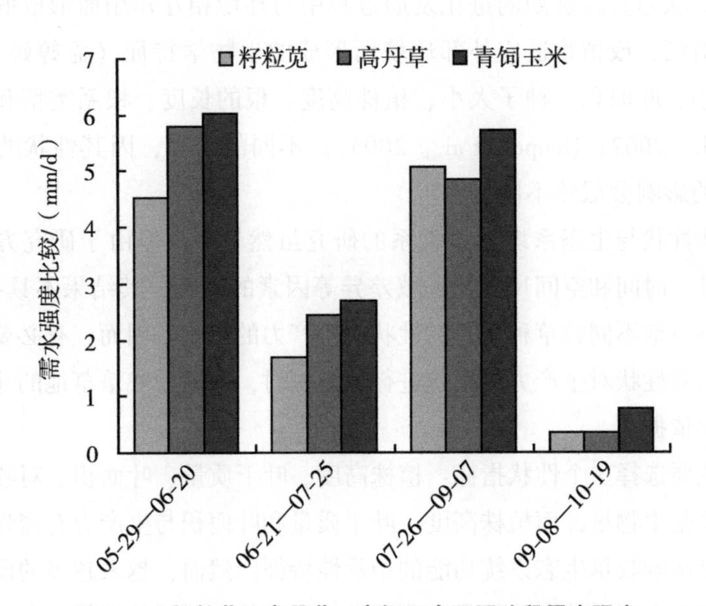

图 13.4 籽粒苋、高丹草、青饲玉米不同阶段需水强度

6 月 21 日至 7 月 25 日，历时 35 d，这一时段需水强度有所下降，籽粒苋最低，仅为 1.68 mm/d，青饲玉米最高为 2.69 mm/d。进入 7 月 26 日至 9 月 7 日，这一时段需水强度最高，只有高丹草的需水强度有所下降。

13.4 3种 C_4 牧草营养性状比较

植物性状是评价的生物学特征的重要指标。植物性状是指与植物形态特征和生理生化特性性状总称。植物性状反映了植物对生长环境的响应和适应，将环境、植物个体和生态系统结构、过程与功能联系起来。植物在漫长的进化和发展过程中，与环境相互作用，逐渐形成了许多内在生理和外在形态方面的适应对策，以最大限度地减小环境的不利影响，这些适应对策的表现即为植物性状，也称为植物属性（孟婷婷 等，2007）。植物性状能够客观表达植物对外部环境的适应性（McIntyreet et al.，1999），而某些植物性状的存在与否及其数量多少，也反映了植物种所在生态系统的功能特征（Cornelissen et al.，2003），因此，这种植物性状也被称为植物功能性状。植物性状是其在长期栽培进化过程中对环境变化的适应性表现，对生产力有一定的指示作用（穆锋海 等，2009）。植物的性状可直接影响能量流通和物质循环，调节生态系统过程。植物性状的变化，是导致物种间生产力差异的主要原因。植物的性状是其在长期的进化发展过程中与环境相互作用而形成的生理的和形态的适应性对策，或植物适应外部环境而形成的生物学特征（孟婷婷 等，2009），如叶片的大小、叶面积、种子大小、植株高度、根的长度、根系类型和固氮性能等（Lavorel et al.，2002；Hooper et al.，2005）。不同的物种，因其性状的不同，对生产力所产生的影响会截然不同。

有关植物性状与生态系统过程关系的研究虽然较多，但由于研究方法、所选物种、生境条件、时间和空间尺度及区域差异等因素的影响，其结果不具有普遍意义，难以体现栽培草地不同牧草种主类的性状对生产力的影响。因而，有必要就栽培草地常用草种的营养性状对生产力的影响进行深入探讨，以期为栽培草地的建植、利用和管理提供科学依据。

本研究主要选择3个性状指标：植株高度、叶干质量、叶面积。对牧草而言，收获的主要对象是生物量，而植株高度、叶干质量和叶面积与生产力有密切关系，表明这几种特征是影响牧草生态系统功能的指示性特征。然而，越来越多的研究表明，对生态系统功能产生实质性影响的是植物种的综合性状。不同的性状组合联系着不同的生态系统过程，因此，必须采用多个性状才能建立牧草与生产力之间的全面联系。牧草的性状及其对草地功能的影响受多种因素的影响，相同性状在不同的草地群落中以及不同的环境条件下，都会对生产力产生不同的影响。

牧草营养性状采用田间小区试验方法，主要对3种牧草的生长速率、叶面积、株高等营养特征与生物产量的关系进行对比分析。3种牧草生长速率、叶面积、干物质含量、株高等营养特征，表现出较大的差异，因而在生物产量上也表现出显著差异。

结果表明，生物产量与生长速率、植株高度和叶面积等特征呈显著正相关。

13.4.1　3 种 C_4 牧草植株高度变化比较

牧草植株高度，一般系指从土壤表面至叶子伸直后的最高叶尖，单位以 cm 表示。植株高度测量是为了了解作物生长速度及其与环境条件的关系。植株高度和生物量有直接关系。

本研究观测时间：从出苗期至停止生长，每 5 d 测量 1 次，采用固定植株的办法。每种牧草设 3 个试验小区，每个小区选择 3 株有代表性植株（每种牧草共 9 株），取其平均值。

根据收获时测定数据，高丹草植株最高，达 364 cm；其次为青饲玉米，株高为 237 cm；籽粒苋株高为 195 cm。

从 3 种牧草的株高变化来看，出苗后 65 d，3 种牧草的生长趋势基本一致，生长速率差别不大。但从 8 月 12 日至收获，籽粒苋、青饲玉米基本上停止生长，只有高丹草继续生长，8 月 12 日至 9 月 5 日，高丹草增长了 120 cm，平均每天增长 5 cm（图 13.5）。

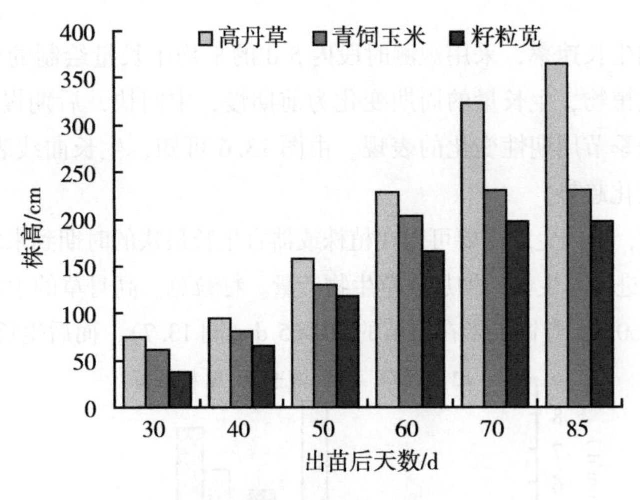

图 13.5　籽粒苋、高丹草、青饲玉米株高

以籽粒苋为例，出苗后 70 d，植株已停止生长，此后，植株高度没有变化。同时，可见叶片数（片）提前至 60 d 也不再增加。青饲玉米株高变化也有图 13.6 类似情况大致也在 70 d 株高达 231 cm 后不再增加。而高丹草在 70 d 后，株高仍然继续增长。

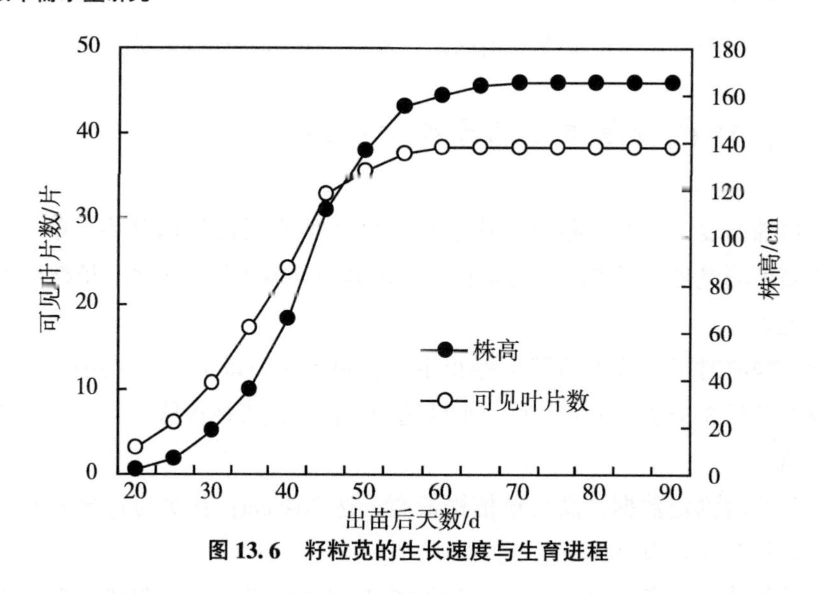

图 13.6 籽粒苋的生长速度与生育进程

13.4.2 3 种 C_4 牧草植株生长速率变化

植物的生长速度其基本特征表现出“慢—快—慢”的基本规律，即开始时生长缓慢，以后逐渐加快，然后又减慢以至停止。以植物生长速率对时间作图，可得到植物的生长曲线。

本研究中的生长速率，采用观测时段内 5 d 的平均生长量绘制的生长曲线。3 种牧草均为一年生植物，生长量的周期变化为前期慢，中间快，后期慢，呈抛物线型，这也是植物生长季节周期性变化的表现。由图 13.6 可知，生长曲线表示植物在生长周期中的生长变化趋势。

对牧草而言，根据生产需要可以在植株或器官生长最快的时期到来之前，及时地采用农业措施，促进牧草生长，增加牧草生物产量。籽粒苋、高丹草的生长速率最大值出现在出苗的 55~60 d，青饲玉米在出苗的 60~65 d（图 13.7），而后生长速率逐渐减小。

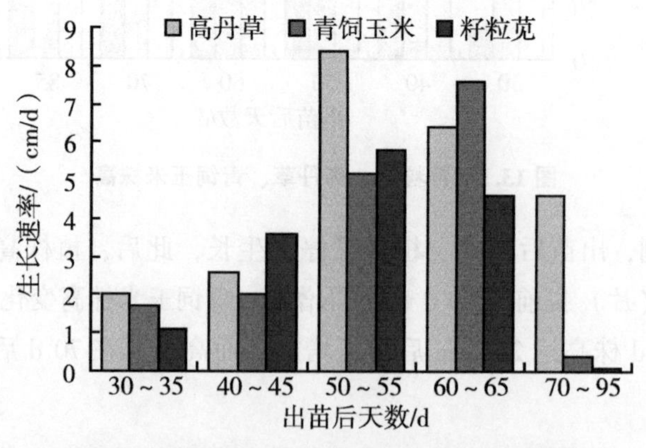

图 13.7 籽粒苋、高丹草、青饲玉米生长速率

在华北平原，作为青饲料使用，3种牧草在出苗后的60 d前后刈割较为适宜。

13.4.3 植株生长速率变化曲线

植物的生长速率有2种表示法，一种是绝对生长速率（AGR），另一种是相对生长速率（RGR）。

绝对生长速率（AGR）：指单位时间内植株的绝对生长量。可用下式表示：

$$AGR = dQ/dt \tag{13.1}$$

式中，Q为数量，可用重量、体积、面积、长度、直径或数目（例如叶片数）来表示；T为时间，可用s、min、h、d等表示。植物的绝对生长速率，因物种、生育期及环境条件等不同而有很大的差异。

由图13.8可知，出苗后40 d，籽粒苋、高丹草、青饲玉米生长速率相差不大，籽粒苋为2.1 cm/d、高丹草为2 cm/d、青饲玉米为1.8 cm/d。出苗后60 d，生长速率明显加大，高丹草生长速率最快，达7.6 cm/d，青饲玉米的生长速率也达6.8 cm/d，籽粒苋只有5.2 cm/d，而后生长速率逐渐减小，大约在出苗后90 d，籽粒苋已停止生长，青饲玉米的生长速率也只有0.4 cm/d，而高丹草的生长速率仍然达到4.6 cm/d。

从生长速率最大值来看，籽粒苋、高丹草在出苗的55~60 d，青饲玉米在出苗的60~65 d。在华北平原，如果作为青饲料使用，3种牧草在出苗后的60 d前后刈割较为适宜。

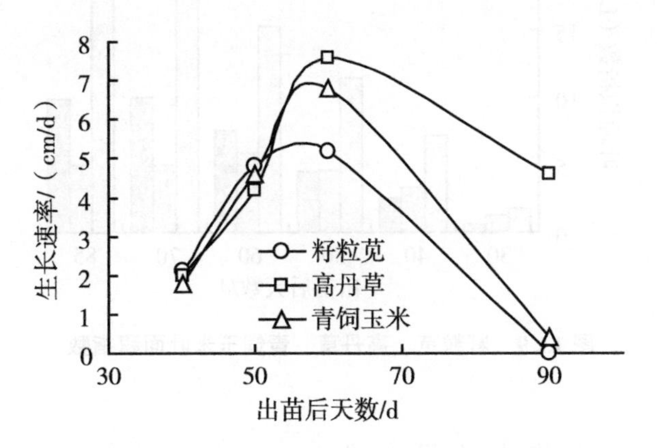

图13.8　籽粒苋、高丹草、青饲玉米生长速率

13.4.4 3种C_4牧草LAI变化

叶面积指数（LAI）又叫叶面积系数，是指单位土地面积上植物叶片总面积占土地面积的倍数。叶面积指数=叶片总面积/土地面积。

在田间试验中，叶面积指数（LAI）是反映植物群体生长状况的一个重要指标，其大小直接与最终产量高低密切相关。在生态学中，叶面积指数是生态系统的一个重要结构参数，用来反映植物叶面数量、冠层结构变化、植物群落生命活力及其环境效应，为植物冠层表面物质和能量交换的描述提供结构化的定量信息，并在生态系统碳积累、植被生产力和土壤、植物、大气间相互作用的能量平衡，植被遥感等方面起重要作用。

叶面积指数在植物光合作用、蒸腾作用、联系光合和蒸腾的关系和构成生产力基础的研究中具有重要作用。叶面积指数是反映作物长势与预报作物产量的一个重要农学参数。叶面积指数作为进行植物群体和群落生长分析的一个重要参数，已在农业、草业、林业以及生物学、生态学等领域得到广泛应用。

叶面积指数使用 Li-3000 便携式叶面积仪与 Li-3050C 透明胶带输送机配件组合测定法，研究了华北平原农区 3 种牧草叶面积指数（LAI）的动态特征。结果表明，LAI 均随生育期后移而增高（图 13.9）。虽然 3 种牧草同属 C_4 植物，由于种植方式、生长习性、株型等差异，其叶面积指数、最大值出现时间均有差别。3 种牧草叶面积指数依次为高丹草＞籽粒苋＞青饲玉米。LAI 最大值出现时间：青饲玉米在 8 月中旬，籽粒苋在 8 月下旬，而高丹草直至 9 月上旬，LAI 仍保持较大值。

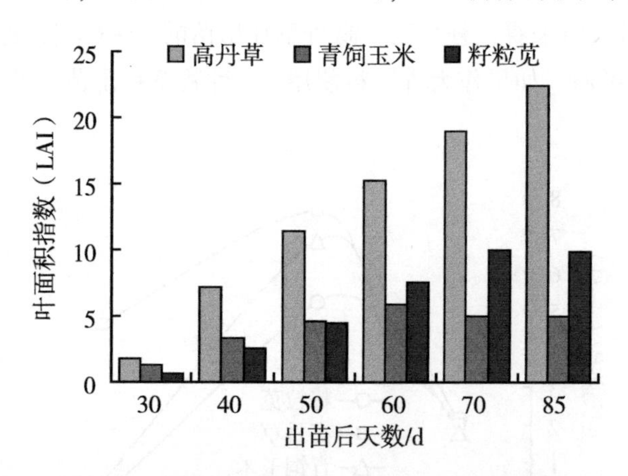

图 13.9 籽粒苋、高丹草、青饲玉米叶面积指数

13.4.5 3 种 C_4 牧草生物量变化

生物量是指某一特定时刻单位面积内实存生活的有机物质总量，可以用鲜重，也可用干重，生物量的单位通常是用 kg/m^2 或 t/hm^2（kg/hm^2）表示。

生物量是生物在某一特定时刻单位空间的个体数、重量或其含能量，可用于指某种群、某类群生物的或整个生物群落的生物量。狭义的生物量仅指以重量表示的，可以是鲜重或干重。在植物生长的不同阶段，营养物质按照不同的比例分配给植物个体的不同器官。为了仔细研究在植物生长发育过程中发生的变化，人们需要一种量化来进行分析，所以在单位面积内的干物质重量被定义为生物量。

13.4.5.1　3 种 C_4牧草生物量鲜重变化

由于籽粒苋、高丹草、青饲玉米生物习性、栽培措施不同，生物量鲜重差异相当明显。生物量鲜重变化与 LAI 变化相同，高丹草呈线性增长趋势，籽粒苋在出苗 75 d后，鲜重呈下降趋势，而青饲玉米呈平缓增长趋势（图 13.10）。根据 2006 年 9 月 1 日测定，生物量鲜重以高丹草最高，达 339.92 t/hm²，其次为籽粒苋，达 165.79 t/hm²，青饲玉米最低，仅 52.68 t/hm²。

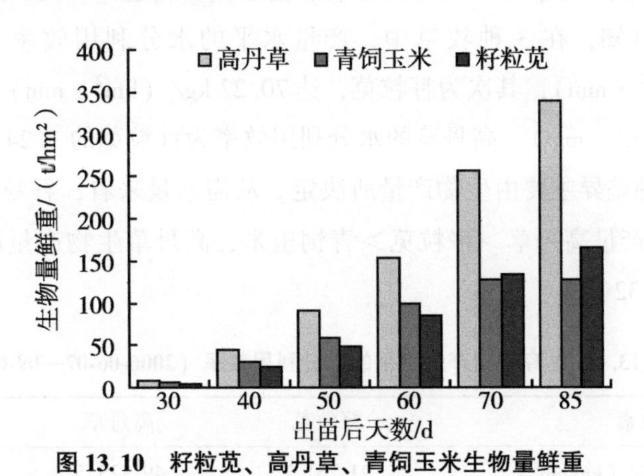

图 13.10　籽粒苋、高丹草、青饲玉米生物量鲜重

13.4.5.2　3 种 C_4牧草生物量干重变化

由于生物量干重是由生物量鲜重转化而来，所以生物量干重变化趋势与生物量鲜重变化相同（图 13.11）。

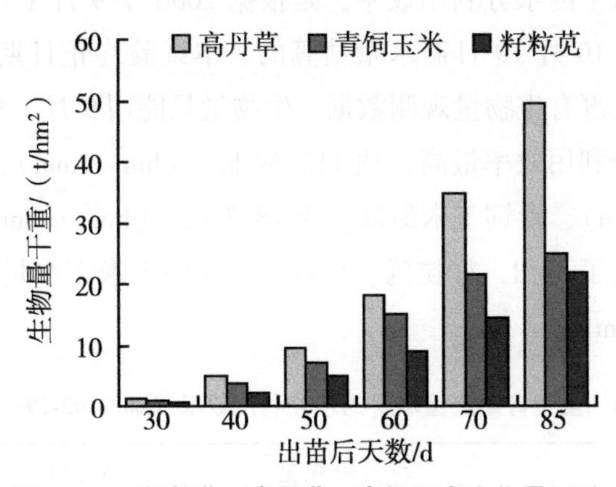

图 13.11　籽粒苋、高丹草、青饲玉米生物量干重

13.4.6 3种C_4牧草产量水平水分利用效率

产量水平水分利用效率，定义为单位耗水量的产量。产量水平上的水分利用效率（WUEy）表示为：$WUEy = Y/ET_C$，式中，Y为生物产量（干重）；ET_C为牧草需水量。水利用效率，它是节水农业中的重要指标。产量可表示为净生产量或经济产量，对于牧草而言，实际上就是生物产量干重，单位为kg/hm^2，耗水量采用注水式土壤蒸发器（Lysimeter）测定，单位为mm。研究最多的也是这个层次上的水分利用效率，是农田节水研究的重要内容。

生物量最后采样期为2006年9月1日，需水量资料也计算到9月1日。

由表13.4可知，在3种牧草中，产量水平的水分利用效率高丹草最高，达143.55 kg/（hm^2·mm），其次为籽粒苋，达70.22 kg/（hm^2·mm），青饲玉米最低，为25.25 kg/（hm^2·mm）。高丹草的水分利用效率为籽粒苋的1.24倍，为青饲玉米的4.69倍。这种差异主要由生物产量所决定。从需水量来看，籽粒苋＜高丹草＜青饲玉米，但生物产量高丹草＞籽粒苋＞青饲玉米，高丹草生物产量高出籽粒苋1.28倍、青饲玉米4.32倍。

表13.4 生育盛期产量水平的水分利用效率（2006-06-07—09-01）

要素	籽粒苋	高丹草	青饲玉米
生物量干重/（kg/hm^2）	21 761.7	49 525.5	9 316
需水量/mm	309.9	345	368.9
水分利用效率/［kg/（hm^2·mm）］	70.22	143.55	25.25

全生育期产量水平的水分利用效率，是根据2006年9月1日生物量观测数据和2006年5月29日至10月19日需水量估算的。本试验终止日期为2006年10月19日，由于10月19日没有生物量观测数据，生物量只能用9月1日的资料来替代。结果表明，高丹草水分利用效率最高，达112.64 kg/（hm^2·mm），其次为籽粒苋，达55.04 kg/（hm^2·mm），青饲玉米最低，为18.3 kg/（hm^2·mm）（表13.5）。由于需水量观测数据延长了38 d，籽粒苋、高丹草、青饲玉米需水量分别增加了45 mm、94.7 mm和140.1 mm。

表13.5 全生育期产量水平的水分利用效率（2006-05-29—10-19）

要素	籽粒苋	高丹草	青饲玉米
生物量干重/（kg/hm^2）	21 761.7	49 525.5	9 316

续表

要素	籽粒苋	高丹草	青饲玉米
需水量/mm	395.4	439.7	509
水分利用效率/［kg/（hm^2·mm）］	55.04	112.64	18.3

13.5　3 种 C_4 牧草光合特性比较

籽粒苋、高丹草、青饲玉米于 2005 年 4 月 27 日同时播种，观测日期为 6 月 13 日，晴天，3 种 C_4 牧草均处于生育盛期：籽粒苋为现蕾期，高丹草为拔节期，青饲玉米为拔节期。

叶片光合速率、蒸腾速率等采用美国 Li-COR 公司生产的 Li-6400 便携式光合测定仪测定。测定内容包括叶片的净光合速率（Pn）、蒸腾速率（Tr）和气孔导度（Gs）等以及生态环境要素；观测时段为 6：00—20：00，观测频度为每 2 h 观测 1 次。每种牧草选择有代表性的 3 株植株，每株测定上、中、下 3 个层次叶片。Li-6400光合作用测定系统设计了专门测定光合作用——光响应曲线的光发生系统，测定了 3 种 C_4 牧草光合作用——光响应曲线。

13.5.1　3 种 C_4 牧草生育盛期光合速率比较

13.5.1.1　光合速率日变化比较

从籽粒苋、高丹草、青饲玉米 3 种牧草光合速率日变化过程来看，均呈抛物线型。6：00 的光合速率较低，上午 3 种牧草差异不明显。光合速率最高值出现在12：00，青饲玉米最高为 24.4 μmol/（m^2·s），籽粒苋次之为 23.12 μmol/（m^2·s），高丹草最低为 21.4 μmol/（m^2·s）。下午 3 种牧草差异明显，18：00 3 种牧草光合速率较低，差异也不明显（表 13.6）。

表 13.6　3 种牧草光合速率日变化（2005-06-13）　单位：μmol/（m^2·s）

牧草名称	6：00	8：00	10：00	12：00	14：00	16：00	18：00	平均值
高丹草	0.79	4.05	16.9	21.4	13.09	8.3	0.23	9.62
青饲玉米	1.11	5.26	16.23	24.4	15.45	11.84	0.8	10.73
籽粒苋	0.46	3.74	18.36	23.1	18.7	9.37	0.53	10.61

13.5.1.2 不同层次光合速率比较

由图 13.12 可知，3 种 C_4牧草光合速率上层叶片差异不大，高丹草和青饲玉米基本一致，籽粒苋仅高 4.18 %；但中层叶片光合速率差异较大，籽粒苋最高，达 13.29 μmol/（m^2·s），籽粒苋比高丹草高 71.04 %，比青饲玉米高 12.15 %；下层叶片光合速率青饲玉米最高，达 10.3 μmol/（m^2·s），分别比籽粒苋高 23.95 %和 32.56 %。从平均值来看，籽粒苋和青饲玉米差异不大，高丹草偏低 17.16 %。究其原因，这种差异主要是由于植物学特性差异所致。高丹草此时的株高达 364 cm，叶面积指数达 22.47，远远高于籽粒苋和青饲玉米，因此，冠层内光照明显减少。

从 3 种 C_4牧草光合速率观测结果来看，籽粒苋和青饲玉米光合速率差异不大，而高丹草光合速率明显偏低。

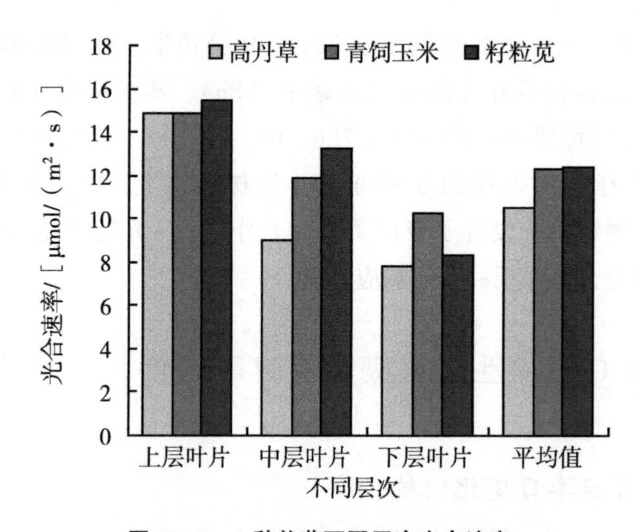

图 13.12 3 种牧草不同层次光合速率

13.5.2 3 种 C_4牧草生育盛期蒸腾速率比较

13.5.2.1 蒸腾速率日变化比较

由表 13.7 可知，青饲玉米和籽粒苋的蒸腾速率变化曲线重叠在一起，蒸腾速率变化趋势基本一致；高丹草蒸腾速率明显低于青饲玉米和籽粒苋。

表 13.7 3 种牧草蒸腾速率日变化（2005-06-13） 单位：mmol/（m^2·s）

牧草名称	6：00	8：00	10：00	12：00	14：00	16：00	18：00	平均值
高丹草	0.66	1.45	4.3	5.09	3.6	3.36	0.99	2.78

续表

牧草名称	6：00	8：00	10：00	12：00	14：00	16：00	18：00	平均值
青饲玉米	0.75	1.08	3.82	6.86	5.46	4.29	1.4	3.38
籽粒苋	0.56	1.12	3.91	6.9	5.42	4.33	1.49	3.39

蒸腾速率上午增速较快，3 种牧草蒸腾速率差异不明显。12：00 蒸腾速率达最大值，3 种牧草蒸腾速率差异也最大，籽粒苋为 6.9 mmol/（m^2 · s），青饲玉米为 6.86 mmol/（m^2 · s），而高丹草为 5.09 mmol/（m^2 · s）。下午，蒸腾速率快速降低，高丹草蒸腾速率降速大于籽粒苋和青饲玉米，但差距逐渐减小，至 18：00，籽粒苋为 1.49 mmol/（m^2 · s），青饲玉米为 1.4 mmol/（m^2 · s），而高丹草为 0.99 mmol/（m^2 · s）。

13.5.2.2　不同层次蒸腾速率比较

由图 13.13 可知，上层叶片蒸腾速率青饲玉米为 4.3 mmol/（m^2 · s），略高于高丹草和籽粒苋；中层叶片籽粒苋最高，为 4.02 mmol/（m^2 · s），分别比青饲玉米、高丹草高 10.44 %和 41.05 %；下层叶片青饲玉米最高，为 3.51 mmol/（m^2 · s），分别比籽粒苋、高丹草高 16.61 %和 33.46 %。高丹草各层次的蒸腾速率都低于其他 2 种牧草。平均值籽粒苋为 3.39 mmol/（m^2 · s），青饲玉米为 3.38 mmol/（m^2 · s），高丹草为 2.78 mmol/（m^2 · s）。

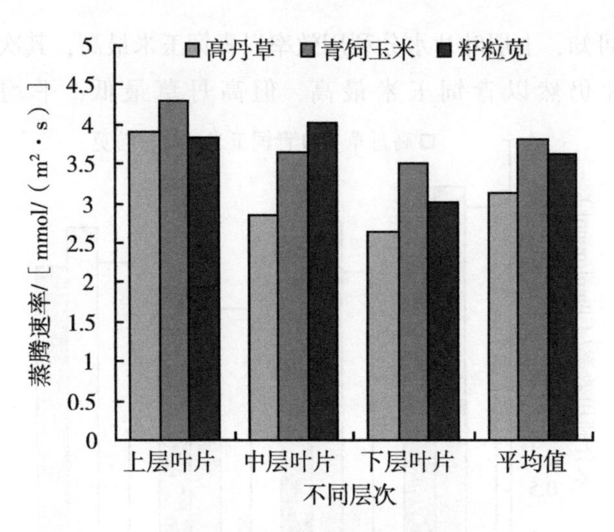

图 13.13　3 种牧草不同层次蒸腾速率

从 3 种 C_4 牧草蒸腾速率观测结果来看，籽粒苋和青饲玉米蒸腾速率差异不大，而高丹草蒸腾速率明显偏低，表明高丹草比较省水。

13.5.3　3 种 C_4 牧草水分利用效率

13.5.3.1　水分利用效率日变化比较

水分利用效率（WUE）表达式为 WUE = Pn/Tr。式中，Pn 为光合速率［μmol/（m^2·s）］，Tr 为蒸腾速率［mmol/（m^2·s）］。因此，水分利用效率与为光合速率成正比，与蒸腾速率成反比。

从日变化规律来看，清晨，3 种 C_4 牧草水分利用效率量值小而差异不大；10：00 前增速较快，而后缓慢下降；青饲玉米最大值出现在 8：00，籽粒苋、高丹草出现在 10：00；16：00 以后，3 种 C_4 牧草水分利用效率较小（表 13.8）。

表 13.8　3 种牧草水分利用效率日变化　　单位：μmol/mmol

牧草名称	6：00	8：00	10：00	12：00	14：00	16：00	18：00	平均值
高丹草	1.2	2.93	3.93	4.2	3.44	2.44	0.22	2.62
青饲玉米	1.49	4.82	4.28	3.54	2.82	2.74	0.57	2.89
籽粒苋	0.8	3.36	4.32	3.35	3.46	2.19	0.33	2.54

13.5.3.2　不同层次水分利用效率比较

由图 13.14 可知，上层叶片水分利用效率以青饲玉米最高，其次为高丹草；中层叶片和下层叶片仍然以青饲玉米最高，但高丹草最低；平均值青饲玉米为

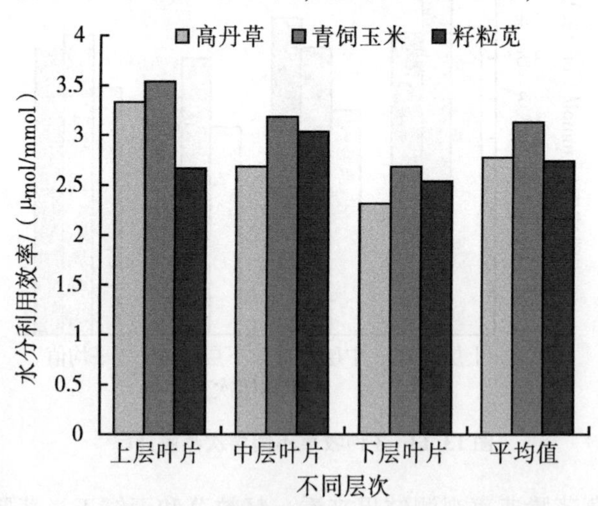

图 13.14　3 种牧草不同层次水分利用效率

3.13 μmol/mmol，高丹草为 2.78 μmol/mmol，籽粒苋为 2.75 μmol/mmol。

13.5.4 3 种 C_4 牧草气孔导度比较

13.5.4.1 气孔导度日变化比较

观测资料表明，3 种牧草的气孔传导都较低，平均值籽粒苋为 0.08 mmol/（m^2・s）、高丹草 0.07 mmol/（m^2・s）和青饲玉米 0.08 mmol/（m^2・s）。3 种牧草气孔传导日变化过程呈山峰型，峰值高丹草在 10：00、青饲玉米在 12：00、籽粒苋在 14：00，分别滞后 2 h（表 13.9），这与光合速率日变化过程一致。表明光合速率日变化主要受气孔导度的影响。

表 13.9 3 种牧草气孔导度日变化 单位：mmol/（m^2・s）

牧草名称	6：00	8：00	10：00	12：00	14：00	16：00	18：00	平均值
高丹草	0.03	0.06	0.1	0.14	0.08	0.06	0.02	0.07
青饲玉米	0.03	0.04	0.09	0.15	0.1	0.08	0.03	0.08
籽粒苋	0.02	0.04	0.11	0.15	0.1	0.08	0.03	0.08

13.5.4.2 不同层次气孔导度比较

由图 13.15 可知，上层叶片的气孔导度，高丹草>青饲玉米>籽粒苋；中层叶片正好相反，籽粒苋>青饲玉米>高丹草；下层叶片青饲玉米最大，高丹草和籽粒苋相

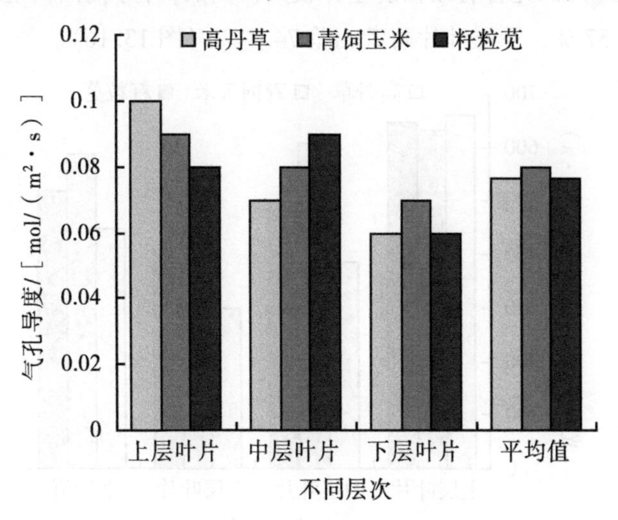

图 13.15 3 种牧草不同层次气孔导度

同。从平均值来看，青饲玉米的气孔导度为 0.08 mmol/（m^2·s），高丹草和籽粒苋均为 0.077 mmol/（m^2·s）。

13.5.5 3 种 C_4 牧草光合有效辐射

13.5.5.1 光合有效辐射日变化比较

3 种牧草光合有效辐射日变化均呈抛物线型变化。6：00—10：00，3 种牧草光合有效辐射差异不大，至 12：00，差异明显，籽粒苋的光合有效辐射达 1 109 μmol/（m^2·s），青饲玉米为 1 011 μmol/（m^2·s），高丹草为 912 μmol/（m^2·s）。此后，一直是籽粒苋＞青饲玉米＞高丹草（表 13.10）。

表 13.10 3 种牧草光合有效辐射日变化 单位：μmol/（m^2·s）

牧草名称	6：00	8：00	10：00	12：00	14：00	16：00	18：00	平均值
高丹草	46	134	749	912	753	391	53	434
青饲玉米	71	172	781	1 011	882	606	75	514
籽粒苋	58	176	763	1 109	932	705	103	549

13.5.5.2 不同层次光合有效辐射比较

3 种牧草上层叶片光合有效辐射高丹草为 660 μmol/（m^2·s），籽粒苋为 647 μmol/（m^2·s），青饲玉米为 633 μmol/（m^2·s），差异不大，仅相差 4 %。但中层叶片和下层叶片的光合有效辐射差异较大，例如，青饲玉米中层叶片的光合有效辐射比高丹草高 57 %，下层叶片两者相差 74.8 %（图 13.16）。

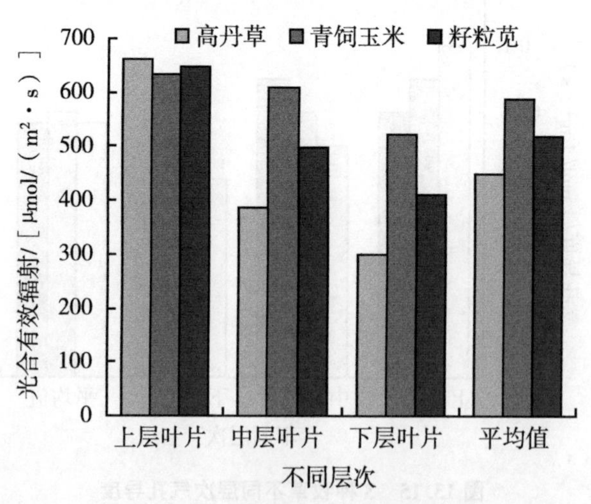

图 13.16 不同层次光合有效辐射比较

究其原因，主要有3点：一是播种密度的差异。籽粒苋播种密度为125×10^4株/hm^2，高丹草为125×10^4株/hm^2，；青饲玉米42×10^4株/hm^2；二是植株高度的差异。观测时高丹草株高达264 cm，青饲玉米株高为203 cm，籽粒苋为166 cm；三是叶面积指数的差异。高丹草叶面积指数达11.35，籽粒苋为7.52，青饲玉米为3.96。由于青饲玉米是按照大田玉米密度种植，叶面积指数明显偏小。

在上述3个因素中，对冠层内光合有效辐射影响最大的是叶面积指数，叶面积指数越大，中下层叶片光合有效辐射降低越显著。而叶面积指数又受制于种植密度、株高和叶层状况。

13.5.6　3种C_4牧草光合作用——光响应曲线

植物的光合作用——光响应曲线是光合作用随着光照速率改变的系列反应曲线。从光响应曲线上可以判断植物的光补偿点和光饱和点。光补偿点和光饱和点是植物2个重要的光合生理指标，为此，国内外学者进行了大量的研究。我国对牧草的光合作用——光响应曲线的试验研究基本处于空白。鉴于此，中国科学院禹城综合试验站，对多种优质牧草的生物学特性及其在华北平原的适应性进行了试验研究。初步分析主要3种优质种植牧草的光合作用——光响应曲线的测定结果。

采用美国Li-COR公司生产的Li-6400光合作用测定系统，设计了专门测定光合作用——光响应曲线的光发生系统，可在野外条件下测定光合作用——光响应曲线。设定的光量通量密度（PFD）为3 500 mol/（$m^2\cdot s$）、3 000 mol/（$m^2\cdot s$）、2 500 mol/（$m^2\cdot s$）、2 000 mol/（$m^2\cdot s$）、1 800 mol/（$m^2\cdot s$）、1 600 mol/（$m^2\cdot s$）、1 400 mol/（$m^2\cdot s$）、1 200 mol/（$m^2\cdot s$）、1 000 mol/（$m^2\cdot s$）、800 mol/（$m^2\cdot s$）、600 mol/（$m^2\cdot s$）、400 mol/（$m^2\cdot s$）、200 mol/（$m^2\cdot s$）、100 mol/（$m^2\cdot s$）、50 mol/（$m^2\cdot s$）、0 mol/（$m^2\cdot s$）16个水平。每种牧草选择生育盛期有代表性的3株，每株测定上、中、下3层叶片。观测时的主要环境因子列于表13.11。

表13.11　观测时主要环境因子（2005年）

牧草名称	CO_2浓度/（mmol/mol）	大气温度/℃	叶面温度/℃
高丹草	386±1.7	30.9±0.2	32±0.8
青饲玉米	386.1±4.6	31.5±0.3	33.1±0.6
籽粒苋	380.1±2.5	33.7±2	32.9±0.4

13.5.6.1　3种C_4牧草光合作用——光响应曲线比较

高丹草、青饲玉米和籽粒苋是典型的C_4植物，具有较高的光补偿点和光饱和点。

光饱和点在 2 000~2 500 mol/（m^2·s）。3 种牧草的光合作用——光响应曲线变化趋势一致（图 13. 17），其中籽粒苋、高丹草的光响应曲线完全一致，青饲玉米的光响应曲线略微偏低。C_4牧草光响应曲线随光强的增加其净光合速率持续增加，当光强达到 2 500 μmol/（m^2·s)时，3 种 C_4牧草出现光饱和现象。光饱和点的大小依次为籽粒苋＞高丹草＞青饲玉米。籽粒苋光合速率为 42. 5 μmol/（m^2·s），高丹草为 35. 5 μmol/（m^2·s），青饲玉米为 29. 7 μmol/（m^2·s）。

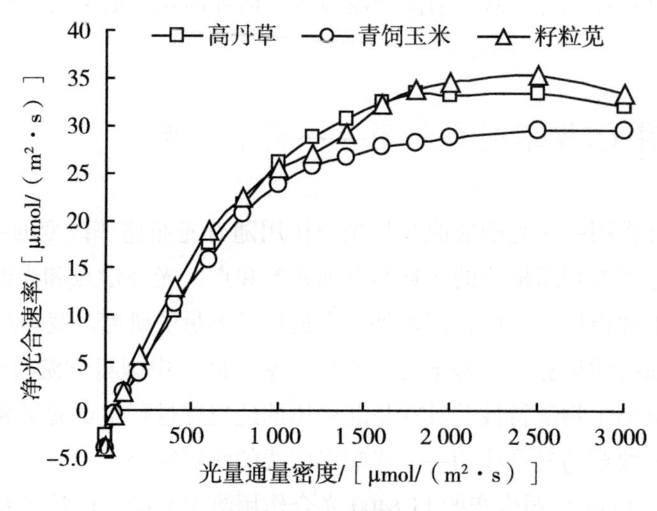

图 13. 17　C_4 牧草光合作用——光响应曲线

13. 5. 6. 2　3 种 C_4牧草光合作用——光能利用效率响应曲线比较

3 种 C_4牧草的光能利用效率响应曲线呈单峰型变化（图 13. 18）。在弱光条件下，光能利用效率随光强增长而快速增加，当光强达到 500 μmol/（m^2·s）时，光能利

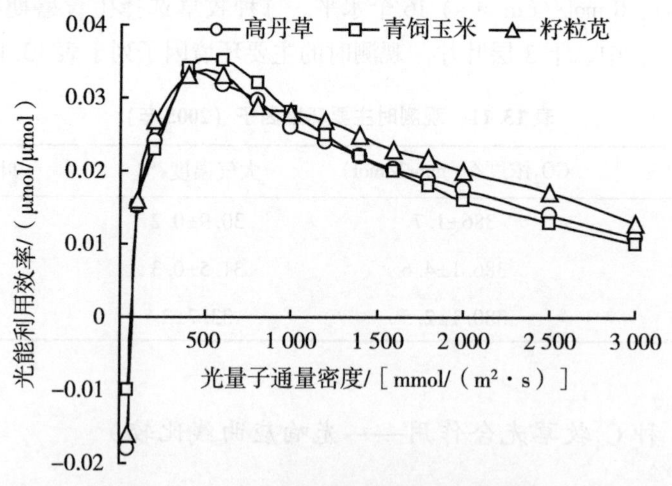

图 13. 18　C_4 牧草光能利用效率响应曲线

用效率很快达到峰值，而后，光能利用效率随光强的增加呈线性下降。

由图 13.18 可知，高丹草、青饲玉米和籽粒苋的光能利用效率的光响应曲线相似，差异不大。无论是在弱光条件下，或是在强光条件下，光能利用效率基本相同。

13.5.7　气孔限制值日变化

气孔限制值（Ls）是反映植物叶片对大气 CO_2 相对利用效率的大小，也是制约蒸腾速率的重要指标。气孔限制值采用 Berry 和 Downton（1982）的计算方法，即：Ls=（1-Ci/Ca）×100 %，式中，Ls 为气孔限制值；Ci 为细胞间 CO_2 浓度；Ca 为大气 CO_2 浓度，可根据 Li-6400 输出的 Ci 和 Ca 数值进行计算。

当叶片光合速率下降时，如果细胞间 CO_2 浓度（Ci）随之下降，而气孔限制值（Ls）升高，则属于光合作用气孔限制，反之，如果叶片光合速率下降伴 Ci 的提高，那么光合作用的主要限制因素肯定是非气孔限制。Ci 是一个非常重要的参数，要利用 Ci 这个参数，计算气孔限制值，分析气孔限制和非气孔限制（许大全，2002）。

根据 2005 年 6 月 13 日 6：00—18：00 的观测资料，3 种牧草气孔限制值日变化规律基本一致（图 13.19），平均值高丹草为 0.5，籽粒苋 0.53，青饲玉米 0.58。

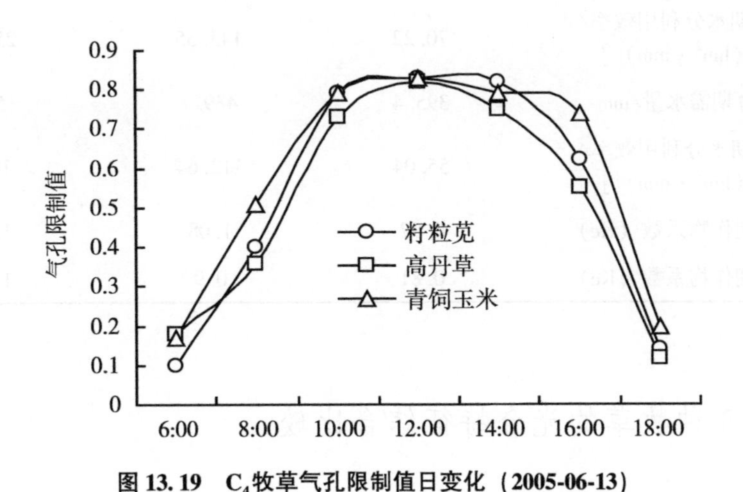

图 13.19　C_4 牧草气孔限制值日变化（2005-06-13）

3 种 C_4 牧草的气孔限制值都很高，表明叶片气孔对水气的逸散具有较强的抑制作用，因而 C_4 牧草的蒸腾速率都小于 C_3 牧草。

气孔限制值不仅是判别 C_4 牧草与 C_3 牧草光合速率差异的重要指标，在讨论 C_4 牧草与 C_3 牧草的蒸腾速率差异时，也具有重要意义。

13.6 结论与分析

13.6.1 3种牧草的需水特性综合比较

籽粒苋需水量最小，作物系数最小，水分利用效率居中；高丹草需水量、作物系数均居第二位，水分利用效率最高；青饲玉米需水量最大，作物系数最大，水分利用效率最低。

籽粒苋和高丹草无论是需水量、作物系数、生物量、水分利用效率等表现较好，特别是高丹草具有明显优势（表13.12）。

表13.12 籽粒苋、高丹草、青饲玉米性状综合比较

要素	籽粒苋	高丹草	青饲玉米
株高/cm	195.2	364	237
叶面积指数	9.87	22.47	2.93
生物量鲜重/（t/hm^2）	165.79	339.92	52.68
生物量干重/（t/hm^2）	21.76	49.53	9.32
生育盛期需水量/mm	309.9	345	368.9
生育盛期水分利用效率/［kg/（hm^2·mm）］	70.22	143.55	25.25
全生育期需水量/mm	395.4	439.7	509
全生育期水分利用效率/［kg/（hm^2·mm）］	55.04	112.64	18.3
生育盛期作物系数（Kc）	0.97	1.08	1.15
全生育期作物系数（Kc）	0.81	0.9	1.04

13.6.2 3种牧草的光合特征综合比较

籽粒苋光饱和点最高、光合速率最低、蒸腾速率居次位、水分利用效率最低；高丹草光饱和点、光合速率均居次位、蒸腾速率最小、水分利用效率最高；青饲玉米光饱和点最低、光合速率最高、蒸腾速率最高、水分利用效率也较高（表13.13）。

表 13.13　光合作用观测资料综合表（生育盛期）

要素	高丹草	青饲玉米	籽粒苋
光饱和点/［mol/（m^2·s）］	35.5	29.7	42.5
光补偿点/［mol/（m^2·s）］	50	50	50
光合速率/［μmol/（m^2·s）］	11.09	12.33	11.03
蒸腾速率/［μmol/（m^2·s）］	3.13	3.82	3.62
水分利用效率/［kg/（hm^2·mm）］	3.54	3.23	3.05
气孔传导/［mmol/（m^2·s）］	0.07	0.08	0.08
气孔限制值	0.5	0.58	0.53

13.6.3　各项指标的综合评定

高丹草最好，其次为籽粒苋，青饲玉米相对较差。籽粒苋需水量最小，作物系数最小，在 3 种牧草中，籽粒苋最省水，而且粗蛋白含量高，可以用作饲料、蔬菜、粮食，在我国各地均可种植。高丹草是一种省水、高产、优质饲草，具有推广价值的牧草，发展的前景较好。

第 14 章　种植牧草越冬期耗水量研究

本章篇幅不大但很重要，因为牧草越冬期的耗水量一般不为人们所重视。

牧草越冬期的耗水量，系指在我国北方地区，由于气温低，土壤冻结，植物停止生长，此期从农田消耗的土壤水分称为越冬期的耗水量。牧草越冬期的耗水量只有两类牧草：一是多年生牧草，如紫花苜蓿等；二是越年生牧草，如冬牧 70 黑麦等。

越冬期的耗水量采用土壤蒸渗仪（Lysimeter）测定。选择 2006 年 10 月 20 日至 2007 年 3 月 20 日 8 种牧草越冬期的耗水量进行分析。结果表明，在华北平原地区，牧草越冬期耗水量变化为 145. 4～196. 1 mm，平均耗水量为 172. 1 mm，为同期降水量 81. 1 mm 的 1. 12 倍；8 种越冬牧草越冬期耗水强度变化为 0. 99～1. 31 mm/d，平均值为 1. 13 mm/d；越冬期耗水量占全年总耗水量的 16 %～35 %，平均值为 22 %。在华北平原，牧草地越冬期间土壤水分损失量如此之大，是人们所估计不足的，牧草越冬期间的耗水量问题应该引起人们足够的关注。

有关牧草耗水量大部分都是生长季的数据，均没有考虑牧草越冬期间的耗水量。因此，有关牧草耗水量的数据有偏小的倾向，这对于区域水量平衡估算可能会造成误差。

14. 1　前言

随着我国农区畜牧业的快速发展，农区草业正在兴起，农区草业是解决青绿饲草短缺的主要措施。

我国西北、华北地区农业水资源供需严重不平衡。农区牧草耗水量已成为研究的热点领域，我国很多学者进行了很多研究，以紫花苜蓿居多，并且多数文章以研究牧草生育期耗水量为主，很少涉及牧草越冬期间的耗水量问题。

在我国黄河以北地区，大致从 10 月下旬牧草停止生长至翌年 3 月下旬牧草开始返青，牧草越冬期长达 150 d。牧草越冬期的基本特点是：温度低、风力较大、气候干燥、土壤冻结期长，牧草地上部停止生长，处于枯萎状况，在人们的概念里，产生牧草越冬期耗水量不大的印象。根据长期对农田蒸发的研究，冬季农田土壤蒸发还是较大的(程维新，1994)。因此，牧草越冬期间的耗水量问题应该引起人们的关注。

牧草越冬期间的耗水量究竟有多少？越冬期间的耗水量占全年总耗水量多大比重？在水量平衡中占有什么地位？这些是本研究的主要目的。研究成果可以为我国黄河以北地区牧草合理灌溉、土壤保墒提供依据。

14.2　材料与方法

越冬牧草：

冬牧 70 黑麦（*Secale cereale*. L. cv. *Wintergrazer*-70）

中新 830 小黑麦（*X Triticosecale* Wittmack cv. *Triticate*-830）

多年生牧草：

紫花苜蓿（*Medicago sativa* L.）

红花三叶草（*Trifolium pretense* L.）

白花三叶草（*Trifolium repens* L.）

串叶松香草（*Silphium perfoliatum* L.）

菊苣（*Cichorium intybus* L.）

鲁梅克斯（*Rumex patientia* × *Rtinschanicus* cv. ·*Rumex K*-1）

14.3　结果与分析

中国科学院禹城综合试验站自 2005 年建立牧草水分试验场至今，已积累了 8 种牧草耗水量数据，为分析牧草越冬期间的耗水量提供了依据。主要选取 2006 年 10 月 20 日至 2007 年 3 月 20 日时段资料。选择这一时段基于下列原因：一是各种多年生牧草已种植 2~3 年，已进入生长盛期；二是观测的起始与终止日期一致，便于对比分析（表 14.1）。

表 14.1　8 种牧草越冬期耗水量、耗水强度

耗水数据	红花三叶草	中新 830 小黑麦	紫花苜蓿	串叶松香草	冬牧 70 黑麦	菊苣	白花三叶草	鲁梅克斯
耗水量/mm	196.1	186	181.6	182	171.7	164.4	149.3	145.4
耗水强度/(mm/d)	1.31	1.24	1.21	1.21	1.15	1.1	1	0.99

牧草越冬期耗水量平均值为 172.1 mm，耗水强度平均值为 1.13 mm/d。

14.3.1　牧草越冬期耗水量

根据对 8 种供试牧草越冬期同期耗水量观测资料进行分析，牧草越冬期耗水量变化为 145.4～196.1 mm，越冬期间耗水量最多的牧草是红花三叶草，达 196.1 mm，耗水量最少的牧草是鲁梅克斯，为 145.4 mm。8 种牧草越冬期平均耗水量为 172.1 mm，为同期降水量 81.1 mm 的 1.12 倍。

不同种类牧草间越冬期间耗水量有一定差异，但不太明显（图 14.1），这种差异主要是各种牧草越冬前地表覆盖物状况所致。越冬期间，多年生牧草刈割后再生期很短，形成不了生物产量，随着气温降低，地表枝叶逐渐枯萎，在地表形成覆盖层，抑制了土壤表面蒸发。地表枝叶枯萎覆盖层厚薄，直接影响到不同种类牧草冬季土壤耗水量。红花三叶草是第 1 年种植，长势不好，地表覆盖度差，因此越冬期间耗水量最多，而鲁梅克斯由于冬前没有刈割，地表覆盖较厚，抑制了地表土壤蒸发，因此越冬期间耗水量最少。

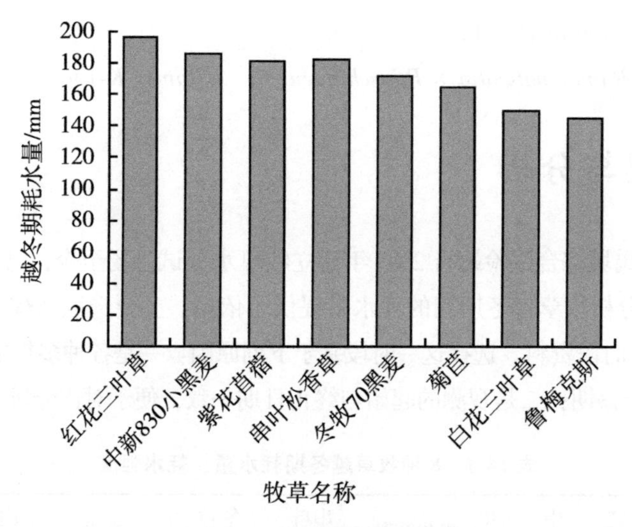

图 14.1　8 种牧草越冬期耗水量

14.3.2　牧草越冬期耗水强度

耗水强度是指单位面积在单位时间内的耗水量，常用单位为 mm/d 或 $m^3/(d \cdot hm^2)$。耗水强度是反映农田水量损失量的重要指标。

根据图 14.2 分析，华北平原越冬期耗水强度变化为 0.99～1.31 mm/d，各种牧草平均值为 1.13 mm/d，即每天至少要 1 mm 的土壤水分。

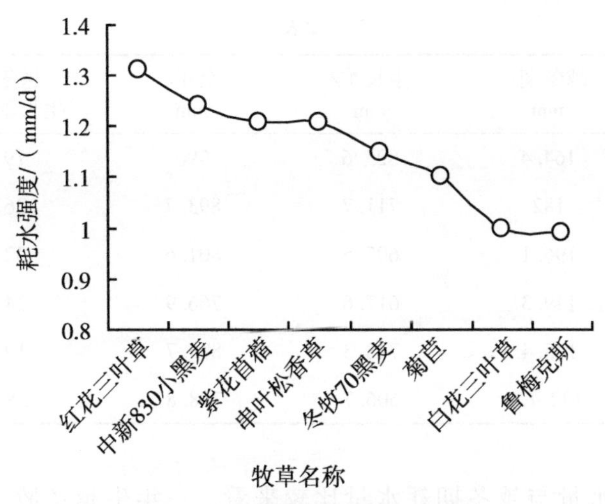

图 14.2　8 种牧草越冬期耗水强度

14.4　结论与讨论

14.4.1　牧草越冬期耗水量在全年需水量中的比重

越冬期耗水量占全年总需水量的 16 %~35 %，平均值为 22 %。应当指出的是，这一时段降水量为 81.1 mm，仅能满足越冬期耗水量的 48 %，也就是说，牧草越冬期间不仅要消耗全部降水，还要消耗土壤中 90 mm 的水分。

多年生牧草越冬期耗水量所占的比重较小，占全年耗水量的 17 %~25 %；一年生越冬牧草小黑麦（中新 830）和黑麦草（冬牧 70）越冬期耗水量所占的比重较大，占全年耗水量的 35 %左右。

从全年需水量与越冬期耗水量比较来看，就平均值而言，越冬期耗水量达 172.1 mm。越冬期耗水量占全年总需水量的 22 %（表 14.2）。牧草越冬期间要消耗如此多的水分，人们是估计不足的。因此，牧草越冬期间的耗水量问题应该引起人们的关注。有关牧草耗水量数据有偏小的倾向。

表 14.2　8 种牧草越冬期与生育期耗水量

牧草名称	越冬期/mm	生长季/mm	全年/mm	越冬/生长季/%	越冬/全年/%
中新 830 小黑麦	186	355.6	541.6	52	34
冬牧 70 黑麦	171.7	321	492.7	54	35
紫花苜蓿	181.6	735.9	917.5	25	20

续表

牧草名称	越冬期/ mm	生长季/ mm	全年/ mm	越冬/ 生长季/%	越冬/ 全年/%
菊苣	164. 4	825. 6	990	19	17
串叶松香草	182	711. 7	893. 7	26	20
红花三叶草	196. 1	605. 5	801. 6	32	25
白花三叶草	149. 3	617. 6	766. 9	24	20
鲁梅克斯	145. 4	748. 3	893. 7	19	16
平均值	172. 1.	606. 7	778. 8	28	22

从生长季需水量与越冬期耗水量比较来看，一年生越冬牧草小黑麦（中新830）和黑麦草（冬牧70）越冬期耗水量约占生长季耗水量的53 %。多年生牧草越冬期耗水量占生长季耗水量的19 %~32 %。

14. 4. 2　不同种类牧草越冬期耗水量相对稳定

在华北平原，牧草越冬期耗水量的基本特征是土壤水分蒸发。更准确地讲，是枯枝落叶覆盖条件下的土壤水分蒸发。在这一特征规定下，在同样水分、同样气候条件下，越冬期不同种类牧草地的耗水量差距不大。

由图14. 3可知，牧草越冬期耗水量相对于生育期耗水量而言，不同种类牧草耗水量基本在同一条水平线上，没有生育期不同种类牧草间耗水量差异明显。

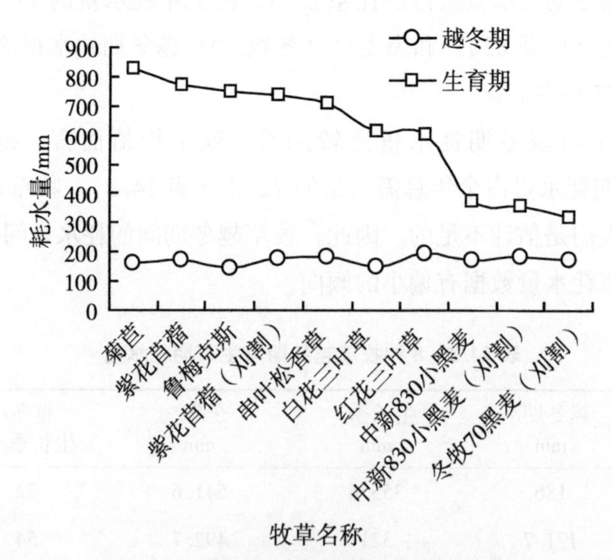

图 14. 3　8 种牧草越冬期与生育期耗水量

14.4.3　牧草越冬期水分亏缺

牧草越冬期水分亏缺是根据当年同期实际降水量计算的，没有考虑无效降水。水分亏缺量最多达 115 mm，最少为 64.3 mm，平均达 91 mm（表 14.3）。由于冬季大部分属无效降水，若考虑无效降水，则水分亏缺量要大很多。

表 14.3　8 种牧草越冬期水分亏缺　　单位：mm

牧草名称	耗水量	水分亏缺
中新 830 小黑麦	186	104.9
冬牧 70 黑麦	171.7	90.6
紫花苜蓿	181.6	100.5
菊苣	164.4	63.3
串叶松香草	182	110.9
红花三叶草	196.1	115
白花三叶草	149.3	68.2
鲁梅克斯	145.4	64.3
平均值	172.1	91

根据禹城试验站 2007—2010 年 10 月至翌年 3 月降水资料计算，牧草越冬期降水量最多为 87.3 mm，最少只有 23.7 mm，平均为 53.1 mm（表 14.4）。

表 14.4　禹城牧草越冬期降水量　　单位：mm

年份	10-21—12-31	01-01—03-20	越冬期
2007	24.3	63	87.3
2008	11.4	17.9	29.3
2009	53.8	18.4	72.2
2010	6.9	16.8	23.7
平均	24.1	29	53.1

根据禹城多年平均降水量统计，10 月至翌年 3 月为 87.2 mm。观测期间当年越冬期降水量 81.1 mm，与多年平均降水量相近。各种牧草越冬期耗水量平均为 172.1 mm，水分亏缺量约为 91 mm。若以 2007 年 10 月 21 日至 2010 年 3 月 20 日牧草越冬期平均降水量只有 53.1 mm，水分亏缺量约为 120 mm。

14.4.4 结论

牧草越冬期耗水量变化为 145.4~196.1 mm，平均耗水量为 172.1 mm，为同期降水量 81.1 mm 的 1.12 倍；8 种越冬牧草越冬期耗水强度变化为 0.99~1.31 mm/d，平均值为 1.13 mm/d；越冬期耗水量占全年（生长季）总耗水量的 16 %~35 %，平均值为 22 %。牧草越冬期间要消耗如此多的水分，人们是估计不足的。因此，牧草越冬期间的耗水量问题应该引起人们的关注。有关牧草耗水量数据有偏小的倾向。

第15章　三叶草需水量与三叶草—青饲玉米间作系统需水量

我国对三叶草的研究主要侧重在生物学特性方面，对三叶草需水量的研究甚少。本章主要论述了三叶草的需水量、耗水规律和牧草双冠层结构“三叶草—青饲玉米间作系统”的需水量。

三叶草耗水量测量结果表明：白花三叶草2007年生长季耗水量为627.8 mm，耗水强度为4.65 mm/d，2008年生长季耗水量为653.4 mm，耗水强度为4.84 mm/d；红花三叶草2007年生长季耗水量为540.1 mm，耗水强度为4 mm/d，2008年生长季耗水量560.5 mm，耗水强度为4.15 mm/d。与其他种植牧草相比，三叶草是需水量较少的牧草之一。

选择白花三叶草与青饲玉米组合，进行间作系统需水量试验，是一种可行的方式。实测结果表明：三叶草—青饲玉米间作系统需水量，2007年为527.3 mm，2008年为539.5 mm，表明三叶草—青饲玉米间作系统是比较省水的一种牧草种植结构。

15.1 前言

三叶草是多年生 C_3 草本植物。三叶草是优质豆科牧草，茎叶细软，叶量丰富，粗蛋白含量高，粗纤维含量低，既可放养牲畜，又可饲喂草食性鱼类。主要有2种类型，即红花三叶草和白花三叶草。

红花三叶草（*Trifolium pretense* L.）：又名红三叶草、红三叶、红车轴草、红荷兰翘摇，多年生草本植物。分布于欧洲及美国、新西兰等。我国淮河以南地有栽培。茎直立或斜升，圆而有凹凸纵纹，高60~100 cm。小叶上有浅白色“V”字形斑纹，叶面有毛，全缘。头状花序，具花100朵以上，红紫色。荚果倒卵形，果皮膜质，每荚含种子1粒。种子肾形或近三角形，黄褐色，千粒重1.5 g左右。

红花三叶草喜湿润温暖气候，较耐旱、耐寒。适宜于排水良好、富含钙质的黏性土壤生长。生长周期一般为2~6年，在温暖条件下，常缩短为二年生或一年生。红花三叶草为长日照作物，日照14 h以上才能开花结实。用作牲畜饲草栽培时，一般同禾本科牧草混播；用作绿肥或饲料时常单独栽培。接种根瘤菌可明显提高产量。春季、秋季均可播种，每公顷播种量 15 kg 左右。条播行距 20~40 cm，深 1.5 cm 左右。每年可刈割 2~4 次。茎、叶柔软，略带苦味。鲜草约含粗蛋白质 4.1 %，粗脂肪 1.1 %，粗纤维 7.7 %，无氮浸出物 12.4 %，灰分 2 %。每公顷鲜草产量 30~60 t。

红花三叶草花紫红色，多数密集呈头状。荚果小。种子肾形。喜温暖湿润气候，适宜水分充足、酸性不大的土壤。茎、叶富含蛋白质和灰分，主要用作饲料或绿肥。可青饲或调制干草。喜湿润温暖气候，较耐旱、耐寒。适宜于排水良好、富含钙质的黏性土壤生长。生长周期一般为 2~6 年，在温暖条件下，常缩短为二年生或一年生。

红花三叶草为突根性多年生植物，如管理适当，可持续生长 7 年以上。能在 20 %透光率的条件下正常生长，适宜在果园种植。形成群体后具有较发达的侧根和匍匐茎，与其他杂草相比有较强的竞争力。具有一定的耐寒和耐热能力，对土壤 pH 值的适应范围为 4.5~8.5，南北方皆能生长。在我国华北地区绿期可长达 270 d，开花早，花期长，叶形美观，也是庭院绿化的良好草种。

红花三叶草主根系较短（约 20 cm），但侧根、须根发达，并生有根瘤固定氮素。据国内外专家测定，在达到一定覆盖率的情况下，每亩红花三叶草可固定氮素 20~26 kg 尿素，相当于施 44~58 kg 尿素，草园种植四年红花三叶草，全氮、有机质分别提高 110.3 %和 159.8 %，果园种植红花三叶草可大大降低乃至取代氮肥的投入。在红花三叶草的植被作用下，冬季地表温度可增加 5~7 ℃，土壤温度相对稳定，有利于果树正常的生理活动。生草后抑制了杂草生长，减少了锄地用工。红花三叶草是畜禽的优质饲料，产草量高，可作为饲草发展畜牧业，增加肥料来源。

白花三叶草（*Trifolium repens* L.）：又名白三叶草、白三叶、菽草、白花苜蓿或白车轴草等，是一种产自欧洲、北非及西亚的三叶草。它们被广泛引进世界各地，尤其是北美洲的草地甚为普遍。中国淮河以南和西南地区均有栽培。白花三叶草为多年生草本植物，着地生根。茎细长而软，匍匐地面，植株高 30~60 cm。叶柄长，小叶倒卵形或近倒心形，叶缘有细锯齿。头状花序，具花 10~80 朵，白色或淡紫红色。荚果倒卵状矩形，每荚含种子 3~4 粒。种子近圆形，黄色，千粒重 0.5~0.7 g。喜温暖湿润气候，适应性广，耐酸性强，pH 值 4.5 的土壤仍能生长，除盐碱土外，排水良好的各种土壤均可生长。再生性好，耐践踏，属放牧型牧草。开花前，鲜草含粗蛋白 5.1 %，粗脂肪 0.6 %，粗纤维 2.8 %，无氮浸出物 9.2 %，灰分 2.1 %。产量虽不如红花三叶草，但适口性好，营养价值也较高。白花三叶草在中国中亚热带及暖温带地区分布较广泛。四川、贵州、云南、湖南、湖北、广西、福建、吉林、黑龙江等地均发现有野生种。多年生草本。叶层一般高15~25 cm。主根较短，但侧根和不定根发育旺盛。株丛基部分枝较多，通常可分枝5~10个，茎匍匐，长15~70 cm，一般长30 cm左右，多节，无毛。叶互生，具长10~25 cm的叶柄，三出复叶，小叶倒卵形至倒心形，长1.2~3 cm，宽0.4~1.5 cm，先端圆或凹，基部楔形，边缘具细锯齿，叶面具“V”字形斑纹或无；托叶椭圆形，抱茎。花序呈头状，具花40~100朵，总花梗长；花萼筒状，花冠蝶形，白色，有时带粉红色。荚果倒卵状长圆形，含种子1~7粒，常为3~4粒；种子肾形，黄色或棕色。喜温暖湿润的气候，不耐干旱和长期积水，最适宜生长在年降水量800~1 200 mm的地区。种子在1~5 ℃时开始萌发，最适气温19~24 ℃。在冬季积雪厚度达20 cm，积雪时间长达1个月，气温在-15 ℃的条件下能安全过冬。7月平均温度≥35 ℃，短暂极端高温达39 ℃时，仍能安全越夏。喜阳光充足的旷地，具有明显的向光性运动，即叶片能随天气和每天时间的变化以及光源入射的角度、位置而运动，早晨三小叶偏向东方，正对阳光；中午三小叶向上平展，阳光以30 ℃的角度射到叶面；下午三小叶偏于西方，至傍晚，三小叶向上闭合，夜间叶柄微弯，使合拢的三小叶横举或下垂。这种向光性运动，有利于加强光合作用和营养物质的形成。在荫蔽条件下，叶小而少，开花不多，产草量及种子产量均低。根据对不同光照条件的对比，在全光照条件下，单位面积形成的花序数增加46.7 %，平均每花序的小花数增加21.89 %，平均千粒重增加7.84 %。说明充足的光照可以促进白花三叶草的生长与发育。白花三叶草适应的pH值4.5~8。pH值在6~6.5时，白花三叶草对根瘤形成有利。在贵阳地区秋播，开花结实良好，全生育期为298 d，春播仅少数开花，种子成熟不好。白花三叶草匍匐茎可生长不定根，形成新的株丛，为耐践踏的放牧型牧草。白花三叶草适应性较强，能在不同的生境条件下生长，在亚热带的湿润地段，可形成单一群落，在群落中占总重量的81.6 %，种子产量也较高。适口性优良，为各种畜禽所喜爱，营养成分及消化率均高于紫花苜蓿、红花三叶草。在天然草地上，草群的饲用价值随白花三叶草的比重增加而提高。干草产量及种子产量则随地区不同而异。它具有萌发早、衰退晚、供草季节长的特点，在南方，供草季节为4—11月。全年产草量出现春高—夏低—秋高的马鞍形。白花三叶草茎匍匐，叶柄长，草层低矮，故在放牧时多采食的为叶和嫩茎。营养成分及消化率为所有豆科牧草之冠，其干物质的消化率一般都在80 %左右。随草龄的增长，其消化率的下降速度也比其他牧草慢，如黑麦草平均每天下降率为0.5 %，而白花三叶草每天下降仅0.15 %。白花三叶草在中国种植，第1年可产鲜草11~22 t/hm²，第2年可产鲜草45~52 t/hm²，在四川凉山海拔1 400~3 200 m的地带及湖南一些地方产草量为75 t/hm²以上。白花三叶草野生种与栽培种在中国及世界各地广泛分布，已成为世界上较重要的牧草品种资源之一，世界上已育成很多白花三叶草品种，在畜牧业生产上发挥了巨大的作用。白花三叶草多用于混播草地，很少单播，是温暖湿润气候区进行牧草补播、改良天然草地的理想草种。也可作为保护河堤、公路、铁路及防止水土流失的良好草种，也是作为运动场、飞机场草皮植物及美化环境铺设草坪等植物。

截至2009年，我国对三叶草的研究主要侧重在生物学特性和植物学特性方面，对三叶草耗水量的研究甚少。阐述了三叶草的耗水量、耗水规律和三叶草—青饲玉米间作系统需水量。

15.2 三叶草生长季需水量

2006年，第1次种植长势不好，缺苗较多，观测资料无法应用。第2年三叶草的长势很好，因此，三叶草生长季需水量只有2007年、2008年的年资料。

2007年：三叶草需水量测量从3月20日至8月2日，历时135 d。白花三叶草需水量为627.8 mm，耗水强度为4.66 mm/d；红花三叶草需水量为540.1 mm，耗水强度为4 mm/d（表15.1）。白花三叶草需水量比红花三叶草高24.57 %，耗水强度高16.5 %。

2008年：测定时段与2007年相同，需水量测量也是从3月20日至8月2日，历时135 d。白花三叶草需水量为653.4 mm，耗水强度为4.84 mm/d；红花三叶草需水量为560.5 mm，耗水强度为4.15 mm/d。2008年，白花三叶草需水量仍然比红花三叶草高16.58 %，耗水强度高16.63 %。

表15.1 三叶草需水量

牧草名称	年份	需水量/mm	耗水强度/(mm/d)	降水量/mm
白花三叶草	2007	627.8	4.65	303.1
	2008	653.4	4.84	358.5
红花三叶草	2007	540.1	4	303.1
	2008	560.5	4.15	358.5

15.2.1 三叶草生育期耗水强度

红花三叶草生育期的耗水强度苗期较小，为2 mm/d左右，返青后40 d，耗水强度超过3 mm/d，盛花期达最大值，为6.22~6.5 mm/d，此后耗水强度又开始下降，生育后期为3.85 mm/d，全生育期耗水强度为4 mm/d（图15.1）。

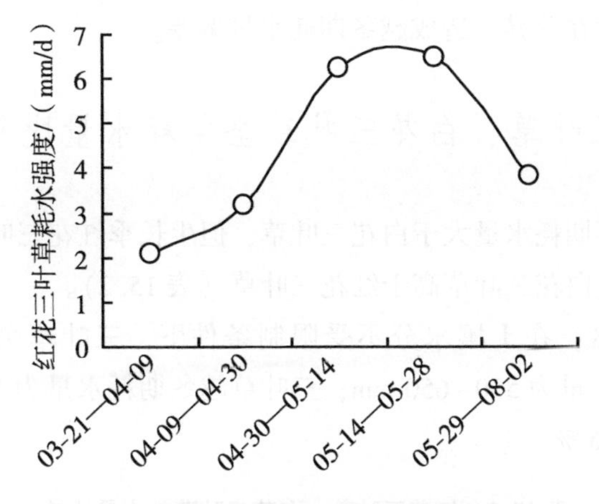

图 15.1　红花三叶草耗水强度变化特征

15.2.2　三叶草越冬期耗水量

越冬期的耗水量，系指在我国北方地区，由于气温低，土壤冻结，植物停止生长，此期从农田消耗的土壤水分称为越冬期的耗水量。

三叶草越冬期的耗水量均由 3 个土壤蒸发器测定。测定时段为 2006 年 10 月 20 日至 2007 年 3 月 20 日。白花三叶草越冬期耗水量为 149.3 mm，耗水强度 1 mm/d；红花三叶草越冬期耗水量为 196.1 mm，耗水强度 1.31 mm/d（图 15.2）。

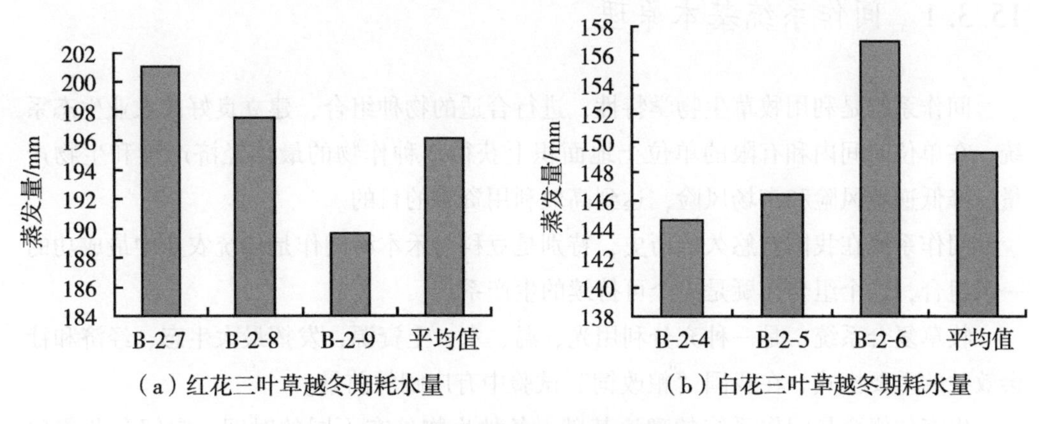

图 15.2　三叶草越冬期耗水量

从 3 个土壤蒸发器测定的耗水量来看，耗水量略有差异，例如白花三叶草，越冬期耗水量，3 个土壤蒸发器中以 B-2-4 耗水量最小，为 144.6 mm，B-2-6 最大，为 157 mm，最大差值为 12.4 mm。又如红花三叶草，越冬期耗水量以 B-2-7 最大，为 201.1 mm，以 B-2-9 最小，为 189.7 mm，最大差值为 11.4 mm（图 15.2）。

这里要指出是，本试验越冬前，三叶草未进行刈割，由于土壤蒸渗仪内三叶草枯萎，牧草覆盖状况存在差异，造成越冬期耗水量偏差。

15.2.3 红花三叶草、白花三叶草全年耗水量比较

红花三叶草越冬期耗水量大于白花三叶草，但生长季红花三叶草耗水量小于白花三叶草，全年耗水量白花三叶草高于红花三叶草（表 15.2）。

在华北平原地区，在土壤水分不受限制条件下，三叶草全年耗水量为 750～800 mm；生长季耗水量为 550～650 mm；三叶草越冬期耗水量为 150～200 mm，占全年耗水量的 19 %～26 %。

表 15.2 红花三叶草、白花三叶草耗水量比较 单位：mm

牧草名称	越冬期	生长季	全年
红花三叶草	196.1	540.1	736.2
白花三叶草	149.3	627.8	777.1

15.3 三叶草—青饲玉米间作系统需水量

15.3.1 间作系统基本原理

间作系统是利用牧草生物学特性，进行合适的物种组合，建立良好的农业生态系统，在单位时间内和有限的单位土地面积上获得 2 种作物的最佳经济产量和生物产量，降低逆境风险和市场风险，达到高效利用资源的目的。

间作系统在我国有悠久的历史，特别是豆科与禾本科间作是传统农业中最成功的一个组合，这个组合无疑是一个可持续的生产系统。

牧草复合系统，是一种充分利用光、温、水、土资源，发挥最大生态、经济和社会效益的重要模式，在我国“粮改饲”试验中有广阔的前景。

生态位概念是间作系统的理论基础。各种生物处在不同的时间、空间和营养位上，并呈现立体配置状态。充分利用牧草的生物学特性，有目的地配置物种，把不同牧草配置在一个系统的不同位置，充分利用光、温、水、土等自然资源。一是选择合适的物种进行合理的组合，优化群落的生态结构；二是采用合理的种植方式和管理模式，对生长量、高度和密度等进行适度调控，使群体产生良好的生态效应；三是促进间作系统内优势互补，最大限度提高群落的光能利用率、土地利用率和生产效率；四是发挥互补优势，减少种间在光、水和肥等方面的竞争，达到高效利用资源的目的。

物种组合原则是：高秆作物与矮秆作物；豆科作物与非豆科作物；浅根作物与深根作物；耐荫作物与喜光作物；C_4作物与 C_3作物等。

间作系统的互补性：植株高度、根系深度、营养需求、生产特性、形态和生理特征等方面具有诸多互补性。互补作用主要来自 2 个方面：一是共生期间对不同空间的利用；二是在时间上的部分共生（如果草间作）。这 2 个方面都值得作分别研究间作系统资源竞争主要特征：一般表现为对阳光、水分和土壤养分的竞争，即对空间和土壤的资源竞争。空间资源竞争主要为 2 种间作作物（牧草）地上部分茎叶的光竞争；土壤资源竞争则为根系间主要营养元素和水资源的竞争。

间作系统对水分利用率的影响：间作系统水分竞争一直是研究的热点。大多数研究者认为，复合种植系统加剧了水分竞争，恶化了土壤水分条件（如杨树与紫花苜蓿混交）；有的研究表明，果草（三叶草）间作土壤含水量与清耕果园相比水分差异不大。看来选择适宜的作物（牧草）品种是调整种间水分关系的关键。

间作系统对光能利用率的影响：在大气资源利用方面，共生作物很少能够得到互补，因为光照和二氧化碳首先被高大、完全封垄的冠层截获，只有当矮小作物占有相当空间才能获取相应的光照和二氧化碳。由于作物高矮搭配，增加了边际效应，提高了种群的相对照度。据报道，间作（草麦间作）与单作相比，光照利用率提高了 25 %，光照强度提高 57. 2 %。

间作系统对土壤养分的影响：豆科和禾本科间作是传统农业中应用最成功的一个组合，我国常采用的玉米和大豆间作是复合种植的典型范例。

在豆科与非豆科间作模式中，豆科作物从空气中获取大部分氮，而非豆科作物依赖土壤中的氮。由于受研究手段和经济的制约，对豆科作物固氮在间作条件下的地位和作用的了解相对较少。

豆科作物固氮作用（表 15. 3）：任何一种豆科作物在农业系统中的固氮量的估算，都不是十分正确的。一般说来，豆科固氮量在 30～300 kg N/hm^2，也有试验表明，豆科的固氮潜力在 200～400 kg N/hm^2。

表 15. 3　不同的豆科品种每年固氮量　　单位：kg N/hm^2

要素	紫花苜蓿	三叶草	花生	大豆	蚕豆	黑豆
固氮量	100～300	100～150	27～206	49～450	12～330	119～140

白花三叶草是世界上分布最广的一种豆科牧草。我国各地均有栽培，尤以长江以南地区种植面积最大，成为当家豆科牧草。

白花三叶草产量低，但品质极佳，多年生，一般生存 8～10 年。主根较短，侧根发达。根系浅，根群集中于 10～20 cm 表土层，有许多节，长 30～60 cm。白花三叶草适宜生长温度为 15～25 ℃。喜温暖湿润气候，能耐湿，耐荫，在果树下也能生长良好。白花三叶草茎叶细软，叶量较多，营养丰富，富含蛋白质，初花期蛋白质含量达24.7 %，开花期达24.5 %。是间作系统中首选豆科、矮秆、浅根、耐荫品种。

牧草双冠层结构，是指利用牧草生物学特性，进行间作系统合适的物种组合，建立良好的农业生态系统，在单位时间内和有限的单位土地面积上获得2种牧草的最佳经济产量和生物产量，降低逆境风险和市场风险，达到高效利用水资源的目的。

15.3.2 间作系统基本结构

豆科和禾本科间作是我国传统农业中应用最成功的一个组合。玉米和大豆间作是我国传统复合种植的典型范例。在豆科与非豆科间作模式中，豆科作物从空气中获取大部分氮，而非豆科作物依赖土壤中的氮。

15.3.3 间作系统试验布置

试验在中国科学院禹城综合试验站牧草水分试验场进行。根据上述基本原理和物种组合原则，选择三叶草和青饲玉米进行间作试验，三叶草种植面积占试验面积的2/3，青饲玉米面积占试验面积的1/3。进行白花三叶草与青饲玉米组合需水量试验。

白花三叶草是世界上分布最广的一种多年生豆科牧草，属 C_3植物，我国各地均有栽培，尤以长江以南地区种植面积最大，成为当家豆科牧草。白花三叶草产量低，但品质极佳，多年生，一般生存8~10年。主根较短，侧根发达，根系浅，根群集中于10~20 cm表土层，有许多节，长30~60 cm。喜温暖湿润气候，能耐湿，耐荫，在果树下也能生长良好。白花三叶草茎叶细软，叶量较多，营养丰富，富含蛋白质，初花期蛋白质含量达24.7 %，开花期达24.5 %，是间作系统中首选豆科矮秆、浅根、耐荫品种。

青饲玉米是典型的喜光作物 C_4植物。青饲玉米是指将果穗和茎叶都用于家畜饲料的玉米品种，生产周期短、种植密度大，生物产量高，提高了土地利用率，有更高的经济效益。青饲玉米营养物质含量较丰富，相当于普通玉米籽粒的51 %~57 %，而青贮玉米产量相当于普通玉米的4~5倍。

15.3.4 间作系统测定结果

三叶草—青饲玉米需水量试验只做了2年试验。青饲玉米品种2007年为科多4号，2008年为饲宝1号。白花三叶草为2006年种植的2年生牧草。青饲玉米间距为120 cm，青饲玉米种植面积占试验面积的1/3，白花三叶草种植面积占试验面积的2/

3。三叶草—青饲玉米间作系统需水量按照实际面积折算。

2007 年：白花三叶草需水量为 373 mm，青饲玉米需水量为 154. 3 mm，2 种牧草需水量合计为 527. 3 mm。

2008 年：白花三叶草需水量为 391. 7 mm，青饲玉米需水量为 147. 8 mm，2 种牧草需水量合计为 539. 5 mm（表 15. 4）。

根据 2 年的试验，实表明三叶草—青饲玉米间作系统，是比较省水的牧草种植结构模式。

表 15. 4　青饲玉米套种白花三叶草需水量　　单位：mm

需水量	2007 年	2008 年
青饲玉米实际需水量	154. 3	147. 8
白花三叶草实际需水量	373	391. 7
青饲玉米+白花三叶草需水量	527. 3	539. 5

在套种条件下，由于通风透光条件好，套种青饲玉米耗水量要大于全播青饲玉米耗水量。以单株玉米耗水量而言，套种白花三叶草的青饲玉米单株耗水量为 84 kg/株，全播青饲玉米单株耗水量为 74 kg/株。套种青饲玉米耗水量要比全播青饲玉米耗水量高 13. 5 %。

15. 4　结论与讨论

15. 4. 1　关于三叶草耗水量

三叶草耗水量与其他多年生牧草相比，属于正常水平。根据 2006 年和 2007 年观测资料比较，三叶草耗水量略高于串叶松香草，低于紫花苜蓿，但差异都不大（表 15. 5）。

表 15. 5　三叶草耗水量与其他多年生牧草相比　　单位：mm

牧草种类	生长需水量	越冬期耗水量	全年耗水量
白花三叶草	627. 8	149. 3	777. 1
红花三叶草	540. 1	196. 1	736. 2
紫花苜蓿	641. 6	173. 4	815
串叶松香草	543. 3	179. 7	723

从上述数字来看，白花三叶草的耗水量略大于红花三叶草的耗水量。但从试验小区2种三叶草的长势来看，红花三叶草比白花三叶草长得好，理应红花三叶草耗水量要大于白花三叶草。由于耗水量是由蒸发器测定的，蒸发器内植株密度、生长状况将直接影响到耗水量的测量结果。因此，红花三叶草耗水量有偏低的可能。

15.4.2 三叶草是最适合间作的牧草之一

实行牧草间作，必须遵循物种组合原则：高秆作物与矮秆作物，豆科作物与非豆科作物，浅根作物与深根作物，耐荫作物与喜光作物，C_4作物与C_3作物等。

豆科和禾本科间作是我国传统农业中应用最成功的一个组合。玉米和大豆间作是复合种植的典型范例。在豆科与非豆科间作模式中，豆科作物从空气中获取大部分氮，而非豆科作物依赖土壤中的氮。

根据上述物种配置原则，选择白花三叶草与青饲玉米组合，进行需水量试验。实测结果表明：三叶草—青饲玉米间作系统需水量，2007年为527.3 mm，2008年为539.5 mm，表明三叶草—青饲玉米间作系统是比较省水的一种牧草种植结构。

主要参考文献

APTEMOB H B，张自和，1996. 俄罗斯中部黑土带的东方山羊豆［J］. 国外畜牧学（草原与牧草）（2）：7-11.

COOMBS J，1986. 生物生产力和光合作用测定技术［M］. 邱国维，译. 北京：科学出版社.

NÓMMSALU H，MERIPÓLD H，METLITSKAJA J，et al.，1998. 饲用山羊豆［J］. 国外畜牧学（草原与牧草）（1）：40-42.

SUN H R，HAN J G，Chen L L，et al.，2006. The water consumption coefficients of alfalfa in different growing years［J］. 草业学报，15（增刊）：234-235.

鲍健寅，杨特武，冯蕊华，等，1995. 高温和干旱对白三叶生长发育及生理特性的影响［J］. 草业学报，4（4）：9-16.

曹云，杨劼，李国强，2002. 皇甫川流域人工植被沙打旺水分状况研究［J］. 内蒙古大学学报（自然科学版），33（4）：439-442.

曾宪竞，蔡朵珍，陶益寿，1997. 栽培沙打旺对沙荒地水肥状况影响的研究［J］. 中国农业大学学报，2（3）：59-67.

朝伦巴根，贾德彬，高瑞忠，等，2006. 人工草地牧草优化种植结构和地下水资源可持续利用［J］. 农业工程学报，22（2）：68-72.

车敦仁，王大明，晋德馨，1996. 无芒雀麦草地营养物质生产量季节动态的研究［J］. 青海畜牧兽医杂志（6）：1-3.

陈宝书，1994. 牧草饲料作物栽培学［M］. 北京：中国农业大学出版社.

陈汉斌，李发曾，郑亦津，1996. 山东植物志［M］. 青岛：青岛出版社.

陈家振，2001. 牧草的六种高产栽培模式［J］. 中国牧业通讯（5）：34-35.

陈建文，王裕忠，刘增奎，等，2000. 果园种植白三叶草的优点及方法［J］. 河北果树（1）：38.

陈建耀，刘昌明，吴凯，1999. 利用大型蒸渗仪模拟土壤-植物-大气连续体水分蒸散［J］. 应用生态学报，10（1）：47-50.

陈尚，王刚，李自珍，1995. 白三叶草分支格局的研究［J］. 草业科学，12（2）：35-36.

陈世苹，白永飞，韩兴国，2002. 稳定性碳同位素技术在生态学研究中的应用［J］. 植物生态学报，26（5）：549-560.

陈世苹，白永飞，韩兴国，2003. 内蒙古锡林河流域植物功能群组成及其水分利用效率的变化：依水分生态类群划分（英文）［J］. Acta Botanica Sinica，45（10）：1251-1260.

陈世清，刘杞，孙航，等，2005. 脂肪肝胰岛素抵抗大鼠模型的建立［J］. 中华肝脏病杂志，13（2）：31-34.

陈学福，史高峰，2006. 三叶草属植物研究进展［J］. 安徽农业科学，34（13）：3087-3089.

陈玉民，郭国双，1995. 中国主要作物需水量与灌溉［M］. 北京：中国水利水电出版社.

成自勇，2005. 甘肃秦王川灌区苜蓿草地土壤水盐动态及其生态灌溉调控模式研究［D］. 兰州：甘肃农业大学.

程金芝，2008. 粮、饲、菜兼用作物-籽粒苋在吉林省的发展与展望［J］. 白城师范学院学报（3）：32-35.

程维新，1985. 作物生物学特性对耗水量的影响［J］. 地理研究，4（3）：24-31.

程维新，康跃虎，2002. 北京地区草坪耗水量测定方法及需水量浅析［J］. 节水灌溉（5）：12-14.

仇化民，余优森，邓振镛，等，1993. 黄土高原牧草耗水规律研究［J］. 中国草地，15（1）：33-39.

单鱼洋，张新民，陈丽娟，2008. 彭曼公式在参考作物需水量中的应用［J］. 安徽农业科学，36（10）：4196-4197.

邓雄，李小明，张希明，等，2003. 四种荒漠植物的光合响应（英文）［J］. 生态学报，23（3）：598-605.

丁小球，胡玉佳，王榕楷，2001. 三种草坪草净光合速率和蒸腾速率的日变化特点研究［J］. 草业科学，18（2）：62-66.

董国锋，成自勇，张自和，等，2006. 调亏灌溉对苜蓿水分利用效率和品质的影响［J］. 农业工程学报，22（5）：201-203.

董宽虎，沈益新，2003. 面向 21 世纪课程教材 饲草生产学 动物科学类专业用［M］. 北京：中国农业出版社.

段爱旺，2005. 水分利用效率的内涵及使用中需要注意的问题［J］. 灌溉排水学报，24（1）：8-11.

段文婷，陈有川，张洋华，等，2021. 黄河下游地区农村居民点数量变化的时空特征及其影响因素研究［J］. 城市发展研究，28（6）：19-24.

樊引琴，2001. 作物蒸发蒸腾量的测定与作物需水量计算方法的研究［D］. 杨凌：西北农林科技大学.

樊引琴，蔡焕杰，王健，2000. 冬小麦田棵间蒸发的试验研究［J］. 灌溉排水，19（4）：1-4.

范成方，李玉，王志刚，2022. 粮食产业供给侧结构性改革的思考与对策：以山东省为例［J］. 农业经济问题，43（11）：42-56.

甘肃农业大学草原系，1991. 草原学与牧草学实习试验指导书［M］. 兰州：甘肃科学技术出版社.

高农，2002. 国产特有草种：沙打旺［J］. 河南畜牧兽医，23（1）：32.

高云艳，张冰，江佩芬，等，1999. 菊苣水煮醇沉与醇提物药理活性研究［J］. 北京中医药大学学报，22（3）：44-45.

葛滢，常杰，陈增鸿，等，1999. 青冈（*Quercus glauca*）净光合作用与环境因子的关系［J］. 生态学报，19（5）：95-100.

桂荣，那日苏，夏明，等，1998. 主要栽培牧草营养动态及适宜利用时期［J］. 中国草地，20（5）：39-46.

郭柯，董学军，刘志茂，2000. 毛乌素沙地沙丘土壤含水量特点：兼论老固定沙地上油蒿衰退原因［J］. 植物生态学报，24（3）：275-279.

海棠，王翠芬，乌云飞，等，1997. 蒙农红豆草水分生理的研究［J］. 内蒙古农牧学院学报，18（2）：38-41.

韩德林，2001. 红豆草和紫花苜蓿在同仁县生产性状的初步比较结果［J］. 青海草业，10（2）：14-16.

韩烈保，胡九林，杨永利，等，2006. 白三叶草坪蒸散和光合蒸腾速率日变化研究［J］. 北京林业大学学报（S1）：22-25.

韩清芳，贾志宽，王俊鹏，2005. 国内外苜蓿产业发展现状与前景分析［J］. 草业科学，22（3）：22-25.

韩仕峰，1990. 宁南山区苜蓿草地土壤水分利用特征［J］. 草业科学，7（5）：47-53.

韩永芬，龙忠富，赵明坤，2000. 不同处理串叶松香草营养成分的比较［J］. 中国草地，22（5）：79-80.

何文兴，易津，李洪梅，2004. 根茎禾草乳熟期净光合速率日变化的比较研究［J］. 应用生态学报，15（2）：205-209.

河南省畜牧局，1987. 河南省天然草场资源［M］. 5 版. 郑州：河南科学技术出版社.

洪嘉琏，傅国斌，1993. 一种新的水面蒸发计算方法［J］. 地理研究（2）：

55-62.
胡迪先，封朝壁，朱邦长，1994. 白三叶草营养动态的研究［J］. 草业学报，3（2）：44-50.
胡建忠，闫晓玲，雷启祥，等，2002. 多年生香豌豆在黄土高原地区的引种栽培试验［J］. 草业科学，19（3）：17-23.
胡九林，韩烈保，苏德荣，等，2005. 天津滨海地区 2 种草坪草耗水量试验研究［J］. 草业科学，22（12）：82-86.
胡耀高，1996. 中国苜蓿产业发展战略分析［J］. 草业科学，13（4）：45-51.
胡跃高，1998. 论黄淮海区青刈黑麦产业化生产的基础［J］. 草业科学，15（2）：39-42.
胡跃高，李志坚，1998. 90 年代青刈黑麦栽培生产研究进展［J］. 国外畜牧学（草原与牧草）（3）：1-5.
胡跃高，李志坚，王海滨，等，1997. 黄淮海区青刈黑麦栽培及发展前景［J］. 作物杂志，15（6）：26-28.
胡中民，于贵瑞，王秋凤，等，2009. 生态系统水分利用效率研究进展［J］. 生态学报，29（3）：1498-1507.
华仁林，姚义忠，孟昭文，等，1984. 冬牧 70 黑麦的引种及应用［J］. 江苏农业科学（9）：40-41.
华仁林，姚义忠，孟昭文，等，1984. 冬牧 70 黑麦的生育特性及其饲用价值（第二报）［J］. 中国草原与牧草（2）：52-55.
黄久常，王邦锡，1988. 小液流法测定植物水势的改进试验［J］. 植物生理学通讯（5）：57-58.
黄占斌，山仑，1999. 不同供水下作物水分利用效率和光合速率日变化的时段性及其机理研究［J］. 华北农学报，14（1）：47-52.
黄振英，董学军，蒋高明，等，2002. 沙柳光合作用和蒸腾作用日动态变化的初步研究［J］. 西北植物学报，22（4）：93-99.
贾恒义，穆兴民，雍绍萍，1996. 水肥协同效应对沙打旺吸收氮磷钾的影响［J］. 干旱地区农业研究，14（4）：20-24.
贾麟，2005. 白三叶在庆阳市苹果园生态系统中的重要作用［J］. 草业科学，22（10）：82-84.
蒋高明，董鸣，2000. 沿中国东北样带（NECT）分布的若干克隆植物与非克隆植物光合速率与水分利用效率的比较（英文）［J］. 植物学报，42（8）：855-863.
孔悦，张冰，刘小青，等，2003. 菊苣提取物对高尿酸血症动物模型的作用及机制研究［J］. 现代中西医结合杂志，12（11）：1138-1139.

李聪然，游雪甫，蒋建东，2005. 糖尿病动物模型及研究进展［J］. 中国比较医学杂志，15（1）：59-63.

李凤玲，李明，郭孝，2006. 串叶松香草营养价值及应用研究进展［J］. 家畜生态学报，27（6）：213-216.

李国辉，李志坚，胡跃高，2000. 青刈黑麦产草量与营养动态分析［J］. 草地学报，8（1）：49-54.

李家义，王树安，刘兴海，等，1989. 籽粒苋根系生长与抗旱性的观察［J］. 干旱地区农业研究（3）：34-41.

李俊，于沪宁，刘苏峡，1997. 冬小麦水分利用效率及其环境影响因素分析［J］. 地理学报，52（6）：73-82.

李开元，韩仕峰，李玉山，等，1991. 黄土丘陵区农田水分循环特征及土壤水分生态环境［J］. 中国科学院水利部西北水土保持研究所集刊（SPAC 中水分运行与模拟研究专集）（1）：83-93.

李连城，傅骏华，苑红丽，等，1991. 籽粒苋几个品种的光合强度测定［J］. 植物学通报，8（2）：31-33.

李琪，曹致中，1992. 陇东紫花苜蓿现状调查及分析［J］. 草业科学，9（5）：7-11.

李荣生，许煌灿，尹光天，等，2003. 植物水分利用效率的研究进展［J］. 林业科学研究，16（3）：366-371.

李廷轩，马国瑞，2003. 籽粒苋富钾基因型筛选研究［J］. 植物营养与肥料学报，9（4）：473-479.

李廷轩，马国瑞，王昌全，等，2003. 籽粒苋根际土壤及根系分泌物对矿物态钾的活化作用［J］. 土壤通报，34（1）：48-51.

李廷轩，马国瑞，张锡洲，2006. 富钾基因型籽粒苋主要根系分泌物及其对土壤矿物态钾的活化作用［J］. 应用生态学报，17（3）：3368-3372.

李玉山，2002. 苜蓿生产力动态及其水分生态环境效应［J］. 土壤学报，39（3）：404-411.

李志坚，胡跃高，2004. 饲用黑麦生物学特性及其产量营养动态变化［J］. 草业学报，13（1）：45-51.

李志坚，胡跃高，李国辉，等，1999. 灌溉对青刈黑麦生产影响的研究［J］. 作物杂志，15（4）：18-21.

梁郭富，1995. 大力发展高钾绿肥籽粒苋-缓解我省钾源短缺问题的新途径［J］. 土壤农化通报，10（1）：29-32.

廖云华，朱小彤，1994. 串叶松香草的饲用价值［J］. 贵州农业科学（6）：50-51.
刘昌明，张喜英，由懋正，1998. 大型蒸渗仪与小型棵间蒸发器结合测定冬小麦蒸散的研究［J］. 水利学报，29（10）：37-40.
刘法涛，杨志忠，张清斌，等，2000. 优良豆科牧草：东方山羊豆［J］. 草食家畜（2）：42.
刘贵波，乔仁甫，2005. 饲用黑麦适宜青刈时期及青刈次数研究［J］. 草业科学，22（10）：47-50.
刘建华，黄亮朝，左其亭，2021. 黄河下游经济-人口-资源-环境和谐发展水平评估［J］. 资源科学，43（2）：412-422.
刘景春，邢春红，2000. 串叶松香草的栽培及饲用［J］. 吉林农业（8）：20.
刘生龙，王成信，王祺，1995. 优良饲用植物串叶松香草引种试验［J］. 草业科学，12（2）：29-31.
刘士平，杨建锋，李宝庆，等，2000. 新型蒸渗仪及其在农田水文过程研究中的应用［J］. 水利学报（3）：31-38.
刘仕平，张玲琪，魏蓉城，等，2003. 串叶松香草水分代谢初步研究［J］. 云南农业科技（2）：18-20.
刘小青，张冰，胡京红，等，2000. 菊苣提取物对高脂模型小鼠肝脂水平和 NO 的影响［J］. 中药新药与临床药理（6）：340-342.
刘钰，1999. 微型蒸发器田间实测麦田与裸地土面蒸发强度的试验研究［J］. 水利学报（6）：47-52.
刘自学，2002. 中国草业的现状与展望［J］. 草业科学，19（1）：6-8.
娄成后，王天铎，1997. 绿色工厂：主要作物高产高效抗逆的生理基础研究［M］. 湖南：湖南科学技术出版社.
卢良恕，1994.《籽粒苋在中国的研究与开发》一书评介［J］. 作物学报（1）：128.
芦满济，杜福成，杨志爱，等，1994. 冷温半干旱黄土丘陵区荒坡沙打旺的种植条件和生产力研究［J］. 中国草地，16（4）：21-24.
罗汝英，1990. 土壤学［M］. 北京：中国林业出版社.
罗天琼，龙忠富，莫本田，等，2001. 梨园秋冬季种草及利用试验［J］. 草业科学，18（5）：11-15.
吕永峰，孙进杰，王作法，2000. 果园种植白三叶草［J］. 落叶果树，32（4）：45.
马海燕，缴锡云，2006. 作物需水量计算研究进展［J］. 水科学与工程技术（5）：

5-7.

马景新，周振江，李新贵，2001. 红豆草引种栽培技术［J］. 饲料博览，14（9）：33-34.

马鸣，王宗礼，张德罡，2008. 3 种禾本科牧草光合特性研究［J］. 草原与草坪，28（5）：48-50.

马希景，2003. 籽粒苋的营养价值和高产栽培技术［J］. 吉林畜牧兽医，25（6）：19.

马兴林，陈庆沐，许建新，等，1995. 棉花冬闲田种植牧草的增产效应［J］. 作物杂志，11（3）：26-27.

马玉凤，李双权，潘星慧，2015. 黄河冲积扇发育研究述评［J］. 地理学报，70（1）：49-62.

孟有达，刘天明，2000. 西部开发中草地产业的发展［J］. 中国草地，22（6）：64-68.

穆兴民，陈国良，贾恒义，1995. 沙打旺形态指数与产草量及水肥关系研究［J］. 水土保持通报，15（1）：23-28.

娜日苏，米福贵，2006. 串叶松香草生物学特性及营养成分研究［J］. 内蒙古草业，18（2）：9-11.

聂振平，汤波，2007. 作物蒸发蒸腾量测定与估算方法综述［J］. 安徽农学通报，13（2）：54-56.

宁布，陈凤林，2000. 有希望的草种：东方山羊豆［J］. 内蒙古草业，12（3）：64.

潘国艳，欧阳竹，李鹏，2007. 华北平原主要优质牧草的种植模式与产业发展方向［J］. 资源科学，29（2）：15-20.

庆阳市林科所，1999. 果园节水灌溉试验研究［R］. 庆阳：庆阳市林科所.

屈艳萍，康绍忠，张晓涛，等，2006. 植物蒸发蒸腾量测定方法述评［J］. 水利水电科技进展，26（3）：72-77.

任继周，1998. 草业科学研究方法［M］. 北京：中国农业出版社.

任继周，2002. 藏粮于草施行草地农业系统：西部农业结构改革的一种设想［J］. 草业学报，11（1）：1-3.

萨翼，张冰，刘小青，等，2004. 菊苣提取物对鹌鹑血尿酸血脂的影响［J］. 中药新药与临床药理，15（4）：227-229.

史海滨，何京丽，郭克贞，等，1997. 参考作物腾发量计算方法及其适用性评价［J］. 灌溉排水，16（4）：52-56.

宋金昌，范莉，马雪锋，等，2005. 串叶松香草生物学特性及生产性能的探讨

[J]. 黑龙江畜牧兽医，48（1）：51-52.
宋金昌，范莉，宋瑜，等，2005. 串叶松香草生产性能及养分含量的探讨［J］. 中国畜牧杂志，41（11）：46-48.
孙洪仁，2003. 紫花苜蓿花前蒸腾系数及紫花苜蓿和玉米经济产量耗水系数比较［J］. 草地学报，11（4）：346-349.
孙洪仁，韩建国，张英俊，等，2004. 蒸腾系数、耗水量和耗水系数的含义及其内在联系［J］. 草业科学，21（增刊）：522-526.
孙洪仁，刘国荣，张英俊，等，2005. 紫花苜蓿的需水量、耗水量、需水强度、耗水强度和水分利用效率研究［J］. 草业科学，22（12）：24-30.
孙洪仁，张英俊，韩建国，等，2005. 紫花苜蓿的蒸腾系数和耗水系数［J］. 中国草地，27（3）：65-70.
孙洪仁，张英俊，历卫宏，等，2007. 北京地区紫花苜蓿建植当年的耗水系数和水分利用效率［J］. 草业学报，16（1）：41-46.
孙鸿良，2002. 高产优质耐旱一年生粮饲兼用作物：籽粒苋［M］. 北京：台海出版社.
孙强，韩建国，姜丽，等，2004. 草坪蒸散量及水分管理的研究［J］. 草地学报，12（1）：51-56.
孙强，韩建国，毛培胜，2003. 草地早熟禾与高羊茅蒸散量的研究［J］. 草业科学，20（1）：16-19.
孙庆亮，2001. 优良牧草品种介绍沙打旺［J］. 北京农业，21（1）：30.
孙庆亮，2002. 牧草皇后红豆草［J］. 北京农业，22（4）：30-31.
孙守琢，1995. 优质牧草：红豆草的优良特性［J］. 饲料博览，8（1）：26.
谭兴和，甘霖，秦丹，等，2003. 串叶松香草营养成分及其营养价值分析［J］. 保鲜与加工，3（2）：10-12.
涂书新，郭智芬，孙锦荷，1999. 富钾植物籽粒苋根系分泌物及其矿物释钾作用的研究［J］. 核农学报，13（5）：305-311.
涂书新，郭智芬，孙锦荷，2001. 籽粒苋的资源与利用［J］. 特种经济动植物，4（1）：24-25.
王澄海，杨金涛，杨凯，等，2022. 过去近 60 a 黄河流域降水时空变化特征及未来 30 a 变化趋势［J］. 干旱区研究，39（3）：708-722.
王春荣，2000. 优质高产饲料作物：串叶松香草［J］. 吉林畜牧兽医，22（1）：16.
王栋，1989. 牧草学各论［M］. 任继周等，修订. 南京：江苏科学技术出版社.
王豪举，吕寿英，1993. 串叶松香草栽培［M］. 北京：高等教育出版社.

王会肖，刘昌明，1997. 农田蒸散、土壤蒸发与水分有效利用［J］. 地理学报，52（5）：65-72.

王会肖，刘昌明，2000. 作物水分利用效率内涵及研究进展［J］. 水科学进展，11（1）：99-104.

王建华，1996. 绿色饲料产业的发展及其在畜牧业现代化中的战略地位［J］. 草业科学，13（4）：52-55.

王健，蔡焕杰，陈凤，等，2004. 夏玉米田蒸发蒸腾量与棵间蒸发的试验研究［J］. 水利学报，49（11）：108-113.

王克武，肖艳，贯立茹，等，2004. 不同紫花苜蓿品种生长与水分利用研究［J］. 北京农学院学报，19（增刊）：44-47.

王平，周道玮，2004. 野大麦、羊草的光合和蒸腾作用特性比较及利用方式的研究［J］. 中国草地，26（3）：9-13.

王仕琴，宋献方，肖国强，等，2009. 基于氢氧同位素的华北平原降水入渗过程［J］. 水科学进展，20（4）：495-501.

王铁生，1980. 水稻需水量的初步分析［J］. 水利学报，23（6）：47-54.

王小芬，尚靖，杨洁，等，2006. 菊苣药理药效研究进展［J］. 新疆中医药，24（3）：80-83.

王笑影，2004. 农田蒸散实测方法研究进展［J］. 农业系统科学与综合研究，20（1）：27-30.

王鑫，2004. 陇东地区紫花苜蓿栽培利用现状及对策［J］. 草业科学，21（1）：7-9.

王仰仁，杨丽霞，2000. 作物组合种植的需水量研究［J］. 灌溉排水，19（4）：64-67.

王玉辉，周广胜，2001. 松嫩草地羊草叶片光合作用生理生态特征分析［J］. 应用生态学报，12（1）：75-79.

王增远，孙元枢，陈秀珍，等，2004. 饲草小黑麦及其优质高产配套技术［J］. 作物杂志，20（4）：40-41.

王振英，1998. 小液流法测定植物水势毛细玻璃滴管的改进［J］. 实验技术与管理，15（6）：2.

韦公远，2002. 优良牧草串叶松香草的栽培及利用技术［J］. 内蒙古草业，14（2）：49-22.

韦公远，2003. 籽粒苋：人类未来的粮食作物［J］. 中国粮食经济，16（6）：47-48.

魏广祥，冯革尘，宋晓华，等，1994. 半干旱风沙区人工牧草沙打旺需水规律的研究［J］. 草业科学，11（5）：46-51.

魏学红，苗彦军，李朋伟，等，2001. 甘肃红豆草在西藏林芝地区的适应性研究［J］. 草业科学，18（4）：27-29.

温达志，周国逸，张德强，等，2000. 四种禾本科牧草植物蒸腾速率与水分利用效率的比较［J］. 热带亚热带植物学报（S1）：67-76.

温随群，杨秋红，潘乐，等，2009. 作物需水量计算方法研究［J］. 安徽农业科学，37（2）：442-443.

吴国芝，1997. 草田轮作中苜蓿、红豆草不同播种方式的产草量动态及栽培管理与利用［J］. 中国草地，19（5）：34-39.

吴建，任萍，1991. 串叶松香草在我国引种栽培利用研究的现状及展望［J］. 农牧情报研究（3）：42-47.

谢楠，赵海明，刘贵波，等，2006. 河北低平原区饲用黑麦、小黑麦的引种筛选试验［J］. 华北农学报，21（S2）：77-80.

谢田玲，沈禹颖，邵新庆，等，2004. 黄土高原 4 种豆科牧草的净光合速率和蒸腾速率日动态及水分利用效率［J］. 生态学报，24（8）：1679-1686.

熊先勤，韩永芬，陈培燕，等，2006. 普那菊苣生长发育规律研究［J］. 草业科学，23（7）：23-27.

徐沂，许光，1990. 籽粒苋的饲用价值及开发前景探讨［J］. 科技通报（6）：352-355.

许大全，徐宝基，沈允钢，1990. C_3植物光合效率的日变化［J］. 植物生理学报，16（1）：1-5.

许迪，刘钰，1997. 测定和估算田间作物腾发量方法研究综述［J］. 灌溉排水，16（4）：56-61.

许亚群，王少华，黄永忠，2001. 蒸渗器厚壁对土壤热状况的影响及对策［J］. 灌溉排水，20（3）：59-61.

阎秀峰，孙国荣，李敬兰，等，1994. 羊草和星星草光合蒸腾日变化的比较研究［J］. 植物研究，14（3）：287-291.

杨杭，张立福，张学文，等，2011. TASI 数据的温度与发射率分离算法［J］. 遥感学报，15（6）：1242-1254.

杨勤业，马欣，李志忠，等，2006. 黄河下游地区地壳稳定性评价［J］. 科学通报，51（S2）：140-147.

杨胜，1993. 饲料分析及饲料质量检测技术［M］. 北京：北京农业大学出版社.

杨志强，1998. 微量元素与动物疾病［M］. 北京：中国农业科技出版社.

叶青超，1989. 华北平原地貌体系与环境演化趋势［J］. 地理研究，8（3）：

10-20.
余月明，马援，夏天，等，1994. 中草药抗动脉粥样硬化作用及其机理研究进展［J］. 陕西中医，15（3）：136-138.
贠旭疆，2002. 发展营养体农业的理论基础和实践意义［J］. 草业学报，11（1）：65-69.
袁承程，张定祥，刘黎明，等，2021. 近10年中国耕地变化的区域特征及演变态势［J］. 农业工程学报，37（1）：267-278.
岳绍先，1993. 籽粒苋在中国的研究与开发［M］. 北京：中国农业出版社.
张冰，高云艳，江佩芬，等，1999. 菊苣胶囊对小鼠血糖水平的影响［J］. 北京中医药大学学报，22（1）：29-31.
张冰，胡京红，刘小青，等，1998. 菊苣正己烷提取物药理活性研究［J］. 中药药理与临床，14（5）：16-17.
张冰，李云谷，刘小青，等，1998. 菊苣醇提物对实验性高糖高脂家兔血糖血脂及血液流变性的影响［J］. 北京中医药大学学报，21（6）：16-18.
张冰，刘小青，胡京红，等，1998. 菊苣胶囊对糖尿病复合高脂兔血糖血脂及血尿酸的影响［J］. 中药新药与临床药理，9（4）：29-31.
张冰，刘小青，胡京红，等，1999. 菊苣提取物 amyrin 对家兔主动脉平滑肌细胞膜微粘度的影响［J］. 中国药理学通报，11（2）：78-80.
张冰，刘小青，胡京红，等，2000. 菊苣提取物对高糖复合高血脂模型兔血浆 vWF、ET 及 PGI2/TXA2 含量的影响［J］. 北京中医药大学学报，23（6）：48-50.
张桂国，杨在宾，董树亭，等，2008. 冬牧 70 黑麦草在鲁中山区引种栽培初报［J］. 草业科学，25（1）：47-50.
张和喜，迟道才，刘作新，等，2006. 作物需水耗水规律的研究进展［J］. 现代农业科技（3S）：52-54.
张季平，1997. 沙打旺蒸散量研究［J］. 内蒙古林业科技，26（1）：1-6.
张金萍，秦耀辰，张丽君，等，2012. 黄河下游沿岸县域经济发展的空间分异［J］. 经济地理，32（3）：16-21.
张利，1995. 作物棵间蒸发及叶面蒸腾量的研究［J］. 生态农业研究，3（1）：78-80.
张谋草，赵满来，王宁珍，等，2006. 陇东紫花苜蓿地上生物量及水分利用率分析［J］. 草业科学，23（1）：55-58.
张清斌，杨志忠，贾纳提，等，2001. 东方山羊豆引种研究初报［J］. 中国草地，23（4）：18-21.

张芮，成自勇，丁林，等，2007. 苜蓿水分利用效率及其提高措施的初步研究［J］. 草业科学，24（5）：41-44.
张岁岐，山仑，2002. 植物水分利用效率及其研究进展［J］. 干旱地区农业研究，20（4）：1-5.
张万钧，1999. 盐碱滩上的绿色梦［M］. 天津：天津科学技术出版社.
张锡洲，李廷轩，王昌全，2005. 富钾植物籽粒苋研究进展［J］. 中国农学通报，21（4）：230-235.
张秀玲，2007. 盐碱植物籽粒苋的开发利用［J］. 安徽农业科学，35（4）：1074.
张子仪，2000. 中国饲料学［M］. 北京：中国农业出版社.
张自和，2002. 东方山羊豆的生物学特性与栽培技术［J］. 草原与草坪，22（1）：19-21.
赵立，娄玉杰，2004. 籽粒苋秆粉饲喂鹅效果的研究［J］. 中国畜牧杂志，40（10）：51-53.
赵书平，赵基丽，1998. 串叶松香草的饲用价值［J］. 中国饲料（1）：25.
郑红梅，高云艳，张冰，等，2000. 菊苣双降胶囊药理作用的研究［J］. 中国实验方剂学杂志，6（1）：45-47.
周海燕，黄子琛，1996. 不同时期毛乌素沙区主要植物种光合作用和蒸腾作用的变化［J］. 植物生态学报，20（2）：120-131.
朱立新，1996. 中国野菜开发与利用［M］. 北京：金盾出版社.
左大康，谢贤群，1991. 农田蒸发研究［M］. 北京：气象出版社.
BALDOCCHI D D，VERMA S B，ROSENBERG N J，1985. Water-use efficiency in a soybean field-influence of plant water-stress［J］. Agricultural and forest meteorology，34（1）：53-65.
BAUDER J W，BAUER A，RAMIREZ J M，et al.，1978. Alfalfa water use and production on dryland and irrigated sandy loam［J］. Agronomy journal，70（1）：95-99.
BIERHUIZEN J，SLATYER R J A M，1965. Effect of atmospheric concentration of water vapour and CO2 in determining transpiration-photosynthesis relationships of cotton leaves［J］. Agricultural meteorology，2（4）：259-270.
BOLGER T，MATCHES A J C S，1990. Water-use efficiency and yield of sainfoin and alfalfa［J］. Crop science，30（1）：143-148.
BOURGET S，CARSON R J C J O S S，1962. Effect of soil moisture stress on yield，water-use efficiency and mineral composition of oats and alfalfa grown at two fertility levels［J］. Canadian journal of soil science，42（1）：7-12.

BRISSON N, SEGUIN B, BERTUZZI P, 1992. Agrometeorological soil-water balance for crop simulation-models [J]. Agricultural and forest meteorology, 59 (3-4): 267-287.

CARTER P R, SHEAFFER C C, 1983. Alfalfa response to soil water deficits. i. growth, forage quality, yield, water use, and water-use efficiency [J]. Crop science, 23 (4): 669-675.

CASELLES V, DELEGIDO J, SOBRINO J A, et al., 2010. Evaluation of the maximum evapotranspiration over the La Mancha region, Spain, using NOAA AVHRR data [J]. International journal of remote sensing, 13 (5): 939-946.

COWAN I R, TROUGHTON J H, 1971. The relative role of stomata in transpiration and assimilation [J]. Planta, 97 (4): 325-336.

DAIGGER L A, AXTHELM L S, ASHBURN C L, 1970. Consumptive use of water by alfalfa in Western Nebraska [J]. Agronomy journal, 62 (4): 507-508.

DONOVAN T J, MEEK B D, 1983. Alfalfa responses to irrigation treatment and environment [J]. Agronomy journal, 75 (3): 461-464.

FAIRBOURN M L, 1982. Water use by forage species1 [J]. Agronomy journal, 74 (1): 62-66.

FARQUHAR G D, SHARKEY T D, 1982. Stomatal conductance and photosynthesis [J]. Annual review of plant physiology and plant molecular biology, 33 (1): 317-345.

FISCHER R, TURNER N C, 1978. Plant productivity in the arid and semiarid zones [J]. Annual review of plant physiology, 29 (1): 277-317.

FRANK A, BARKER R, BERDAHL J, 1987. Water-use efficiency of grasses grown under controlled and field conditions [J]. Agronomy journal, 79 (3): 541-544.

GUITJENS J C, 1982. Models of alfalfa yield and evapotranspiration [J]. Journal of the irrigation and drainage division, 108 (3): 212-222.

IBÁ ÑEZ M, CASTELLVÍ F, 2000. Simplifying daily evapotranspiration estimates over short full-canopy crops [J]. Agronomy journal, 92 (4): 628-632.

KUMAR A, SINGH D P, SINGH P, 1994. Influence of water-stress on photosynthesis, transpiration, water-use efficiency and yield of *Brassica-juncea* L. [J]. Field crops research, 37 (2): 95-101.

MCELGUNN J D, HEINRICHS D H, 1975. Water use of alfalfa genotypes of diverse genetic origin at three soil temperatures [J]. Canadian journal of plant science, 55 (3): 705-708.

METOCHIS C, ORPHANOS P I, 1981. Alfalfa yield and water use when forced into dormancy by withholding water during the summer [J]. Agronomy journal, 73 (6): 1048-1050.

SAMMIS T W, 1981. Yield of alfalfa and cotton as influenced by irrigation [J]. Agronomy journal, 73 (2): 323-329.

SINCLAIR T R, BINGHAM G E, LEMON E R, et al., 1975. Water use efficiency of field-grown maize during moisture stress [J]. Plant physiol, 56 (2): 245-249.

WRIGHT J L, 1988. Daily and seasonal evapotranspiration and yield of irrigated alfalfa in Southern Idaho [J]. Agronomy journal, 80 (4): 662-669.

当年建植的紫花苜蓿需水量测量装置（2005年5月）

注：紫花苜蓿处于分枝期。左边照片为需水量测量装置全貌，蒸渗仪内紫花苜蓿生长良好。右边照片需水量测量装置内安装一台中子水分仪测定管，测量观测筒内土壤水分变化。

当年建植的紫花苜蓿长势（2005年）

种植第2年串叶松香草生长状况（2006年）

注：上部为未刈割串叶松香草，下部为刈割串叶松香草。可见，无论是刈割或是未刈割串叶松香草，长势都很好。

种植第2年串叶松香草刈割时（2006年6月11日）

注：串叶松香草需水量观测装置共3台。第2年串叶松香草生长状况良好，株高150～200 cm。水分蒸渗仪内串叶松香草生长良好，与周围环境保持一致。二年生串叶松香草的耗水量资料具有代表性。

菊苣盛花期（山东禹城，2007年）

籽粒苋营养生长期

籽粒苋盛花期

牧草试验场籽粒苋生长情况（2005年）

高丹草与青饲玉米生长状况（2006年）

三叶草（禹城牧草试验场，2007年）